サーモン

——人と鮭の物語——

マーク・カーランスキー

オルリ・ヴィグフソンとの思い出に

オルリは穏やかで優しい男だった。

他人を理解していたし、語りかけ方を知っていた。

もし彼がライオンやゴリラの保護について熱心だったら、きっともっと有名になっていただろう。

けれども、彼が選んだのはサーモンだった。

世界中の人々は、地味な魚の将来を救った彼に借りがあることを忘れてはならない。

人間と呼ばれる生物は、恐ろしく知能が高く、噂から試験管ベビーまで、およそ作りだせないものなどない。同時に毎日2、３種の生物を地球上から消し去ることもできる。

——『霊山（*Soul Mountain*）』　高行健

地球ができてからというもの、自然が生物からの問いかけに答えなかったことはない。ところが私たち人間が存在や生命について考える時、あらゆる知識や経験を駆使してもなお、自然は私たちに謎を残す。あるいは私たちの質問の仕方が間違っているのかもしれない。質問の前提を取り違えていたり、そもそも質問自体が矛盾をはらんでいるから、自然は返答できないのではないのだろうか？

——『世界の苦しみについて（*On the Suffering of the World*）』　アルトゥール・ショーペンハウアー

目次

本書に出てくる主な川

ユーコン川
コパー川
アンカレッジ
ブリストル湾
アラスカ湾
カムチャツカ川
オゼルナヤ川
太平洋
カナダ
フレーザー川
アメリカ
シアトル
コロンビア川
クリアウォーター川
ポートランド
サーモン川
ルイストン
ヘンリーズフォーク
太平洋
デシューツ川
ウィラメット川
アイダホフォールズ
スネイク川

ターナ川
アルタ川
レイキャビク
ナムセン川
ネス川
オスロ
ディー川
タイン川
テムズ川
アムステルダム
ライン川
ロンドン
ウィーン
パリ
ドナウ川
ビダソア川
セーヌ川
マドリード

プロローグ　二人の漁師

漁師たちは網を下ろす
墓を冒涜していると
気付きもせずに

――『墓（*A Grave*）』マリアン・ムーア

カーティス・オルソンは背の低い太った男で、皆にオーレと呼ばれている。世の中には命令する男と命令に従う男の2種類がいるが、オーレは必要以上に前者かもしれない。私がオーレに再会したのは、ブリストル湾に面したアラスカの港町ディリンガムでのことだ。オーレはアラスカの男ではない。ミネソタで生まれ、親族が経営する酪農場で働き、その後モンタナに移って羊毛を刈ってきた男だ。羊の毛刈り職人という仕事は、重労働を絵に描いたような仕事だが、その分実入りがいい。ロッキー山脈北部には一握りの職人しかいないために引っ張りだこなのである。とはいうものの、時に骨と肉よりも毛の方が重くなる羊たちと格闘しながら、分厚い毛を刈っていく作業は誰もができる仕事ではない。オーレの腕前は、羊の毛刈り大会で全米チャンピオンになったほどだが、ある時、気力と体力の限界を感じて、羊の競売人へと転身した。オーレはスネアドラムのように甲高い声で指示を出すが、声はそこで鍛えられたのではないか、と私は勝手な想像をしている。

オーレが新たな職を見付けたのは１９８１年の夏のことだ。夏は羊毛ビジネスにとってはオフシーズンで、その間に稼ぐ方法を探しているうちに、ふと「アラスカで漁師になろう」という求人が目に留まったのである。目に見えないものや実体のない金融商品が販売されるインターネット時代にあって、今や漁師は、原始的な職業と呼んでも差し支えないだろう。しかしインターネットでは魚を捕まえることはできない。生きた魚をホンモノのネットで捕まえる人がいなければ、私たちの食卓に魚は上ってこないのだから。

最初の夏、ブリストル湾にやって来たオーレは、求人広告どおり、６週間の刺し網漁のクルーとして働いた。６週間の経験で分かったことは、雇われ漁師としてベニザケを捕っている限り、アルバイト程度の収入しか得ることができないことと、逆に自分で船を購入してクルーを雇えば、大儲《もう》けも夢ではないことだった。で、後者を現実にしたというわけである。

オーレは「ここは世界一のサーモン漁場だ」と胸を張る。遡上量からいって、それは確かな事実だろう。毎年７月になるとブリストル湾にはベニザケの群れが入って来る。「自然の驚異」という手垢《あか》にまみれた言葉が、唯一正しい表現方法とさえ思える圧倒的な生命の横溢《おういつ》がそこにある。その数３０００万匹。例えアリだったとしても多過ぎる３０００万匹ものサーモンが、生まれ育った母なる川を遡り、子孫を産み、そして死ぬために大海原から一斉に集結して来るのである。

オーレと会った２０１７年は５６５０万匹のベニザケが遡上した記録的な年だったが、翌年はさらに６２３０万匹へと増加した。なぜ特定の年の遡上が他の年よりも多いのかという理由は科学的には解明されていない。そして２０１９年も５５７０万匹という大量の遡上を見たのだが、アラスカとしては前例のない夏の暑さで相当数のサーモンが死んでしまった。この時の親魚の減少が、どのような形で将来の遡上に影響してくるのかは分からない。サーモンが産卵するためには、夏であっても寒冷な気候が必要で、たまたま２０１９年の夏が暑過ぎただけだったのか、あるいはアラスカの夏はすでに恒常的に暑くなり過ぎているのか、それも誰にも分からない。

今、この地域では金と銅を採掘するための「ペブル鉱山」の開発が検討されているが、もしそれが現実となれば、サーモンたちの遡上に大きな脅威となる可能性が高いといわれている。というのは化学物質や重金属などの有毒なスラグ（鉱滓《こうさい》）が地中に恒久的に保管されることになり、万が一それらの有毒物質が流出した際に（他の地域で実際に起こったように）、サーモンの遡上に壊滅的な影響を及ぼしてしまうからだ。この鉱山は、今まさに地元の人々による反対運動の真っ只中にあり、国際的な問題になっている。宝石商として世界的に知られるティファニーもその積極的な反対勢力である。「私たちはペブル鉱山に鉱業論争の全てがあると考える」とティファニーの元ＣＥＯマイケル・コワルスキーが声明を出しているのだ。

オーレは「オレたちは絶対に反対運動を止めない。今、この戦いを終わらせるわけにはいかない」と意気込む。鉱山会社には、ダムの背後に廃棄物を保管するといったリスクの高い方法よりも、もっと安全な手段を選ぶ経済的余裕があるはずだ、とオーレは主張している。

海のないモンタナ州から、船に乗ったことのない高校生10人を連れて来ることができれば、オーレのように６週間の操業で約15万ドルを稼ぐことができる。高校生たちはオーレの怒声に背中を押されて、それまでの人生で経験したことのないほどコキ使われるが、６週間後には４０００ドルから６０００ドルの小切手を手にすることができる。モンタナにはこれほど割の良い仕事はないし、稼ぎを自宅購入のための頭金に使う青年さえいる。しかし、12時間勤務のシフトでオーレから怒鳴られ続けて、翌年また戻ってくる者はいない。過酷なのが仕事そのものなのか、雇い主との関係なのかはよく分からないが、かなりのブラック企業であることは間違いない。したがって人材派遣会社との連携が重要となる。

オーレとは面識があったため、漁を取材させて欲しいと頼むと、気安く引き受けてくれた。私が乗り込んだのは、オーレが所有する3隻（オープンデッキタイプの小型漁船）のうちの一隻で、乗せてもらって言うのもなんだが、船はかなり汚れていた。魚の内臓やら、なにやら得体の知れないドロドロの塊で、私のブーツはあっという間に茶色くなってしまった。オーレが着ているオレンジ色の防水ウェアも汚物まみれで、所々に魚の鱗が光っていた。

船外機のエンジンに手をかけている男は確かにオーレだったが、海の上ではまるで別人に見えた。何しろ、唐突にイエス・キリストの偉大さを語り始めたのだ。彼の古い友人たちが言うには、オーレのこの宗教的な傾向は比較的新しいものらしかったが、険しい表情の中に明滅する荒くれた目でイエス・キリストを語られると、中世にタイムスリップした気さえする。オーレは人工関節手術をしているため、自分の身体をスムーズに動かすことができない。五つの関節を入れ替えたといっていたが、どの関節を入れ替えたのかは知らない。義足ではないにしろ、どこかしらエイハブ船長（訳注：ハーマン・メルヴィルの『白鯨』の登場人物）を思い起こさせる雰囲気があった。

その日、海の上のオーレは極めて不機嫌で、悪態を付いてばかりいた。というのも、クルーの一人が仕掛けた網が岸に寄り過ぎていたのだ。浅い砂浜から潮が引いてしまい、そこに大量の魚で重くなった網が横たわっているという最悪の状態だった。明らかに新人らしい失敗だったが、オーレは容赦なかった。浜辺に広がった網から、一匹一匹サーモンを引っ張り上げる若者を罵《ののし》り続けた。

アラスカの州法は一人の漁師に対して、長さ90m以下の、三つの刺し網の設置を許可している。最上部にフロート、最下部にウェイトが取り付けられた刺し網の両端はアンカーで固定され、ビーチボール大の明るいブイが標識になる。見ていると、勢いよく突っ込んで来る魚たちが網を大きく揺らし、次々と水しぶきを上げていく。

漁船の両舷には網をスムーズに引き上げるためのローラーが設置されているが、網にかかった数千kgものベニザケが暴れているために、引き上げるには相当な力が必要となる。熟練した漁師ならば一匹を数秒で網から取り出すことができる。ただ本当に大変なのは魚が甲板に投げ入れられてからで、慣れない作業員は意図せずして蹴ったり、踏んづけたりと、一匹の魚を処理するために多くの時間を費やしてしまう。もしウロコが指の爪に食い込んでしまうと感染症を引き起こし、最悪の場合、指を切断することになる。実際オーレの指も感染していて、定期的に通院しているのだ。

乗船しているモンタナの若者たちはここで初めて海を知り、そして恐らく二度と来ることはないだろう。同船した二人はシャイアンのネイティブアメリカン居留地からやって来た若者だった。他の船にはコミュニティを離脱したアーミッシュと、この秋に米海軍に入隊する予定の高卒男子がいた。

オーレが一人にロープを引くように言うと、その乗組員はどのロープかが分からずに困惑し、周囲を見回した。「あのロープだ！　みよしのヤツだよ！」　みよし（船首）に行くよう指示されたその若者は、しかし、みよしがどこかなのかが分からないようだった。私は羊のように、ぼーっと立ち尽くしている若者に向かって、こっそり船首を指さした。オーレはそんな私を見て、「こいつら、本当に何も知らないんだ。とも（船尾）をケツって呼ぶとすぐに覚えるけどな」と笑った。

毎年当局が発表する「オープナー」（解禁時限）内であれば、誰もが許可された時間だけ漁をすることができる。多くの場合は12時間だが、時に延長されることもある。漁師たちは最大限の漁獲を得るため、オープナーの間は可能な限り漁に出る。何しろ漁のシーズンは1年のうち、たったの6週間で、しかも数度に分けて発表されるオープナーが何回あって、それぞれがどのくらいの期間続くのか、誰にも予想が付かないのだ。唐突に終わりが告げられるかもしれず、漁が許されているオープナーの間に捕れるだけ捕っておかないと、あとで後悔することになる。

湾内ながらも、時に海は荒々しく波立ち、作業員を乗せ過ぎた27フィートのアルミ漁船は不安定に揺れた。風が強く吹くと視界がぼやけ、雨が顔面を叩く。そんな1日を終えて、冷え切った身体で桟橋に着くと、マグカップで温かいコーヒーやホットチョコレートをサービスしてくれる人々がいて、人間に戻った気がする。また別の日に、海面は池のように静まり返る。

漁師がアラスカで一晩中働くことができるのは、夜が存在しない夏にサーモンが遡上するからだ。世の中には、たそがれは数分間しか続かないと信じている人が多いだろうが、アラスカでは壮大なたそがれが何時間も続く。太陽は空の一角に浮いた熾《おき》のように脈動し、反対側の水平線には冷たくプラチナの輝きを放つ月がある。それはまるで、憎しみと愛を表現する舞台のライティングのようだ。この絶妙なライティングで船も漁師も海も、全てが３Ｄ映画のようなドラマティックな立体感をまとう。真夜中になって青い輝きに包まれた山脈の向こうに太陽が沈むと、空は漆黒ではなく深みのある虹色へと変容し、やがてやってくるのはバラ色の夜明けだ。バターがとろけるようなたそがれの光の中で、漁師たちは眠らずに働き続ける。魚たちはハチミツ色の海から引き揚げられると、濡れた音を立てて甲板に転がる。眠ってしまうにはあまりに美し過ぎる荘厳な光が、オーレを金色の後光を放つ聖人のように見せていた。

当局からオープナーが発表されるのは、遡上魚が十分な数に達したという生物学者のゴーサインが出てからのことで、その間だけ漁師たちは一定期間の漁を許可される。１９３０年代にニュージャージー州でＭＳＹ（最大維持可能漁獲量）と呼ばれる条例が発効された。これは漁業が先行きに必要とする水産資源を維持できるように、年ごとに漁獲可能な総数を事前に制限する考え方だ。次世代の魚を再生産するために必要な数を確保し、それ以外を漁業用の「収穫可能な余剰」とすることで資源枯渇を防ぐという発想だ。アラスカが州管理による漁業方式を確立した１９５０年代後半から１９６０年代前半に、ＭＳＹが漁業管理の標準的な手法となり、その後、世界中でこの方法が採用されてきた。

サーモンが遡上する際、生物学者たちはまず魚の個体数を維持するために必要な産卵魚の数を決定する。そのために川に入ってきた魚を数える必要があるが、集計方法は時代が進むにつれて洗練されていった。最初は河口に立てた高い見張り台の上から人が魚の数を数えた。その後、川の上空を飛行して上流に向かって動く影を自動でカウントする飛行機が登場し、今ではソナーを使った電子式カウンターが正確に魚の数をカウントしている。十分な数の産卵魚が戻って来ているかどうかは、数日ごとに判断され、オープナーが宣言されると漁師たちは一定時間、大きさや方法が制限されたそれぞれの漁法によってサーモンを捕ることができるのだ。

長い間、サーモンたちは産卵のために母川を目指しては、河口付近で集中的に人間に捕獲されてきた。警戒心の強いサーモンをフライやルアーで釣ることは簡単ではないが、一方で商業漁業者にとってこれ以上与《くみ》しやすい魚はいない。何しろ外洋に乗り出す必要はないし、時期が来れば勝手に向こうから湾内にやって来て、網に頭を突っ込んでくれるのだ。自然保護活動家が商業漁業者に厳しく、釣り人に優しいのは当然だろう。

　魚が産卵活動に入る直前に捕まえるこのやり方は、サーモンの絶滅へとつながる危険な道に思えるかもしれないが、ＭＳＹで漁獲数が規制されている限り、サーモンたちが永遠に母川に回帰し続ける可能性は高い。もちろん規制する魚の数に関する議論も永遠に続けられることになるわけだが。

　ニューイングランド、カリフォルニア、オレゴン、アイダホ、ワシントンの各州にはサーモンが遡上する川があるが、アメリカでＭＳＹをクリアできる漁場の全てがアラスカにあるといってしまっていいだろう。アメリカで最後に州となったアラスカでは、サーモンの漁業保護が州憲法にさえ明記されている。当時、アラスカの人々が州への昇格を望んだのは、法律によって自分たちの漁場を部外者から守りたい人が多かったからである。

　世界一の漁場をうたうブリストル湾のサーモンのほとんどは、ピーターパン・シーフーズに売られる。ピーターパン・シーフーズのディリンガム工場はアラスカで最も古い缶詰工場だが、近年は冷凍フィレの方がはるかに市場規模が大きくなったため、サケ缶はもはやピーターパンの主力製品ではなくなってしまった。したがって、捕れ過ぎると漁師から買わなくなる。

　ピーターパン・シーフーズは湾内に浮かんでいるテンダーと呼ばれる艀《はしけ》の上で、漁師たちから魚を買い取って氷で保存する。舟がテンダーの舷側に寄ると、乗員たちは計量のために置かれている大きなキャンバス袋に魚を投げ入れる。ピーターパン・シーフーズには２０１７年のような豊漁時に対応できる設備がなく、季節労働者たちの数も少ない。処理し切れない魚を購入しても意味がないから、ピーターパン・シーフーズとしては魚の購入を制限する以外に方策がなく、通常はオープナー一回あたりの買取り上限量を漁師一人あたり１１３０kgに設定している。

　そこでオーレは考えた。家族全員を漁師に仕立て上げれば、５人分で５倍の５６５０kgになるな、と。で、13歳の娘を含む家族5人分の漁師免許を購入して、ピーターパン・シーフーズへの販売可能枠を5倍に膨らませたのだ。それでも２０１７年の7月は遡上数が多過ぎたため、漁獲が販売枠を上回ってしまうことが多かったという。そうなると漁をやめて、捕ってしまった余剰分を他の漁師仲間に渡すか、あるいは譲る以外になかった。

ベニザケの遡上期間中に他の種類の魚が網にかかることはほとんどないが、稀にキングサーモン、シロザケやドリーバーデンが混ざることもある。ピーターパン・シーフーズはベニザケを４５４g当たり1ドル、キングサーモンを50セントで買取る。同じ時期にシアトル、サンフランシスコ、ニューヨーク、ボストンで売買されるアラスカ産ベニザケの価格は同じく４５４g当たり、35ドルから45ドルが相場で、キングサーモンは逆に値が張る。この異常な価格差には理由がある。ブリストル湾に戻ってくるベニザケには、一匹たりとも養魚場で育った個体はいない。全てがアメリカに残った数少ない天然の遡上魚である。ところがブリストル湾のベニザケは天然魚でありながら、刺し網で捕られるために、魚体が無残なまでに傷んでしまうのだ。したがって、商業的な価値でいえば、アラスカで捕れるサーモンの最下層に位置している。満身創痍のベニザケは流通先が限られてしまい、ピーターパン・シーフーズのサケ缶になるしかないのだ。そんな薄利の商売でありながら、ブリストル湾で刺し網漁が盛んなのは、漁業許可証が最も安価で、かつ漁船にしてもアルミ製の小型船で事足りるからである。

一方で流し網という漁法がある。網でエラを引っかけるという点では刺し網と似通っているが、はるかに洗練された漁法であり、魚体を傷めずに捕ることができる方法だ。流し網に投資する資金力があって、魚を大切に扱うことができれば、同じブリストル湾のベニザケであっても、はるかに高い価格で買い取られる。

漁を終えると3隻の船は、湾の北側で二つの川が合流するヌシャガクへと戻る。沈まない太陽の下で遠くの山々がブラウン、イエロー、グレー、ブルー、パープルと密やかに色を変え続け、砂浜に乗り上げた船を引き上げるクルーのブーツが鈍い音を立てる。長く過酷な12時間の最後の仕事だ。作業を終えたクルーは束の間の楽園となるキャビンへと歩いて行く。キャビンに水道は引かれておらず、電気は自家発電機に電源を入れた時だけ稼働する。車のバッテリーで動く無線機以外に世界との通信手段はなく、そしてそれは次のオープナーを知るための命綱でもある。

初めて12時間連続でこの漁を経験した若者は、間違いなく「疲れた」という言葉を再定義したくなるはずだ。そして魚の匂い、海の匂い、船外機の排気の匂いを吸い続けた1日の終わりに、もう一つの匂いが待っている。中央のキャビンに近づくと、温かい香りが、優しく大きな抱擁のようにクルーを包み込んでくる。それは焼き立てのパンの匂いだ。オーレとクルーが漁をしている間、オーレが聖人と呼んでいる妻のハネロアはキャビンに残ってパンを焼く。戻って来たクルーを迎えるのは、彼女の焼きたての「ビールパン」だ。

キャビンにサーモンを持ち帰ることは一切ない。クルーは皆、ビーフ&ポテト育ちのモンタナボーイなのだ。そもそも、1日中格闘し続けた相手の顔なんて見たくもないだろう。そんな彼らのためにハネロアはパンだけでなく、パイも焼く。オープナーが終わる度に3、4種類の新しいパイで若者たちの疲れを癒《い》やす。長いテーブルの端に座ったシャイアン族の部族長のようなオーレが「オレはパイは食べないぞ!」と毎回宣言しているにもかかわらず。

＜ビールパン＞

小麦粉　3カップ／砂糖　1カップ／ベーキングパウダー　大さじ1／ビール　1缶、を混ぜる。パン型に生地を入れ、溶かしバターを隅々まで行き渡らせるために、パン型の縁に沿ってナイフを入れ、177℃のオーブンでキツネ色になるまで焼く。

＊＊＊

オーレがブリストル湾でベニザケを捕っている同じ時、テア・トーマスはアラスカ湾でコパー川に戻って来るベニザケを捕っている。見かけ通りのタフガイであるオーレとは対照的に、テアは背が高くてスラリとした女性だ。しかし見た目よりはるかにタフで、グリズリーベアに襲われて生還したこともあるらしい。彼女は30年以上もソロ用の小さなボートで外洋に乗り出して漁をしている。オーレとは同じサーモン漁であっても、刺し網は使わず、流し網を使う。

テアもオーレ同様、アラスカ出身ではない。オレゴン州ポートランドからアラスカにやって来た彼女は１９５７年生まれでオーレより少しだけ若い。父親が弁護士だった彼女の家庭に漁師は無縁だった。テアは生物学の修士号を取得し、孵化場の仕事をするためにアラスカにやって来たが、そこで多くの漁師と知り合ううちに、自分には漁師の方が向いていると思うようになった。

コパー川が流れ込むコードバは、定住者が２０００人ほどしかいない可愛らしい町で、透き通った海水を湛《たた》えたプリンスウィリアム湾に面し、アラスカ山脈のきらめく氷河に囲まれている。見上げる度にその美しさに圧倒される山々には多くの野生生物が生息している。クマ、ハクトウワシ、海にはラッコ、シャチ、アザラシ、その他たくさんの生物たちがそれぞれの生を営んでいるのだ。彼らにとって、毎年夏に戻って来るベニザケは生存と生殖のために欠かせない食料である。

この地域が生物たちの楽園であり続けているのには理由がある。周囲を峻烈《しゅんれつ》な山々と大海原に囲まれていて、一切どこにも道路が通じていないのだ。いわゆる陸の孤島である。かつては高速道路でアンカレッジと町をつなげようとする動きもあったが、地元の人々は車に「道はいらない（ＮＯ　ＲＯＡＤ）！」と書かれたバンパーステッカーを貼って抵抗し、反対運動は実を結んだ。

プリンスウィリアム湾は１９８９年3月、エクソン社所有の石油タンカー「エクソン・バルデス号」が岩礁に衝突して原油が流出したことで、一躍世界に知られるようになった。流出した原油の総量は１１００万ガロン、もしくは３０００万ガロンと見方が分かれているが、いずれにしてもこの原油流出により、推定25万羽の海鳥、３０００頭のカワウソ、３００頭のアザラシ、２５０羽のハクトウワシ、22頭のシャチが死亡し、サーモンとニシンの個体数が激減した。その後ニシンを除く野生生物は奇跡的に復活したが、生物学者は海域周辺で大きな環境変化が起こってしまったことを確実視している。

テアはオーレと違って、漁のために電気や水道設備のないキャビンで過ごすようなことはしない。彼女はコードバに素敵な家を持っていて、壁には地元アーティストの作品が飾られている。テアは鳥が好きで、彼女自身、主に鳥を素材とした木版画を描くアーティストでもある。

テアは漁という極めて男性的な世界で成功している女性だが、一般的にいわれるところの男性らしさとは無縁だ。コードバの港に停泊している大半の漁船は、米海軍の艦船のようなグレーに塗られているが、彼女の船はアーティスティックなターコイズカラーをしている。船は32フィートのボウピッカー（船首に漁網を配備した漁船）で、まるで自宅のように手入れが行き届いている。ボウピッカーは元々、帆船時代にコロンビア川のサーモン漁のために設計された漁船で、その後、多くの改良が加えられて適度な速さと操縦性を備えた一人用の釣り船となって現在に至っている。

テアは漁師になるに当たって、ディーゼルエンジンの整備士学校に通った。海に一人で乗り出すのだから、エンジンのメンテナンス方法を知っておかなければならないと考えたのだ。元々彼女にメカニックへの興味やバックグラウンドがあったわけではない。テアは常に船上の機器を最新の状態に保つように努力している。氷で満たされた魚倉は船首の甲板と同じ高さにある。網を引き上げる際に手早く魚を外し、エラに小さなナイフで切り込みを入れて血を抜き、するりと魚を後ろに滑らせて魚倉の中に落とすことができる仕掛けだ。今、彼女が新たに検討しているのが、大きな魚倉に海水とスラッシュを同時に入れる方法で、これは氷塊ではなくスラッシュ（海水でシャーベット状になった氷）で保存するスラッシングと呼ばれる手法だ。スラッシュは氷塊よりも、柔らかく、かつ均等に魚を取り囲むため、より鮮度を保った状態での保存が可能となる。コパー川産のベニザケは元々人気のあるサーモンだが、テアが捕ったサーモンは美しく、手入れが行き届いているという理由もあって、最高級品として売られている。

サーモンはアトランティックサーモンとブラウントラウトのサルモ属と、サクラマス、キングサーモン、ギンザケ、ベニザケ、シロザケ、カラフトマス、ニジマスなどからなるサケ属の、二つの属に分類されるが、キングサーモンやベニザケのような単一種でさえ、かなりの多様性を持っている。あらゆる川がそれぞれの環境要素でサーモンを微妙に変化させるからだ。ベニザケは一般的に他の種類のサーモンよりも上流まで遡り、上流部の湖、もしくはその付近の川で産卵する。ベニザケの幼魚が成長するためには湖という環境が有利で、アラスカのブリストル湾やコパー川、ロシアのカムチャツカ半島、カナダのブリティッシュ・コロンビア州のフレーザー川など、ベニザケの遡上で知られる川の上流部には必ず湖がある。ベニザケが遡上を始めてから湖付近にたどり着くまでの時間と労力は、川の長さや障害によってかなりの振れ幅があって、より長く困難な旅を強いられるベニザケは、遡上前により多くの脂肪を蓄えて試練への準備をしなくてはならない。したがって、そんな川のベニザケの遡上時の体格は素晴らしく、必然的に味も良い。例えばヌシャガク川など、ブリストル湾に注ぐ川は長くもなく、遡上魚の苦労は少ない。したがってブリストル湾のサーモンはベニザケに限らず、その伝説的な遡上量と血統書付きの天然魚であるにもかかわらず、市場での価値はそれほど高くないのだ。

　一方で、コパー川は５００㎞弱という長大さで、地形は入り組み、遡上して産卵場を目指すベニザケにとっては試練の旅となる。浅く速い瀬を半身をさらして泳ぎ切り、屈曲した岩盤が重なり合う段差や数々の滝をクリアしたベニザケだけが産卵に参加できるのだ。プリンスウィリアム湾には他にも小さな川が流れ込んでいてそこで産卵するサーモンもいるが、コパー・サーモンのような高値はつかない。コロンビア川、スネーク川、サクラメント川、コネチカット川など、サーモンが遡上するアメリカの川の多くは、延長は長いけれども、ダムなどの人工物で分断されてしまっている。そういった川は論外だとしても、その他の川の中にはコパー川よりも長い川もある。例えばアメリカで３番目に長い川であるユーコン川やカナダのブリティッシュ・コロンビア州を流れるフレーザー川はコパー川よりはるかに長く、優れたベニザケを産出している。そんな中でもなお、コパー・サーモンが魚市場で人気を博しているのには二つの要因がある。

　一つ目は産卵に戻ってくる各地のベニザケ群の中で、その年最初のベニザケであることだ。キングサーモンが５月中旬にやって来て、ベニザケがすぐ後に続く。他地域のベニザケよりも早くやって来るコパー・サーモンは数週間の間、魚市場を独占できるのだ。先立つ7ケ月間、新鮮なサーモンを仕入れることのできなかった市場が、コパー・サーモンの入荷によってにわかに活気付く。

二つ目にはコードバに本拠地を持つ、コパーリバー・シーフードという企業の戦略的なマーケティングがあげられるだろう。コパー・サーモンは海中から引き上げられると、すぐに血抜きされ、氷、あるいは前述したスラッシュの中に保管され、わずか1日半後に、素晴らしい魚体のまま市場に出てくる。毎年その品質を維持し、ただひたすら同じものを販売し続けるだけの、企業戦略と呼ぶにはいかにもシンプル過ぎる戦略だが、何しろ企業側が何の努力をしなくても、毎年サーモンが頑張ってくれて、他の川よりも早めに産卵してくれるのだ。

コパー・サーモンを最初にブランド化したのは、ウォーターフロント・ダイニングで知られるシアトルのレストラン「レイズ・ボートハウス」だろう。特大のキングサーモンが初物として、捕れた日の翌朝5時発のアラスカ航空の飛行機に乗せられる。シアトルタコマ国際空港に到着したキングサーモンは台車に載せられて、レッドカーペットの上をパイロットに押されて登場するのだ。大勢の見物客を集めるこのイベントは、今ではシアトルの風物詩となっている。そしてその日の夜、初物はレイズ・ボートハウスで調理され、幸運なゲストに提供されるという仕掛けだ。

ブリストル湾のオーレや他の漁師たちのベニザケが４５４グラム当たり1ドル、キングサーモンが50セントで買い取られる一方で、コパー川の流し網漁師たちは、ベニザケを2ドル50セント、キングサーモンを7ドルで卸している。平均的なキングサーモンのサイズでいうと、一匹約２００ドルで売れる計算になり、ブリストル湾のサーモンの14倍の価格で取引されるわけである。

刺し網は海に固定して仕掛けるが、流し網は船から流す。といっても、昔のように網をボートから放して、自由に漂流させて使うことはできない。流し網を見失ったり、何らかの事情で海中に引き込まれて、回収できなくなった場合、網はまるで糸の千切れた巨大な凧のように海中を漂い、魚を捕り続けることになってしまう。そして最終的には大量の魚と共に海底に沈んでしまうのだ。流し網が特に問題になったのはデュポン社がナイロンを発明し、その後、釣り糸として主流になるモノフィラメントを開発した１９３９年頃からだ。モノフィラメトは天然素材に比べてはるかに劣化しにくく、海底に沈んだ場合には長期間にわたるゴミと化してしまう。

現在アラスカでは流し網の片側をボートに固定することが義務付けられている。漁に使われている流し網は6本のポリマーを編んで作られ、しばしば破れたり、消耗して劣化する。このためコードバには網を修理する専門業者が出現し、今ではマイナーながらも町の産業の一つになってさえいる。

全長約２７０ｍの流し網は、船首に取り付けられた油圧式の大きなドラムで巻き上げられる。舷側に立つ二人が力づくで引っ張り上げる刺し網に比べれば、ドラム脇のレバーを操作するだけの流し網ははるかに楽ではあるが、楽をするためにはそれなりの元手が必要で、刺し網漁に比べて、船も許可証もはるかに高額となってしまう。

コードバには５４０人の漁師がいるが、そのほとんどが一人用の漁船で流し網漁をする。テアは13人しかいない女性漁師の一人だ。漁師の大半が移住者で、コードバどころかアラスカ生まれですらなく、半数はロシアからの移民である。

漁船は広大なプリンスウィリアム湾の端っこにある木製の桟橋の港に停泊していて、見上げる先には美しいアラスカの峰々がある。コパー川のベニザケは湾内ではなく、外海の干潟で捕る。外海での漁には常にリスクがあって、うねりに対して正確に直角に進まなければ、小さなボウピッカーはひとたまりもない。最も危険なのは漁師から「ローグ・ウェイブ」と呼ばれて恐れられている巨大な波だ。どこからともなく現れて、船を転覆させてしまう。投げ出された漁師をアラスカの冷たい海は優しく抱きかかえてはくれない。コードバの大桟橋には波に殺された漁師たちの慰霊碑が立っていて、恐ろしいことには毎年一つ、二つと追加されていくのだ。

慰霊碑に名が刻まれた漁師の何人かはテアの友人だ。だからといってテアが尻込みすることはない。オープナーがやってくれば淡々とターコイズカラーの「ミュルミドン号」に乗り込む。ミュルミドンはギリシャ神話に登場する戦士たちの呼称で、トロイの戦いでアキレスが率いたのがこのミュルミドンの戦士である。ミュルミドンは人間の姿をしてはいるが、元はアリで（ゼウスがアリを人間の姿に変えた）、勇敢なだけでなく、忠実でひたすら黙々と働く優秀な兵士たちだ。

翌朝の7時から始まる36時間のオープナーの前夜、私を乗せたテアのミュルミドン号は勇ましく、しかし密やかに海に乗り出した。良く知られたポイントには若い漁師がオープナーの数日前から居座ってしまうため、テアは船と船の間に十分な距離が確保できる、遠目のポイントを目指した。

私たちがコードバを出港したのは午後5時半過ぎのことだ。背後にそびえる急峻な山々の大半は夏の緑に覆われているが、所々に青みがかった氷河が食い込んでいて、氷河期がつい最近の出来事であったことがわかる。氷河が引き裂かれ、海面へと崩落し続けた土地に、偶然わずかなスペースが残って、結果的にそこにコードバのような小さな町が誕生したのだろう。

ミュルミドン号は穏やかなプリンスウィリアム湾に、1本の筋を残して沖へと向かった。仰向けになって貝を食べているラッコや、時折、海面を割って背を見せるシャチの姿もあった。やがて海は波立ち始め、船が白波を分けて進むようになった。外海に出たのだ。全長10m弱の細長いボートは小さな波でも大きく揺れた。私たちは海面が激しく波立つ「バー」と呼ばれるエリアを渡り、ベニザケが泳ぐ水深3mから3m半の浅瀬に到着した。港を出てから1時間強、時刻は未だ午後7時前、オープナーは翌朝七時である。私たちは錨を下ろしてただ待った。海上で波に揺られながら、夜ともいえないぼんやりとした空の下で、ひたすら12時間待つのだ。頭上には哨戒機の影があった。規定の時刻前に網を出している漁船がいないかどうかを当局が監視しているという。

テアの船は、布張りのシート、寝台、トイレ、ストーブまでが完備され、これ以上ないほどに快適だった。テアは私のために調理済みのサーモン・チャウダーを温めてくれた。海の上で寝転んでいるだけしかない肌寒い日に、これ以上のごちそうはなかった。以下は6人分のレシピである。

〈サーモンチャウダー〉

　500gのジャガイモを2・5㎝の角切りにし、1・5ℓの水に塩を入れ、大鍋で柔らかくなるまで煮る（8～10分程度）。ザルに上げて水気を切る。

　500gのスライスベーコンを大鍋に入れ、時折かき混ぜながら、中火でカリカリになるまで焼き、ペーパータオルに上げて油分を切る。大鍋に残った油脂は大さじ2杯分だけ残して他は捨てる。

　タマネギ　カップ2、トウモロコシ　カップ2、ニンニク　大さじ4、タラゴン　小さじ1／4、フェンネル　小さじ1／4、鷹の爪　小さじ1／4を大鍋に入れ、タマネギが柔らかくなるまで弱火で加熱する。6カップの牛乳と1／3カップの生クリームを加えて沸騰させる。火を弱めて、サーモンの切り身1・5kgと、最初に煮たジャガイモと焼いたベーコンを加え、塩、コショウで味を調えながらサーモンがほぐれてくるまで静かにかき混ぜる。最後にレモン汁を少々加え、みじん切りにした一握りのアサツキを振りかける。

　太陽が霧の向こうでぼんやりとした光を滲ませ、空は淡いピンク色に染まっている。かつてウェールズの詩人ディラン・トーマス（訳注：ミュージシャンのボブ・ディランの名の由来）が「サーモン・サン」と呼んだのは、こんな太陽だったのだろうか。温かく、すばらしくおいしいサーモンチャウダーで腹を満たした私は、やがて波にリズムを感じ始めた。船が揺りかごのようになって、遠くに見えていた水平線が、夜の闇に吸い込まれていく。どうして夜のないはずの夏のアラスカが暗くなるのだろう、と感じていた時、すでに私のまぶたは閉じられていたらしい。

　目が覚めた時、空は灰色だった。アラスカの夜明けだ。明けない夜に夜明けがあったならばの話だが。ミュルミドン号は船首を外洋に、船尾を氷河に向け、進軍ラッパが鳴り響く瞬間を待っていた。無線が他の漁船の場所取り合戦の罵声を伝え始める。

そしてついにその時がやってきた。7時0分0秒。テアは少しだけ船を移動させてから、大きな朱色のブイを船首から海に投げ入れた。そこは野鳥保護区であるグラスアイランドと呼ばれる浜辺で、ミュルミドンのような平底のウォータージェット船でしか到達できないポイントだ。

テアは通称「コルクライン」と呼ばれる白と黄色の小さなブイが付いた緑色のネットをスプールから外し、船首から海へ放ると、ボートを逆走させてネットをドラムから引き出した。約２７０ｍの網を投下するために要した時間はわずか6分。この日、テアは干潮に合わせて網をセットする「イーブ・フライヤー」という漁法を使った。この方法は、浅瀬に乗り上げてくる大きな波で船が転覆させられてしまうリスクを伴う、最も危険な網の配置方法だが、同時に最も効率的な漁獲セッティングでもある。

しかしながらこの1セット目は惨憺《さんたん》たる結果に終わった。アザラシが網の近くにいて、まるでアザラシに餌を与えるために漁をしているような状況になってしまったのだ。アザラシの黒い頭が海面に浮かび、次々とネットにかかったベニザケを食べていく。1、2頭であればまだしも、この時は4頭ものアザラシがいて、こうなるともう彼らの朝食を眺めている他になかった。

引き上げたネットには40匹ほどのベニザケがかかっていたが、頭と背と尾びれを残して腹だけが、かじり取られていた。アザラシはサーモンのハラスが大好物で、一口だけかじり取っては次のベニザケの腹をかじり、他の部分を食べ残す。何というぜいたく！　そんなアザラシに腹を立てた漁師たちは彼らを撃ちたがるが、１９７２年の海洋哺乳類保護法によってアメリカでの狩猟は違法となった。海の生態系にとってアザラシは欠かせない役割を果たす重要な哺乳類なのである。ことにアラスカ州の規制は厳しく、商業漁船に銃器を持ち込むことさえ禁じられている。テアは自分が捕ったサーモンを食べるアザラシを見て、男の漁師のように「海洋哺乳類保護法のくそったれ！」という呪いの言葉を吐き捨てるようなことはしなかった。あるいは私がその場にいなかったら、叫んでいたのかもしれないが。

アザラシやアシカは知能が高く、サーモンの遡上のために魚道が設けられたダムでは、その狭い水路で待ち伏せをして、泳ぎ上がってくるサーモンを難なく捕まえる。ポートランド郊外のウィラメット川で見たアシカはさらにずる賢かった。釣り人が激しいやり取りの末に、かけた魚をようやくボートに寄せ、満面の笑みと共にネットですくおうとした瞬間、アシカが水面に飛び出してきてサーモンを引ったくっていったのだ。

漁師たちは、おいしい所だけを食べて、残りを捨てるアザラシのことを、ぜいたくな浪費家だとののしる。魚を丸ごと食べてしまうクマやワシの方がまっとうな生き方をしているというのだが、必ずしもそうとは限らないし、何よりも人間こそが最も享楽的で不真面目な生物であることを忘れている。ひとたび人間が自然のバランスを崩してしまうと、それを元に戻すのは極めて困難な作業となるのだ。そのことを私たちは過去の教訓から学んでいるはずなのに、依然として資源は減り続け、人間というコントロール不能の種だけが増大し続けている。アザラシを捕食するサメやクジラ（歯を持つ種）といった捕食者はすでに激しく減少してしまっているし、同時にアザラシの獲物となる魚も急速に減っているというのに。

結局、この日２度目のセットは残った２匹のアザラシに邪魔された程度で済み、たらふく食べたせいか、３度目をセットした時には、アザラシは姿を見せなかった。

丸々と太ったベニザケは白銀色に輝き、川で見る時とは全く別種類の魚に見える。まさしく食べ頃だ。この魚体を見て「レッド」という言葉を連想する人はいないだろう。真っ赤な婚姻色をまとうのは、川へ入ってからのことだ。テアは全てのサーモンの片方のえらを素早く、裂くか、刺すかして、血抜きをする。さらに念入りに血を抜くためのタンクを備えた漁船もあるが、ミュルミドン号には血抜きタンクを設置するスペースがない。また血抜きにはさらに進んだ究極の方法もある。肛門にパイプを挿入して圧縮した水を噴射する圧迫血抜きで、魚の体中の血液がえらから吐き出されてくる。

その後のセットには45匹捕れた回もあり、５匹だけの時もあったが、１セットの流し網で捕れるのは平均15匹から20匹といったところで、８時間の漁を終えた午後３時にはおよそ１００匹のベニザケが魚倉に収まっていた。テアは

1時間あたり10匹捕れれば好漁と考えている。したがって、その日は豊漁と呼んで良かったのだろう。36時間の漁獲を比較するとテアはオーレの足元にも及ばない。漁獲量で漁師の優劣が決まるのであれば、間違いなくオーレはテアよりも優れた漁師だ。ただ現代の優れた漁師とは、必ずしも魚をより多く捕ることのできる人物とは限らない。オーレとテアのどちらもひいきしたくはないし、それぞれにそれぞれの人生の事情というものがあるはずだ。ただ私としては、３隻の漁船が必要とする燃料が1隻分で済み、アルバイト代や船の維持費を支払う必要のないテアの漁法に、持続可能な漁業の姿を見るように思える。

念のために記しておくが、この本のテーマは「乱獲」についてではない。「魚が捕れなくなった」というと、たちまち「それは乱獲によるものだ」という第一声が上がる。ある魚が絶滅の危機に瀕すると、私たちはそれを漁師のせいにしたがるのだ。自分自身を責めるよりも都合が良いから。しかし、乱獲だけが原因で減少している魚は、漁業規制を強化したり、一時的に禁漁にしたり、あるいは商業漁業を全面的に禁止したりすることで保護増殖できることが多く、問題はそういった単純なケースが少ないことなのだ。

商業漁業が未だに当たり前に行われているという事実は、人類の歴史を振り返る時、異例な事態といっていい。一部の考古学者によると商業漁業は食料生産の中で最も古くから広く行われてきた形態であり、２００万年近く前の人類にまで遡ることができるという。食糧を確保するための狩猟は家畜に、植物採取は農業に取って代わった。漁業だけ自然任せにしてきたのだったが、昨今は狩猟や植物採取と同じ道をたどり始めている。現在、世界の人々が消費している魚のおよそ半分は養殖魚である。特にサーモンは養殖化が進んでいて、野生魚の比率は低下している。

念押しが過ぎると、この先を読んでくれなくなってしまうかもしれないので、この辺でやめておくが、本書は乱獲反対を叫ぶ本ではないし、サーモンの素晴らしさを讃える本でもない。サーモンはセレンゲティのライオン、裏山のカブトムシ、田んぼのカエルと何ら変わりのない地球の生き物なのだ。確かにセレンゲティに暮らす生物たちは美しく、逞しく、時にヒロイックに、時に悲劇的で、まさしく野生を絵に描いたようだ。そんなわかりやすいドラマ性に心を動かされた人がセレンゲティを国立公園にしたけれども、アフリカの限定的な自然環境を保護しただけでは、ほとんど意味がないのだ。重要なのは、この地球という惑星そのものを保護することである。

人間に見えない世界で何が起きているのかは分からないし、私たちが地球の全てをコントロールできるはずもない。ただ、地球上に生きている生物の一員として、少なくとも目の前に見えている範囲に関しては、責任を持つ必要がある。サーモンが重要なのは、私たち人間と密接に関わってきた歴史があるために、環境破壊の一つの指標となり得るからだ。地球の（主に北半球の）健全性を測るバロメーターなのである。もしサーモンが生き残らなければ、地球上に暮らす大半の生物たちに明日はないといわれている。人間がこれまでサーモンという種に対して行ってきた、無分別な侵略の歴史を考える時、今なおこうして漁場が存続していることは、奇跡に近い。

サーモンは山奥の淡水の川や湖で生まれ、海へ下りて大きく成長し、また山奥の生まれた川に戻るという、山と海の生態系を結びつけている極めて稀な生物だ。私たち人間が陸上で行う大半の活動は海に影響を与えているが、サーモンはその連関を明らかにしてくれる。

地球環境に対して私たちがやってきた蛮行は、サーモンを見れば一目瞭然だ。産業革命による水質汚染はサーモンを窒息させるに十分だったし、化石燃料の燃焼や農業のための森林伐採によって、大気中の二酸化炭素量は確実に増加してきた。その結果、現在、サーモンは21世紀の大災害である気候変動の脅威にさらされている。サーモンは冷たい水を必要としている。カナダのフレーザー川を例に挙げれば、明らかに気候変動がフレーザー川を暖めていて、気温の上昇に比例して、サーモンが減少している事実は検証済みの事実だ。この事態に対応するために関係者が出した結論は孵化場の建設だった。一部の科学者は、孵化場だけでは抜本的な解決にはならないと反対したが、聞き入れられなかった。実際、カナダに限らず世界の多くの地域において、現在進行形の気候変動に対応するバックアッププランの主役は孵化場なのだ。

気候変動は人間の活動が意図せずして不測の事態を招いてしまう事実を端的に物語っている。何よりも、この予測不能という点が環境改善を目指す生物学者たちの悩みだ。今、分かっているのは、石油や石炭などの化石燃料を燃やすと二酸化炭素が発生し、結果的に気候変動を引き起すという、ほとんど小学生の理科レベルの事実だけなのだ。

　二酸化炭素が及ぼす海洋生物への影響という点で代表的なのは海水の酸性化である。二酸化炭素は水に吸収される。空気中の二酸化炭素の１／３が海に吸収され、化学反応を起こした海は酸性になる。具体的には水素イオンが増加し、炭酸イオンが減少する。炭酸イオンが不足すると、貝類やサンゴ、特定のプランクトンの成長能力が低下する。言うまでもなくプランクトンは小型の魚にとっての重要な食料だ（炭酸イオンが減少すると炭酸塩が不足し、魚が捕食者を感知する能力が低下するという科学者もいる）。酸性化は海だけでなく、サーモンが海に出入りするための重要な中継地である河口の汽水域や河川でも起こっている。

　問題はこれだけではない。温暖化によって氷が溶けると海水の塩分が減少してしまう。サーモンは産卵時期を初めとして、ライフサイクルの様々な段階で温度や塩分を手がかりにして次の行動を決めているため、混乱してしまうのだ。気候変動は北大西洋の海洋環境を急速に変化させていて、動物プランクトン、シシャモ、タラ、サーモンなどが関連する食物網全体に及んでおり、あらゆるものを脅かしている。

　これら全ての現象が何を意味するのか、実は私たちには何も分かっていない。北極海に面し、かつて凍っていたアラスカのノーススロープの冷たい川に、今なぜサーモンが集まって来るのか、そのサーモンの一部に、本来いるはずのないアトランティックサーモンがなぜ混ざっているのか、私たちはその理由を特定できていない。分かっているのは、かつてヨーロッパ人が死に物狂いで探し求め、イングランドのフランクリン隊１２９名を全滅させた北西航路の水路を、どうやらアトランティックサーモンは自力で発見したらしいという事実だ。仮にサーモンの生息域が北上しているとすれば、現在北米におけるサーモンの最南端であるカリフォルニア州のクラマス川、カナダのミラミチ川、コネチカット川、フランスやスペインの川、そして日本の本州の川は今後どうなってしまうのだろうか。そしてこれらの地域全体が包括する他の生物や植物の生態系にどのような影響が出るのだろうか？

現在、世界の科学者たちは、今起きている気候変動によって、サーモンの河川滞留時間、海での滞留時間、成長率などのライフサイクルが大きく変わると予想している。繰り返すが、これらの変化が地球にどのような結果をもたらすのか、誰も正確には分かっていないのだ。温暖化は恐らく、サーモンと別の魚種間の力のバランスを変えるだろう。その結果、サーモンの稚魚が他の魚に捕食されることになるかもしれない。また暖かい水を好む寄生虫が増殖して、サーモンの生存そのものを脅かすことになるかもしれない。現実的にこれらの現象はすでにカナダ北部の大西洋岸で確認されていて、サーモンと同じく河川への産卵遡上魚であるストライプトバスがこれまでに生息していなかった川に入り込んで、サーモンの稚魚を大量に食い荒らしているという報告がある。

あるいはカリフォルニアでは、近年の激しい干ばつの影響で、たとえサーモンが戻ってきても、川が減水しているために遡上できないケースもある。

今、私たちが直面している最大の問題は、約１６０年前にチャールズ・ダーウィンが『種の起源』に書いた「個体数が少ない種ほど、競争に負けて絶滅する可能性が高い」という事実である。大半の場合、減少した種というのは意図的であったにせよ、なかったにせよ、人間が減らしてしまったと言い換えることができる。さらにダーウィンは「存在する種が少なくなればなるほど、残った個々の種が生き残ることも難しくなる」とも書いている。現在の状況を乱暴に言ってしまえば、地球上の全生命体が絶滅に向かって行進しているということに他ならない。

自然の秩序が機能するためには、多種多様な生物が存在しなければならないというこのダーウィンの概念は、１９８０年代に進化生物学者のエドワード・オズボーン・ウィルソンによって「生物多様性」と呼ばれるようになった。種、属、科だけではなく動物界、植物界といった界レベルで、互いが依存し合い、関係が絡み合っている地球では、一つが絶滅するだけで、多くが影響を受ける。もはや「食物連鎖」ではなく、「食物網」と呼ぶべきなのだ。

全ての魚にとって、現在の地球上で生き延びることは楽ではないが、サーモンほど困難な問題に直面している種も少ないだろう。それはサーモンが食物網の中心的存在であると同時に、海洋と内陸の両方で生活するといった複雑な一生を過ごすことに起因している。２００５年、パシフィックサーモンの生存率を研究している科学者グループは、このまま環境に変化がなければ、現在生きている23%のサーモンが死んでしまう危険性が高く、アトランティックサーモンについての状況はさらに悪いと結論付けた（訳注：単一種のアトランティックサーモンのように、パシフィックサーモンという魚が存在しているわけではなく、本書ではキング、レッド、チャム、ギンザケ、スチールヘッドなど、太平洋に注ぐ母川を持つサケ属を総称してパシフィックサーモンと呼んでいる）。

漁師による乱獲が問題の核心であると信じられていた１８２４年、ロンドンで出版された本の中で、Ｊ・コーニッシュはイングランドにおけるサーモンについて次のように書いている。

――確かに少々の工夫と努力は必要だろうが、常識と素直さを持って対応すればそれほど難しい問題ではない。サーモンの移動を妨害している障害物を取り除いて、魚を自然の流れに戻す。解禁期間を設定し、捕獲サイズを制限する。禁漁期間中の保護を徹底し、解禁期間は決められた漁法のみでしかサーモンを捕らせない。これだけのことを実行さえすればサーモンの不足に文句を言う人はいなくなるだろう。

今となっては、古き良き時代の牧歌的な言葉に響くが、それから２００年近くが経過した今、漁業規制は当時よりも厳しくなったが、障害物についてはダムを筆頭に当時とは比べられないほど増加し、問題全体がはるかに複雑になってきている。したがって、今、サーモンを絶滅から救おうとするなら、昔よりもやるべきことが増えている。以下がそのリストだ。果たして私たちはこれらを実行に移すことができるだろうか？

森林破壊を止めること。無計画な開発を止めること。クマ、オオカミ、ビーバー、ワシ、その他の野生種の殺戮《さつりく》をやめること。陸地と海洋の汚染を止めること。気候変動を止めること。既存のダムを解体しつつ、現在計画中のダム建設を止めること。

これらを実行するために考えられるアクションアイテムは、例えば以下のようになる。

地球上の総エネルギー消費量を減らし、再生可能エネルギーへ転換する。炭素排出の原因となる化石燃料の燃焼をなくし、河川をせき止める水力発電をなくし、水を温める原子力発電を止める。農家は農薬を使わず、灌漑を計画的にコントロールする。牛を川沿いに放牧しない。家や道路、あるいはハイキングコースでさえも川から距離を置く。サーモンの孵化場は遺伝的多様性を低下させないようにしつつ、養殖魚の健全な魚体を保つ。アザラシなどの海洋哺乳類は保護されなければならないが、個体数が増え過ぎてはならない。

私たちがこれらのことを全て実行できたならば、サーモンは救われるだろう。言葉を換えれば、私たちが地球を救うことができれば、サーモンは絶滅しないのだ。

パートⅠ

ヒーロー

第1章　サケとマス

自然への理解が進めば進むほど、私たち人間が直接的、間接的に影響を与えている事々の大きさを思い知ることになる。人間だけが特別な存在として地球に生存しているわけではないのだ。心と物質、魂と肉体といった都合の良い相対観念と同じように、人間と自然が別物と考えることが極めて不自然な発想であることを理解しないとならない。

――『サルが人間になるにあたっての労働の役割（*The Part Played by Labor in the Transition from Ape to Man*）』

フリードリッヒ・エンゲルス

18世紀、スウェーデンの科学者カール・リンネは動物を身体的特徴によって分類するシステムを考案した。そして2世紀を経た20世紀後半、科学者たちはＤＮＡを使った分類方法を見いだした。この発見により、それまで混沌としていたサケ科という魚類の全容が明らかになり始めた。サーモンの初期型は恐竜時代にも生息しており、約1億年前に独立したサケ科へと進化した。初期型のサーモンであるイオサルモ・ドリフトウッドンシス（*Eosalmo driftwoodensis*）は、ブリティッシュ・コロンビアの湖底で発見された。今は化石としてしか見ることができないが、約５０００万年前には主にカナダの湖に生息していたのである。化石の分布状況からこのサーモンの始祖であるイオサルモ・ドリフトウッドンシスがアラスカのユーコンからメキシコまでの広範囲に渡って生息していたことが分かっている。モロッコ沖では有史以前の６０００万年以上前のサーモンの化石が発見されており、その中には長さ20㎝の鋭い歯を持つものもある。約２０００万年前まで、サーモンは北米大陸の北側にあった海を渡って大西洋と太平洋を行き来していた。その後、海が凍結して大西洋と太平洋が分断されると、それぞれの海の魚はそれぞれに異なる進化を遂げ、その結果、大西洋ではサルモ属、太平洋ではサケ属へと分かれていった。サケ属にはかつてセイバートゥース・サーモンと呼ばれるサーモンがいて、この約１８０㎝の巨魚は大きな2本の牙を持ちながらも、なぜかプランクトンだけを食べていたことが分かっている。サケ属の最初期の種はサクラマスと考えられており、次にギンザケ（シルバーサーモン、もしくはコーホーサーモン）、キングサーモン（チノック、もしくはマスノスケ）、シロザケ（チャムサーモン、もしくはドッグサーモン）、ベニザケ（レッドサーモン、もしくはソックアイ）と続き、最後に進化上の新種としてピンクサーモン（カラフトマス）が登場する。進化の新参者であるサーモン（ギンザケ、キング、ベニザケ、ピンク）はサクラマスに比べて淡水で過ごす時間が非常に少ないのが興味深いところである。

サーモンは全てサケ科に属しているが、だからといってサケ科の全てがサーモンと思うのは早計だ。サケ科には3つの亜科があり、ホワイトフィッシュやグレイリングなど、サーモンやトラウトとは一見異なる外観をした種も含まれている。サーモンが属しているのはサケ亜科（*Salmoninae*）という一つの亜科だけである。そしてこのサケ亜科はさらにイワナ属（*Salvelinus*）、サルモ属（*Salmo*）、サケ属（*Oncorhynchus*）の三つの属に分かれる。そしてこれら三つの属の全てにトラウトがいる（訳注：日本ではイトウ属が加えられた4つの属という認識が主流）。

つまり一般的な認識と異なり、トラウトは単一の属として存在しているわけではないのだ。「トラウト」は生物学的な用語というよりは、むしろ民俗学的な用語と考えた方がいい。多くの人が思い込んでいるように、トラウトが淡水魚で、サーモンは遡上魚である、という認識は完全な誤りである。科学的にはサーモンとトラウトの間には明確な境界線はない。というか、むしろはっきりと同一である。確かにサケ科の多くは遡上性ではあるが、だからといって全てのサーモンがそうであるわけではなく、遡上性がサーモンの決定的な特性ということではない。近年スーパーマーケットで「トラウトサーモン」なる折衷的な名の下に売られている魚は、多くの場合レインボートラウト（ニジマス）のことを指しているが、この極めて都合の良い名称は、あながち間違っているとはいえないのである。

遡上魚の生涯はハードワークに満ちていて、エネルギーの消費は淡水魚とは比べものにならない。魚が川から海へ下りる際、天敵に対するカモフラージュのために皮膚の色を変える。生化学的な構造調整には、かなりのエネルギーが必要とされる。遡上魚は地球上の海が冷え、食べ物が豊富になるにつれて進化したと考えられている。元々川で暮らしていたサーモンが、この海の豊富な食べ物を求めて海へ下りたと考えられてはいるが、科学的に証明されているわけではない。

イワナ属は、イワナの他に、ブルックトラウト、レイクトラウトなどいくつかの種がいて、トラウトと呼ばれ、ただでさえやっかいな属の問題をさらにわかりにくくしている。

サルモ属のブラウントラウトは、元々は北ヨーロッパにしか生息していなかったが、フライフィッシングと魚料理が好きなイギリス人が世界中にバラまいた。ブラウントラウトは川で一生を過ごす個体が多いが、海に下りる個体が多い地域もある。海に出て大きくなったブラウントラウトは産卵期になると川へ戻って行く。遡上魚を全てサーモンと呼ぶことができないのは、こういった例外がたくさん存在しているからである。

サルモ属のもう一種はサルモ・サラ（*Salmo salar*）、通称アトランティックサーモンである。「サーモン」という言葉の由来がここにある。アトランティックサーモンは産まれた川で1年から3年を過ごした後、海に下りて2年から3年を過ごすのが普通だ。アトランティックサーモンのメスは、産卵を生き延びて2回、3回と川へ産卵に戻ってくる個体が少なくない。初めて産卵する個体は「グリルス」と呼ばれて、春に遡上することが多く、産卵後に海に戻る個体は「ケルト」と呼ばれる。

アトランティックサーモンは種としては一つだけだが、ヨーロッパ、北米、バルト海ではそれぞれの個体が外観上かなり異なっている。川の環境が違うため、川で過ごす時間、海で過ごす時間、移動する距離などによって魚の特徴に大きな差異が生じるのだ。アトランティックサーモンは通常約9～14kgだが、5～14kgの個体ばかりの川もあれば、23kg以上の個体がいる川もある（一般的なパシフィックサーモンよりもかなり大きい）。

サケ亜科のもう一つのサケ属にはカットスロート、ゴールデントラウト、ギラトラウト、アパッチトラウト、メキシカントラウト、レインボートラウトといった数多くのトラウトが含まれている。これらのトラウトは人工物に妨げられることのない適切な環境下であれば、全てとはいわないまでも、ほとんどが海に下りる。最もよく知られているのが、そのパワーと釣りの難しさで北米の多くのフライフィッシャーを狂わせているスチールヘッドで、これはレインボートラウトの降海型である。レインボートラウト（スチールヘッド）には生物学者によるＤＮＡ検査の結果、サルモ属からサケ属に移されたという衝撃的な転向の歴史がある（メキシコトラウトも同様）。

１９５３年にフランシス・クリック（ＤＮＡの分子構造を発見した二人の科学者のうちの一人）がＤＮＡを使った進化パターンの追跡方法を考案して以来、属や種に関する認識は大きく変わった。魚を研究する魚類学は生物学の中にあっては比較的最近の学問で、北米で始まったのは独立戦争後のことだ。当初は東海岸の種だけを対象としていた。長く続いた魚類研究の薄暗い歴史の中で、多くの学者たちが迷路に迷い込んだ。例えばハンフリー・デービー卿は、１８２０年に王立協会の会長に就任した19世紀最大の科学者の一人だが、サーモンに関しては完全に誤解していた。デービー卿は本格的フライフィッシャーであり、同時にサーモンの研究をしていたのだが、サーモンには *Salmo salar*（アトランティックサーモン）と *Salmo eriox* の2種類しかないと結論づけたのだ。*Salmo eriox* とはシートラウト（ブラウントラウトの降海型）やブルトラウト（日本のイワナに似ている）のように、海に生息するトラウトの総称である。太平洋にサーモンがいることは18世紀以前のヨーロッパ人には全く知られていなかったし、19世紀になってもデービー卿の時代までは同様だったのだ。

１７３７年、ロシアのカムチャツカ半島沖でドイツ出身の博物学者ゲオルク・ヴィルヘルム・シュテラーがパシフィックサーモンを発見した。これはシュテラーがこの地域で行った数々の重要発見の一つである。さらに１７４１年、シュテラーはロシアに仕えていたデンマークの地図製作者ヴィタス・ヨナセン・ベーリングが率いる探検隊に参加した。この探検隊には北アメリカへの海路（いわゆる北西航路）を探すという目的の元に、当時としては破格の資金が投入されていた。シュテラー以外、乗船メンバーには誰一人自然科学的な興味を持つ者はおらず、シュテラーは自然観察を一手に引き受け、全てを日記に記録した。航海はベーリングを含む30人の乗組員が、難破によって死亡してしまうという大失敗に終わった。生き残ったシュテラーは船長の代行となり、難破船の残骸から新しい船を作り直し、残存メンバーと共にヨーロッパへの帰路についた。北西航路を見つけだすことはおろか、ベーリングさえ失った航海自体は失敗だったが、シュテラーは多くの発見にあふれる自分の観察日記に、とてつもない科学的な価値があると信じていた。ところが帰路のシベリアで、一行はコリャーク族の反乱を扇動したと現地の役人たちに疑われて、足止めを食らってしまった。現実は逆で、探検隊は現地の反乱を鎮圧しようとしたのだ。結局、無罪放免となったシュテラーだったが、すでにシベリアは冬を迎えていて、過酷な環境下で罹患した熱病であっけなく死んでしまったのだ。コリャーク族はシュテラーの墓を掘り起こして、埋葬されていた赤いマントを手に入れ、死体は犬の群れにより始末されたという。後世の自然科学者にとって幸運なことには、パシフィックサーモンを始めとする太平洋の生物観察日記は、残存メンバーと共に祖国に戻り、多くの情報をロシアにもたらした。１７９０年代初頭には、イギリス海軍の探検家ジョージ・バンクーバーがブリティッシュ・コロンビアの河口付近に群れていた魚の記録を残している。記録されている釣具の種類から類推するに、乗組員はサーモンを釣っていた可能性が高い。

　また１７９２年、ドイツの博物学者ヨハン・ジュリアス・ウォルバウムは『アルテディ・ピシウム（*Artedi Piscium*）』という本の中でサケ属について記したが、五つの種にロシア語の現地語名を使っており、その名前は今でも残っているのだが、彼は自分が新しい属の魚を発見したことには気付かなかった。アトランティックサーモンと同じ仲間であると考え、サルモ属にまとめてしまったのである。そして１８６６年、大英博物館のドイツ人動物学者アルベルト・ギュンターが世界で初めてオンコリンクス（*Oncorhynchus*）という造語を属名として使用した。しばらくの間、科学者たちはウォルバウムが命名した難解なロシア語の種名を使い続けたが、最終的にはギュンターが命名したこの属名が正式なものとなって現在に至っている。

　地球上で最も巨大で、同時に恐らく最も発音しにくいサーモンはオンコリンクス・ツァウィーシャ（*Oncorhynchus tshawytscha*）だと思われるが、人々はこの魚を簡潔に「キング」と呼ぶ。太平洋岸北西部の多くの地域ではネイティブアメリカンの呼称のままにチノックと呼ばれている。コロンビア川で捕獲されたキングサーモンは、当時、この地域全体の経済を回す重要な役割を果たしていた。19世紀にはワシントン州オリンピック半島にあるクィノールト川でこの魚を釣っていた部族名にちなんでクィノールト（Quinault）と呼ばれていたこともあり、ヨーロッパやニュージーランドでは、今でもクィノールトという言葉が使われることがある。太平洋全域に生息するキングサーモンは、南カリフォルニアのベンチュラ川からアラスカのノーススロープ西端のホープ岬まで、北米で最も広い範囲に生息しているにもかかわらず、生息地が人間によって次々と破壊され、現在では最も希少な種となってしまった。逆にチリとニュージーランドに移植したために、南での生息範囲が広まっている。キングの体重は通常10～15kgだが、30kg以上になることもあり、高価なために腕の良いシェフのプレートに載ることが多い。さらには大魚が大好きなスポーツフィッシャーたちの挑戦意欲もかき立てる。食とスポーツの両面から最も価値のある魚なのである。

　サーモンは北太平洋で最も価値のある商業魚といえるが、中でもキングサーモンは名実共にサーモンの王様と呼ぶにふさわしい魚だろう。キングサーモンは川で産卵し、孵化した幼魚はそこで1年から2年ほど過ごしたのち海へ下り、3年から5年、時にはそれ以上の期間を海で暮らし、獲物を貪欲に食べて巨大化した後、産卵のために母なる川へと戻り、そして死ぬ。キングサーモンを含めたサケ属の大半の種は産卵後に死ぬ宿命にある。キングサーモンは今ではコロンビア川などの大河にしか生息していないが、20世紀初頭のサクラメント川では１００万匹が遡上していたという。

　キングサーモンの最近親種であるオンコリンクス・キスーチ（*Oncorhynchus kisutch*）はギンザケで、高級食材として人気が高い。環境によってかなり大きさが異なり、通常1～7kgで、稀に10kgを超える。また食材としてだけではなく、かかった時のスピードが猛烈であることから、釣り人のターゲットとしても人気がある。キングサーモンよりも絶対数が多く、生まれた川で1年を過ごすと、翌年には早々に銀色のコートを身にまとって海に下りる。キングほどには大きくはならないけれども、海で過ごす期間は長く、約1年から2年、極北ではそれ以上の間海洋生活を送る。

グルメに人気の高いオンコリンクス・ネルカ（*Oncorhynchus nerka*）は商業的価値が高い。一般的にソックアイ、または産卵の際に体色が赤くなることからベニザケ（レッドサーモン）と呼ばれている。ソックアイ（Sockeye）という呼称の由来について議論はあるが、ネイティブアメリカンの命名であることは間違いなく、ブリティッシュ・コロンビアに発していると推測される。クワントリン族は魚をSa kwiと呼び、これは一般的にサーモンを意味していた(訳注：Sa kwiが日本語の「サケ」の語感と酷似しているのは偶然なのだろうか?)。またクワントリン族の近隣グループには「Sau-kai」という言葉があり、これは「魚の長」を意味していた。また同地区で使われるフレーザー・セイリッシュ語で、赤い魚を意味する「suk-kegh」に由来するという説もある。川で産み落とされて孵化したベニザケはいったん近くの湖に退避し、十分成長するまでの1年間は川に入らない。ベニザケにおけるこの湖への親和性をもってして、サーモンが元々は湖の魚であったと主張する科学者もいたが、ＤＮＡを調べた結果、ベニザケがもっとも最近進化したサーモンの一つであることがわかった。ベニザケは川を下ってから3年から4年、時には6年も海に留まる。ベニザケが最も多く遡上するのは、ブリストル湾とブリティッシュ・コロンビア州だ。

オンコリンクス・ケタ（*Oncorhynchus keta*）とオンコリンクス・ゴルブーシャ（*Oncorhynchus gorbuscha*）はベニザケの二つの近縁種である。オンコリンクス・ケタ（訳注：日本人がサケと呼ぶ、日本における最も一般的なサーモンであるシロザケ）にはドッグサーモン、チャムサーモンなど、やや格下に見る俗称がある。そもそもChumは元はChump（まぬけな）サーモンと呼ばれていたのが、１８９０年代に「p」が失われてしまったらしい。

そんな呼称ゆえに長らく商品価値が低い不遇な（魚にとっては幸運な）時代が続いた。シロザケの評価が低かったのは、遡上時にまとう灰紫色の魚体が他のサーモンのように美しくないからだろう。身は缶詰にすると白に近い色になり、脂身が少ないために燻製《くんせい》に適している。20世紀半ば以降シロザケの価値が徐々に上がってきたのは、アメリカ北西部岸の缶詰工場がサーモンの卵に収益性の高い市場を見出し、シロザケの卵（スジコ）に目を付けたからである。チャムはキングやレッドなどと比較すると、孵化してから川で過ごす時間が極端に短い。巣立った後、ほとんど間を置かずに川を下るため、一生の大半を海で過ごす。チャムはパシフィックサーモンの中でも大型の部類に入り、重さは4～6kgで、キングを狙う釣り人の外道としてかかっても、それなりのファイトをして、釣り人を楽しませる。

もう一つの近縁種であるオンコリンクス・ゴルブーシャは一般にピンクと呼ばれ、産卵時にオスが背中に大きなコブを作ることからアラスカではハンピーと呼ばれている（訳注：日本ではカラフトマス、もしくはセッパリと呼ばれている）。水産資源として最も豊富なサーモンであり、1.5～3kg程度にしか成長しないが、アラスカやブリティッシュ・コロンビア、ロシアの一部では、数百万匹もの遡上がある。キングサーモンやベニザケほど身は珍重されず、長らく缶詰が主流だったが、最近は人気が高まっている。

またアジア独自のサケ属に、サクラマス（*Oncorhynchus masou*）とサツキマス（*Oncorhynchus rhodurus*）という二つの種があるが、あまりにも似ていて、しかもこの2種は交配に成功しているため、生物学者の間ではこの二つが別の種であるかどうかの議論が続いている（訳注：日本では*Oncorhynchus rhodurus*はビワマスを指し、アマゴは*Oncorhynchus masou ishikawae*とされている。これは著者の勘違いというよりは、むしろサケ属の分類がまだまだ混乱状態にあることを物語っていると思う）。サクラマスは英語ではチェリーサーモン（Cherry Salmon）と訳されるが、日本語の語源は明らかではない。桜が咲く時期に川に入って来るからという説、秋になって桜色の婚姻色に身を染めるからという説、身が桜色だからという説もある。マスは英語のトラウトを指す日本語だが、サクラマスはマスではなくサーモンだから紛らわしい（訳注：カラフトマスも同様）。

サクラマスはサーモンの中では最も南に生息している魚で、主に日本海やオホーツク海に注ぐ川に、太平洋側では北海道に多く見られる。サクラマスは川で3年、海では1年しか過ごさずに川へ戻る。北海道の河川への遡上が最も多いが、日本の他の地域やロシアのカムチャツカ半島でも産卵し、韓国でも少数が産卵する。

スチールヘッド（*Oncorhynchus mykiss*）を理解するのに生物学者は苦労している。というのも彼らがスチールヘッド・トラウトと呼ばれたり、スチールヘッド・サーモンと呼ばれたりしているからだ（訳注：日本におけるサクラマスと似た状況）。まずはその俗称についてだが、頭がとても硬そうだからそう名付けられた、という単純な推測以外に分かっていることはない。スチールヘッドという言葉が一般的に使われるようになったのは19世紀のことで、それ以前は様々なトラウトの呼び名があった。

この種における混乱の根源はスチールヘッドが元々はレインボートラウトだという事実にある。レインボートラウトは比較的小型で、白身で、淡水に生息しているために昔からトラウトとされてきた。しかしレインボートラウトが川を下り、海に出ると、銀色の肌の下に赤い肉を持つサーモン大の魚になる。海で捕食する獲物の影響で身が赤くなるし、海で生き残るために必要なカモフラージュカラーである銀色の魚体へと変化し、そして川よりはるかに豊富な捕食対象がいる海での生活が魚を大きくするのである。

サケ属のトラウトの大半は環境によって海に出ることもあるが、スチールヘッドのように完全に変身するほど長く滞在することは少ない。アメリカ西部の川に生息し、探検家ウィリアム・クラークが興味を持ったことからクラーキ（clarkii）という種名がついているカットスロートは、海に出ることがあってもひと夏だけのことだ。

20世紀後半、科学者たちがＤＮＡ調査を開始した際、スチールヘッドのＤＮＡはサルモ属よりもサケ属に近いことがわかった。これによりパシフィックサーモンは全てサケ属だという結論が出たのだ。しかし、いまだにスチールヘッドはサルモ属だと主張しているカムチャツカのロシア人生物学者もいる。その生物学者はスチールヘッドをサルモ属に分類することで、アトランティックサーモンやブラウントラウトのように1度の産卵で死なないことが説明できると言うのだ。しかしそうなると、日本のヤマメなども同じように産卵を繰り返すのだからサルモ属ということになる。ここは科学者にとって都合の良い理屈ではなく、ＤＮＡの結果を重んじるべきだろう。

私たちはスチールヘッドをサーモンの後進と考えがちだが、スチールヘッドこそが最初のパシフィックサーモンであると主張する生物学者もいる。かつて二つの大洋を繋げていた北の海が凍結した際に、太平洋側に閉じ込められた魚がサーモンのライフサイクルを受け継いだスチールヘッドと考えているのだ。また日本海が誕生した際、新しい地形によって一部のスチールヘッドが孤立して、サクラマスというスチールヘッドのバリエーションが出現したという説もある。

一般的に、一生を淡水で過ごすトラウトもしくはサーモンは、海に生息する種の陸封型と考えられている。しかしながらサケとサーモンを区別するという概念は、海に生息するトラウトがいる事実と、一生を淡水で過ごすサーモンがいるという二つの事実で、その発想の根底が覆される。

ニューイングランドとカナダ沿海地方には、一生を淡水で過ごすアトランティックサーモンがいる。メイン州では生息する湖の一つにちなんで、そのサーモンをセバゴと呼んでいる。同じようにノルウェー、スウェーデン、ロシアのいくつかの湖にも陸封型のアトランティックサーモンが生息しているし、ロシアには陸封型のパシフィックサーモンもいる。日本には広範囲の淡水河川にヤマメと呼ばれる陸封型のサクラマスが生息している。ヤマメは降海型の従兄弟サクラマスとほとんど同じ姿をしている。

太平洋岸北西部、特にブリティッシュ・コロンビアの湖には海に下りないベニザケがいる。彼らはネイティブアメリカンの族名であるコッカニーの名で知られているが、科学者の間ではオンコリンクス・ネルカ・ケネリ（*Oncorhynchus nerka kennerlyi*）と呼ばれる。ベニザケ（ネルカ）の亜種であることを示す命名である。彼らの重さは通常1 kg以下で、ミニチュアサイズのベニザケに見える。獲物が豊穣な海に下りずに淡水生活を続けるためにこのサイズに留まるのだ。コッカニーがベニザケから進化したのか、逆にベニザケがコッカニーから進化したのかという謎は未だ解明されていない。時にコッカニーはベニザケと交配する。

サーモンが元々海の魚でありながら、淡水に生息するように進化したのか、逆に淡水の魚がより良い食生活を求めて海に出たのかについては、多くの議論がなされてきたが、陸封型が小型であることと、淡水のトラウトやイワナに海へ下りようとする個体が存在していることから、現時点では元々は淡水魚だったと考えられている。

ワシントン州に住むネイティブアメリカンが語る伝説は、ブリティッシュ・コロンビアのフレーザー川、オレゴンのコロンビア川、カリフォルニアのクラマス川下流域に住む部族に伝わる話と酷似している。この話によると、かつて生物のいない空っぽの巨大な湖があって、人々は飢えに苦しんでいたが、人間と仲の良いコヨーテがやってきて、岩に穴を開け、海と湖をつなぐ水路を作った。海の魚がその水路を伝わって湖に行き着き、人々は飢えから解放された。そのルートがコロンビア川となった、という伝説である。この伝説にまつわる衝撃的な事実は、かつてワシントン州東部には実際に大きな湖があり、のちにコロンビア川が形成されて湖と海を結んだことが、衛星を使ったマッピング技術により証明されたことである。

なぜサーモンはこれほど多くの固有種を生み出したのか？　それはサーモンに限りない適応能力があるからである。環境の変化に直面した時サーモンは遺伝子を調整する。サーモンは種を多様化させるだけに留まらず、一つの種の中でさえ多くの遺伝子的な変異を起こす。違う地域で生まれ育った人間二人のＤＮＡの差異は、異なる川に生息する同じ種のサーモン２匹のＤＮＡのバリエーションとは比べものにならないほど小さい。

全ての川にそれぞれの物理的特徴、化学物質の混合度合、そして味や匂いの違いがある（科学者たちはサーモンには鋭敏な嗅覚があると信じている）。サーモンは川や湖にもたらされる環境変化にわずか数世代で遺伝的に適応するようになる。ブリティッシュ・コロンビアのフレーザー川で、生物学者たちは30の異なるベニザケのグループを確認しており、それぞれが独自の産卵場所を持っている。各々の個体は自分の属する群れに固有の行動パターンを示し、降海のタイミングと遡上の時期も異なる。太平洋岸北西部に暮らすネイティブアメリカンは、魚の味でどこで捕れたサーモンかを判別することができるというが、それだけサーモンが環境によって変化するということだ。

どの時点で群れごとの差異が別種と呼べるほど大きくなるのかは、生物学者たちの間で激しい議論の対象となっている（訳注：日本のイワナにおける長年の議論のように）。サーモンの遺伝子の多様性を生みだしているのは、生まれた場所に戻る帰巣本能（ホーミング）だ。サーモンは自分が生まれた川、つまり自分にとって完璧に適応している川に戻ろうとする。しかしながら、一部の個体は帰巣に失敗して他の川に迷い込んでしまう。というのも、サーモンには、あらかじめ迷子になるように宿命付けられた個体が存在しているのだ。

実は迷子サーモンは遺伝子上の欠陥によるものではなく、種の強化につながる遺伝子戦略が生んだ偵察個体なのだ。迷子サーモンは生まれた川ではなく、適応の可能性のある川、もしくは未だ他の群れに利用されていない場所を見つけだすために別な川を遡る。例えば、ダムが撤去されて遡上可能となった川があっても、サーモンが戻ってこなければ不毛のままだが、一定数の迷子がやって来ることで川は生き返る。ロシア北部やアラスカの北側には、以前完全に凍結していた川があるが、気候変動によって解凍が進むこれらの川をサーモンが見逃すことはない。迷子が新しい川に移動することによって、その川に適した特性を持つ新しい遺伝子が生まれることになるのだ。

また１９８０年5月のセント・ヘレンズ山の噴火によって、多くのサーモンと共に埋もれてしまったトートル川のように川が破壊されてしまった場合にも、川が復活しさえすれば、迷子たちがやって来て別の群れを戻すことになる。このようにサーモンには母川に回帰する圧倒的大多数と同時に、新しい場所を開拓するための極小グループが存在していて、実はこれがサーモンの生き残り戦略の鍵となっているのだ。サーモンは１００％必ず生まれた川に戻るわけではなく、最悪の事態を想定したバックアッププランとして、ノアの箱舟集団を準備しているのである。

第2章　英雄の生涯

これもまた自然という名の
じゅうたんに編み込まれた
輝かしい叙事詩の主人公
傷つきながらも、忍耐強く
運命に忠実に、天空の織機に身を任せる

――『オクトーバー・サーモン（*October Salmon*）』テッド・ヒューズ

生物学の分野で擬人化はタブーである。水中で生活する魚の行動を、陸上で生きる人間に当てはめたところで、何一つとして科学的な意味をなさない。それなのに、ダーウィンでさえ、擬人化衝動に駆られることがままあった。ひとたびサーモンの生態を調べ始めるや、湧き上がってくる畏敬と称賛の念を抑えることができず、ついつい最も人間的な「英雄」という表現を使いたくなってしまう。サーモンは数え切れないほどの危険に勇気を持って立ち向かい、どんな障害にもめげず、与えられた使命を果たすために顎を突き上げ、ひたすら先を目指す。アメリカ北西部のネイティブアメリカンは石にサーモンの絵を描く。その石をこするとサーモンの偉大な資質であるエネルギーと決意の二つを得られると信じているからだ。

サーモンの寿命は6年から7年、種類によってはもっと短いものもいるが、これは海に住む大型の魚としては珍しいほど短命だ。タラやオヒョウは30年から40年も生きる。一般的に昆虫など小さな生物は比較的短命で、人間や象、鯨など大きな生物は長生きをする傾向がある。最たる例はザトウクジラで１００歳まで生きる。ただしサーモンの親戚であるトラウトには、身体が小さくても10年以上生きる個体がいないわけでもない。

　サーモンは人間のように、いつ死ぬとも知れずに生き続ける生物ではない。サーモンには運命があるのだ。迷子になったり、早く帰巣してしまう少数のサーモンを除いて、ほとんどのサーモンは生まれた日に自分が死ぬ年と月を知っている。自分の一生を完結させることよりも、捕食者に殺されてしまう可能性の方がはるかに高いとしても、早死にしない限り、サーモンは予測可能な一生を送るのである。

　何世紀にもわたって、科学者は卵の数が種の繁殖力を示すと信じてきたが、ダーウィンはそれが間違っていることを指摘し、後世の多くの科学者がその事実を確認した。生物は種の保存のためにリスクヘッジをしていて、ほとんどの種の目標は、一回の交配で一対の子孫を残すこと、正確にいうならば、将来交配できるようになる一対の子孫を残すことである。卵の数が多いということは繁殖力が強いということではなく、逆に子孫が生き残れない可能性が高いことを意味しているのだ。人間に代表されるように、哺乳類の子供はかなり生存率が高く、昆虫の子供は生存率が低い。魚類はその中間だが、淡水魚は海洋魚に比べて卵の数が少なく、つまり生存率が高い。海の卵は海に放出されて漂い、食べられてしまうだけでなく、波にさらわれて死んでしまうリスクもある。サーモンが産む卵は、１００万個の卵を産むタラなどの典型的な海洋種に比べるとはるかに数が少なく、1個当たりの大きさは逆に大きい。サーモンの繁殖力は種類や体の大きさによってかなり異なる。小型のカラフトマスは８００～１０００個程度、中型のシロザケは３０００から４０００個、大型のキングサーモンは1万５０００から1万７０００個の卵を産む。

　淡水魚の多くは春に産卵するため、暖かい水の中で豊富な食料を食べ、急速に成長する。一方でサーモン、特にサケ属には夏から秋に産卵する種が多く、川の中には夏ほどの食物はなく、卵の成長は遅い。

　メスは川底の砂利に産卵床を掘って卵を産みつけ、オスは自分の精液（白子）で卵を受精させる。やがて卵は魚の始まりである卵黄嚢仔魚《らんおうのうしぎょ》となり、腹部の卵黄を吸収して成長する。無防備な仔魚は身の安全を確保するために砂利の中に退避し、その後素早く下流の砂利の深みに身を隠す。すでにこの時点で仔魚はエラで呼吸するようになっていて、泳ぐこともできる。この状態が約1カ月続き、（種によって多少異なる）卵黄嚢が完全に吸収されると稚魚となって砂利を離れる。稚魚は産卵床から移動すると、二度と産まれた場所には戻らない。稚魚は光に敏感で、通常、夜間に移動する。この夜行性が外敵から身を隠すためなのかどうかは未解明だ。海に向かうため早々に下流を目指すシロザケやピンクサーモンの稚魚が夜に移動するのに対し、ベニザケが昼間に移動するのは、捕食されるリスクに関連している行動なのかもしれない。

　やがてサーモンはアンチョビ大の稚魚から、パーマークのある魚体へと成長し、数年後に小さなニシンくらいのスモルトと呼ばれる個体となる。スモルトまで成長すれば、その後の生存率は高くなるが、海に出る準備をしている時や、海に出たタイミングで捕食されてしまう個体も少なくない。スモルトはタイミングを見計らって河口に行くが、そこには腹を空かせた鳥たちが待ち構えているのだ。河口に到着したスモルトは皮膚やエラを淡水用から海水用へと変換し、海で生きていくために必要な全ての準備を整えた後、食料が確保しやすい時期を待って海へ出る。通常、サーモンが河口から海へと出て行くのは春で、そのタイミングは海の食糧事情によって年ごとに若干振れる。

　海に出た魚の生存率は、コッカニーやヤマメのように、淡水に留まっている魚に比べるとはるかに低い。逆に成長率ははるかに高く、これはサーモンにとっては許容できるトレードオフかもしれない。性的に成熟したサーモンは川に戻るまでに、ほぼ倍の大きさまで成長する。これはサーモンの身体がそういう設計で作られているからだが、自然界での設計とは、すなわち生き残るために緻密に計算された結果だ。海では、大きな魚の方が小さな魚よりもはるかに生存率が高い。そのため小魚は大きな群れで泳ぐことが多い。貪欲に獲物を捕食したスモルトは、すぐに小魚ではなくなる。サーモンは海の中を精力的に泳ぎ回って、できるだけ多くのものを食べて過ごす（回遊形態については未だに解明されていない）。彼らは主に海流域と呼ばれる海面の表層近くを泳ぎ回る。海流域は小魚だけでなく、多くのサーモンが集まる場所となる。サーモンは甲殻類やイカ、小魚などを食べ続けて、可能なかぎり自身の身体を巨大化させる。海で生存し続けるためだけでなく、困難が予想される川での遡上に耐えられる、強靭《きょうじん》な身体を作る必要があるからだ。

＊＊＊

アメリカ国立海洋漁業局の主任科学顧問だったヴォーン・C・アンソニーが１９９４年に行った調査では、アトランティックサーモンを捕食する外敵は大西洋の東西の沿岸に50種類いるという結果が出ている。太平洋側の外敵を調査したら、さらにリストは長くなるのではないか。サーモンには致命的な病気がいくつかあるが、早期に絶命する原因は捕食によるものが圧倒的に多い。湖で稚魚時代を過ごしたベニザケが、スモルトとなって海へ下る時点で生き残っている確率は、４匹に１匹といわれている。

稚魚にとって最も危険な捕食者は同じサケ科の魚である。湖にベニザケの稚魚が豊富にいれば、そこに生息する先住トラウトたちは見境なく同属、同科の稚魚たちを襲う。あるいは川の中でサーモンの卵を見付けると、それも食べてしまう。他にサーモンの稚魚を捕食するのは鳥類で、カモメ、アビ、カワセミ、アイサなどがいる。アイサというのは、獲物を見付けるために水面上を何キロも低空飛行して狩りをする暗殺者のような鳥で、魚を捕らえるためのノコギリ状のくちばしを持ち、木の穴に巣を作るカモである。それにしても、この世というのは実に恐ろしい所で、そんな暗殺者の上をいく、悪魔のような鳥さえ存在している。鵜《う》である。サーモンよりも地球上での生息範囲が広く、海に向かうサーモンの稚魚を主に淡水域で捕食する。日本、韓国、中国、インドでは、古くから人が鵜を飼い慣らして魚を捕ってきた。西暦６００年に、すでに日本では鵜飼いが盛んに行われていたという記録が残っている。鵜飼いの鵜匠は鵜を命令に従うように訓練する。首輪を使って捕った魚を飲み込まないようにしているが、よく訓練された鵜は首輪がなくても魚を呑み込まないという。鵜は昔から欲深さや悪の象徴として文学に登場する。ジョン・ミルトンは鵜を悪魔に見立て、シェイクスピアは『ベニスの商人』の登場人物にヘブライ語 shalach に鵜の由来があるシャイロックの名を与えた。

暗殺者や悪魔の手から逃れ、なんとか海まで逃げ通せたサーモンを、次に待ち受けているのはサメ、アザラシ、アシカ、シャチなどの天敵だ。仰向けになって海面に浮き、普段は腹に置いた貝類を食べている温厚そうなラッコでさえ、しばしば大きなサーモンを捕食することがある。

そして海での生活が終わって、再び川に戻ると、そこにはハクトウワシやクマが待っている。ヨーロッパではアオサギがサーモンの最も有力な捕食者だ。サギは水中に長い足をつけて佇み、長い嘴《くちばし》を構えて魚を捕らえる高度な技術を持っていて、競争相手である釣り人の悩みの種だが、スレンダーな見かけによらず大食漢で、毎日体重の1／3相当の魚を食べる。数が多ければ川のサーモンは食べ尽くされてしまうのではないかと案じたくもなるが、サギは毎年五羽の子供を産むだけで、大きな群れを作ることはない。成鳥は体が大きいためにコヨーテやキツネ、アライグマなどの少数の捕食者にしか狙われないが、未成熟のサギはワシなどの猛禽に捕食されるし、卵を食べる動物も多い。自然に任せておけば、自然は生き延びるための方策を考えてくれるのだ。鵜もアザラシも他の肉食動物も、捕食し過ぎて、自分たちの食物を絶滅させてしまうことはない。そんな自滅的な飽食をする可能性のある肉食動物は、人間だけなのである。

＊＊＊

漁師も釣り人も魚の天敵が保護されることを嫌う。かつて漁師はアザラシを積極的に殺していた。ニューイングランドでは殺したアザラシから証拠として鼻を切り取り、それを漁師に見せれば懸賞金さえ手に入れることができた。

マサチューセッツ州のグロスターではタラの漁獲量を守るために、鼻一つにつき5ドルが支払われることもあった。このような無差別な殺戮の結果、アザラシ、アシカ、シャチ、ネズミイルカなど、サーモンを捕食する動物たちが絶滅の危機に瀕する事態となった。

大規模な哺乳類の減少が自然の摂理に反しているということに気づいたのは、１９６０年代も後半になってからのことだ。１９７０年にスコットランドのアザラシ保護法、１９７２年にはアメリカの海洋哺乳類保護法、カナダの海洋哺乳類規制など、ようやく数々の法律が制定され始めた。サメの中にはスモルトの個体群を壊滅させてしまう種もいるが、それでも同種が深刻な絶滅の危機に瀕しているために、そのサメの捕獲及び駆除は許されていない。

19世紀にはメイン州の海鵜《うみう》のほぼ全個体が消滅した。１９２４年、カナダのニューブランズウィック州にあるグランドカスカペディア川のサーモンを保護するために、当局は殺したアイサと鵜に一羽5セントを支払い、この懸賞金が原因で鵜は絶滅したのだ（かつて鵜は他の地域で、ＤＤＴによって絶滅寸前まで追い込まれたこともある）。現在、鵜は多くの漁師の怒りを買いつつも、法令によって保護されている。ヨーロッパのサーモン漁師たちはオアカムロ（アジの仲間）の漁獲制限量が少な過ぎるために、サーモンの稚魚が過剰に捕食されていると訴えている。

このように捕食生物の保護は常に論争の的となるものだが、何といっても漁業関係者に最も嫌われているのはアザラシだ。アザラシは多くの商業魚種を食べるだけでなく、網を破って漁師に多大な経済的損害を与える。さらにアザラシは商業魚だけでなく、商業魚の餌をも食べてしまう。例えばカラフトシシャモ（カペリン）はサーモンにとって重要な捕食対象魚だが、アザラシはサーモンだけでなくカラフトシシャモも食べてしまうのだ。漁師によってどれだけの保護鳥類、哺乳類が違法に処分されているか、その数は不明だ。スコットランドでは「保護されていたって、防弾されているわけじゃない」というフレーズがよく口にされる。保護派と駆除派の意見のどちらが正しいということはないだろう。両者のバランスを取るのは至難だ。そもそも規制が必要になったこと自体に問題があるのだから。

＊＊＊

海から川に入ってくるサーモンは銀色に輝き、力強く、太っている。統計によると、海から川へ入ったサーモンの90％以上が試練を乗り越えて目的を達成するという。生物学者がＭＳＹ（持続可能な最大収穫量）を決定するために川を遡上するサーモンを数える際は、この残存率を考慮に入れる。

川によっては、目指す場所（そのサーモンが生まれた浅瀬の砂利底）が河口から１００㎞の所にあったり、あるいは数百キロ離れた所にあったりする。そこにたどり着くまでの数日、数週間、もしくは数カ月の間、サーモンは一切何も口にしない。サーモンはこの断食という最後の苦行に合わせて進化してきたのだ。この途轍《とてつ》もなく大食漢の魚たちが、海洋での生活習慣を保持したまま群れで川に入ってきたら、産卵するまでに川の生物は食い尽くされてしまうはずだ。ところが彼らは故郷への旅の途中に何も食べず、自分たちが残すだろう新生児を養うための食物を川に残したまま、産卵場所へ急ぐのだ。

そして産卵と放精という大使命を終えて力尽きると、自身の身体を川底に横たえ、海で蓄えたミネラルや窒素を豊富に含んだ栄養分を川に提供する。人間のグルメ的観点からいえば、河口で捕れたサーモンはその魚が持つ最高の状態にあり、したがって漁師が捕るべきタイミングである。その後、川を遡るサーモンは長期間に及ぶ断食で体力を消耗し、商業的価値は著しく低下する。

サーモンは旅する魚だ。スモルトとなって海へ下るサーモンたちは、1匹1匹が成長物語の主人公で、様々な困難に立ち向かい、激しい競争に打ち勝ち、ついには海にたどり着くことによって一人前の大人となる。そして大海で大きく成長した数年後、生まれ故郷へ向かって試練の旅にでる。ゴールで待っているのは一世一代の伴侶選びだ。擬人化するなと言われたところで、どうしたって人間の人生を思い起こしてしまうのである。

海に入ったキングサーモンは、４年間で海中を約1万６０００㎞泳ぐといわれている。その間、多くの捕食者だけでなく、嵐や食物不足、予測不能な気候の変化、そして時には人間が引き起こす汚染などと戦う。

しかし何といってもサーモンの生涯における最大の試練は、その最後に死が待っている帰郷の旅であることは間違いない。地球上の全ての生物において、最も強い本能は生殖本能である。人間の場合、生殖本能というよりも、むしろ性行為だけに執着している個体がいないでもないが、サーモンに関してはそのような個体はいないと思われる（たぶん）。それどころか、サーモンの場合は生きていたいという衝動よりも、繁殖したいという衝動の方がはるかに強いのだ。子孫を残すことさえできれば、死など恐れるに足りない。何も迷わず、一心に自分が信じた方向だけを向いて突っ走るその姿は、どこかしら宗教的ですらある。繁殖するために死ぬ、それがサーモンの生き様なのだ。実際、同じ川に戻ってきたサーモンはカルト集団のようなもので、メンバー以外のサーモンには一切興味を示さない。

サーモンの遡上に適した川は多くの場合、森の中を流れている。理想的なのは原生林だが、そんな森は世界にはほとんど残っていない。サーモンと川と森は切っても切れない関係にある。最初にこの事実に気付いたのは日本人だったかもしれない。10世紀、四国では早くもその密接なつながりが認識されており、国司が森を保護するための魚つき林を制定したのだ。この森ではサツキマスやアマゴを守るために、木の伐採や土地の開発が禁止されていたのである。17世紀には日本の多くの地域に魚つき林が存在していた。そして１９０７年（明治40年）には森林法が制定されている。

サーモンが遡上するために河畔の森林が重要となる理由はいくつかある。第一に樹の根が川の形状を維持することがあげられる。森林に覆われた川はある程度の深さを持ち、流れも速い。川岸に木が生えていないと川は広がり、流速が遅くなり、そして浅くなりがちだ。川で生物が暮らすためには、瀬や淵や急流や激流など多様な形状が必要だ。多くの場合、倒木が流れをせき止め、淵を作る。探検家たちの記録には、太平洋岸北西部の川の多くには巨大な樹木ややぶがあり、流れが幾筋かに分流しているため、しばしば川の航行が困難になったことが報告されている。例えば、オレゴン州のウィラメット川には５本の分流があったため、１本の広い川にするためにおよそ75㎞の川から５０００本の木を取り除いた。10年がかりのこの工事が終わると、ウィラメット川の航行ははるかに楽になったが、サーモンにとっては最悪の環境となった。自然はサーモンの泳ぐ川が倒木だらけになるように設計したというのに、人間の都合で文字通り「不自然」にされてしまったのだ。

倒木や葉の残骸は、生きている樹木が引き寄せる昆虫と同様、サーモンの川にとっては有機的な構成要素として不可欠である。木陰もサーモンにとっては欠かせない環境要素で、特に稚魚にとっては夏場に上昇する水温から避難するための重要なシェルターとなる。太平洋岸北西部やスコットランド、アイルランドなど雨量の多い地域では森林が水を吸収して、産卵床を破壊してしまう洪水を未然に防ぐ機能を果たしている。

森林はクマに必要な生息地を提供し、サーモンは彼らの重要な食料となって川を遡る。冬眠前のクマが栄養分を蓄える時期にサーモンが川を遡上するというのは、自然界における絶妙なタイミングの一つだ。サーモンが遡上する川の近くに住むクマは、内陸にいるクマよりも大きくなる傾向が見られる。アザラシと同様にクマはサーモンの腹だけを食いちぎり、他の部分を残すことも多い。オスだけを食べるのであれば問題はないが、彼らが狙うのは脂肪分の多い卵である。また頭蓋骨を噛み切って、栄養価の高い脳を舐め取ることもある（オオカミも同じことをする）。海から上がってきたばかりの太って新鮮な魚でない限り、他の部分にはあまり興味を示さないことが多い。クマはグルメであって、大食漢ではないのだ。

クマはアザラシほど漁師に反感を持たれていないが、それは人間の目に触れる場所でサーモンを捕らないからである。クマはアザラシと同じく浪費家であり、生物学者がいうところの「セレクティブ（選り好みをする）」な捕食者なのである。ところがクマの食べ残しは、実は川を豊かにする。サーモンの死骸は川の水に栄養分を染み込ませ、同時に、生きたままのサーモンを捕食することのできない小さな鳥や森の動物の食物になるからである。サーモンに限らず、生物の死骸というのは地球上の多くの生物にとって、極めて重要な食物なのだ。約１００種の鳥がサーモンの死骸を食べていて、その中にはタカも含まれている。タカは時にサーモンを狙って狩りをするが、喜んで死骸を漁る。ウジなどの虫たちは人間にはやっかいな存在だが、生態系にとっては重要な存在であり、やはりサーモンの死骸を食べて成長する。つまるところクマは、飛べないヒナに親鳥が餌を運ぶように、森に住む生物たちに食べ物を運んでいるのである。

クマも釣り人同様、常に大きな魚を好む。大きな魚の方が狙いやすいからかもしれないし、努力した分だけ報われるからかもしれない。アラスカやカムチャツカの一部では、クマは釣り人が自分と同じ魚を狙っていることを学習し、楽に魚を手に入れるために釣り人の様子をうかがうようになっている。狭い川に大きな魚が泳いでいるとクマの餌食になりやすい。自然はこの設計上の瑕疵《かし》をサーモンの大きさで調整している。一般的に小さな川のサーモンは、広い川のサーモンよりも小型でクマにとってさほど魅力的ではない。自然はクマを使って、森林環境をベストバランスに機能させているのだ。また、ブラックベアとブラウンベア（グリズリー）は植物や昆虫などの生物も食す雑食性で、ベリーなどの植物はクマが食べて種を排泄することで生息域を拡げる。クマは森の生態系には欠かせない存在なのである。

＊＊＊

サーモンに関する最大の謎は、生まれた場所に戻ってくる能力である。サーモンが数千km離れた地点から、迷うことなく自分の母川に戻ってくることはよく知られているが、さらに驚くべきは、同じ川の、同じカーブの、同じ砂利の上にピンポイントで戻ってくることである。

科学的に説明のつかないこの現象については、１５２７年にスコットランドの司祭であるヘクター・ボイスが言及し、１５５８年には七面鳥やチューリップなど数多くの種に関する記述を残したスイスの医師コンラッド・ゲスナーの著書『動物史（*History of the Animals*）』でも触れられている。１５９９年にはノルウェーの聖職者であり、博物学者でもあるペダー・クラウス・フリースが、「ノルウェーに生息する最も美しく、最も高貴な魚はサーモンである」と書いている。フリースが記した帰巣性（ホーミング）に関する記述や、サーモンの生活におけるその他の段階は、現代の科学者たちの研究によってほぼ検証された。

　しかしながら20世紀初頭まで、サーモンの帰巣能力は実証されていない空論として扱われていた。１８７６年に米国漁業委員会が発表した報告書には、コロンビア川の河口から約２９００㎞離れた地点に流れ込んでいる小さな川（ネバダ州）でサーモンが産卵する様子が記録されている。この報告書では、生まれた場所でなければサーモンがこれほど長距離を移動して、内陸のわかりにくい場所に来ることはなかったはずだ、と推測している。１９３０年にカナダのフレーザー川ではサーモンの稚魚にタグを付け、産卵に戻ってきた成魚を識別する方法が実施された。その当時はスモルトが下った河口近くに留まっている個体だけが故郷に帰ることができると考える人が多かったのだ。その後大西洋と太平洋の両方で行われた数多くのタグ付けプロジェクトによってわかったことは、サーモンが川を離れ、海に出てから長距離を移動しても、必ず生まれ育った川へ戻ってくるという信じがたい事実だったのだ。

　海に下りるタイミングや、産卵の時期などの重要なライフイベントは、どうやらサーモンの染色体に刻み込まれているようで、少なくともサーモンが考えたり、経験値によって判断しているわけではない。けれどもそれ以外のことはほとんど何も解明されていない。河口を泳ぎ回っていた魚が、なぜある時、ふいに南に向かって泳ぎ出すのか、同じ時期になぜ北に向かう個体がいるのか、ブリストル湾のベニザケに、なぜ近場のアラスカ沖で泳ぐ個体とカムチャツカ沖まで遠征してロシアのベニザケ群と合流する個体がいるのか、そして遠征した個体はいつどんなタイミングでロシア生まれのベニザケ仲間と別れる決心をするのか、そして何よりベーリング海の反対側からどうやってブリストル湾を探し出すのか。これらの神秘的な謎は依然未解明のままなのである。一般的に、戻ってきたサーモンが生まれた川を探すために、海岸を行ったり来たりすることはない。人間のように「あれっ、どこだっけか？」となることはあり得ないことなのだ。

　そして、さらに不思議なのが、前述した迷子サーモンの存在である。サーモンには母なる川を、しかも自分が育った揺りかごの場所さえ特定できる能力があるはずなのに、ある一定の割合で迷子になる一群がいる。これらのサーモンは実際は迷子になっているのではなく、逆にあらかじめ生まれた川に戻らないようにプログラムされているようなのだ。この迷子サーモンに話を進める前に、そもそもサーモンが何に導かれているのか、という問題について触れておこう。

サーモンは鋭い嗅覚で他の種や群れを識別しているが、帰巣性における嗅覚の役割については大いに議論の余地がある。確かに川にはそれぞれ独自の匂いがあるだろうが、例えば、カムチャツカ沖まで遠征していたナクネク川のベニザケが、ブリストル湾まで匂いを頼りに帰ってくるというのは、科学的に考えてかなりの無理がある。しかしいったん川に入ってしまえば、あるいは生まれた地点までの道のりを嗅ぎ分けることは可能かもしれない。孵化場で生まれたサーモンが放流された場所に戻ってくるという事実は、遺伝ではなく、記憶、恐らく嗅覚の記憶を持っていると推測することもできる。

サーモンが太陽に導かれているという説もある。サーモンの稚魚が太陽の位置に敏感であることは証明されていて、川に戻ってきた成魚が太陽の位置を利用してナビゲーションを行っているとする説だ。あるいはハチやハエや鳥などと同じように、地球の磁気を利用して方位を知るのかもしれない。実際キングサーモンの頭蓋骨からは磁化可能な酸化鉄であるマグネタイトの微粒子が発見されている。あるいは側線なのか。側線とは魚の側面に沿って走っている細い線だが、周囲の動きを感知するためのセンサー機能を持っている。アトランティックサーモンの側線でもマグネタイトが見つかっており、これらのセンサーがナビゲーション用に機能していると考えることもできる。

＊＊＊

19世紀から20世紀にかけて活躍した動物学者ルイ・ルーレは、サーモンを「美しい」と称賛した詩的な科学者で、川の障害物に直面したサーモンをこう表現している。

――彼らは闇に紛れて遠く離れたここまで来たが、今、大きな岩場が行く手を阻んでいる。それでも彼らは前進をやめない。撤退という行為を知らないのだ。渦巻く水流の只中に身を沈めながらも、頭をしっかりと上流に向け、水面に飛び出す機会をうかがっているのだ。そして、ある刹那、サーモンは張り詰めた弓のように体を反らし、真っ直ぐになる反動を使って、空中に飛び出す。時に岩肌にしがみつくように、時にジャンプ一番、滝を登り切ってしまう。

ルーレが驚いたのは、サーモンが絶対に諦めないことだ。急な滝であろうと、絶望的な水力発電用のダムであろうと、障害物の下流側に回り込んでは何度も挑戦する。サーモンに関する研究書や書物には「粘り強さ」や「頑固さ」という言葉が頻出するが、実際サーモンは信じがたいほど強い意志を持っている。人間世界と違って、ヘタレは存在しないのである。

そんな勇敢なサーモンの姿を見て、元気をもらいたいという人のための場所もある。例えばケベック州ガスペ半島にある公園には川沿いの地下室に窓があって、中西部からの水を集めて大西洋に注ぐセントローレンス川の強い水流の中で上流に頭を向けるサーモンの姿を見ることができる。圧倒的な水圧の中を1分ごとにわずか数センチずつ前進していく彼らの硬直した顔は、まるで魔神のようだ。長い人生を生きるためには、笑いや喜びが必要だと考えている人は、見ない方がいいかもしれない。窓の中にあるのは、厳粛で崇高で、これっぽっちの余裕もない赤裸々な生物の生そのものだから。

元々、サーモンの身体は流れに逆らい、常に上流に向かって泳ぐように作られている。エラの構造が流れに乗って下流に泳ぐようにはできていないのだ。ただし、身に危険が迫った時には、自動車並みの馬力と加速が可能となることは、サーモンフィッシャーならイヤになるほど知っているだろう。アトランティックサーモンには1回の産卵で死なず、再度海へと下りる少数の個体（ケルト）がいるが、海に戻る時には尾を下流側に向け、泳ぐというよりは漂うように流されていく。稚魚も同様で、頭を上流に向け、尾を海に向けて降海する姿を見ることが多い。

　サーモンは人類がダムを建設するまで、最大の障害物であった滝を乗り越えられるように進化してきた。体長を基準にして地球の生物界を見渡す時、サーモンよりもジャンプ力のある生物はそれほど多くない。キングサーモンは約２・３ｍ、スチールヘッドは約３・３ｍを跳ぶ。小型のギンザケは高さではなく距離を跳ぶジャンパーで、上流に１・８ｍ、下流には３・５ｍも跳ぶことができる。

　スコットランドのハイランド地方にあるシン湖から北海に流れるシン川沿いには高さ３～３・７ｍの滝がある。夏のサーモンの遡上期間中に人々が魚の跳躍を観察できるように、滝のそばには歩道が作られ、時には２、３匹の魚が一度に跳躍する光景を目にすることができる。サーモンは滝下にできた深い淵から状況を確認した後、ジャンプに移る。集団の中には優れた個体もいれば、そうでない個体もいるが、基本的には皆、滝が越えられる能力を備えている。岩の上を蛇のように身体をくねらせて上る個体もいれば、大ジャンプで一気に滝をクリアする個体もいる。滝の上から勢いよく落下した水は、淵の中で強い反転流となってサーモンのジャンプの手助けをし、跳躍に失敗した個体は黙々と次のジャンプのタイミングを見計らう。それにしてもシン川のサーモンたちはこの大一番のジャンプを、数週間にわたる絶食の後に行わなければならないのだ。

＊＊＊

　サーモンが全ての障害を乗り越えて、狭く浅い支流に入ると、最後の儀式が始まる。魚が変身を開始するのだ。海の生活に必要だった銀色のカモフラージュカラーは、薄暗い上流部では目立ち過ぎる。アトランティックサーモンは銅のような色に変容し、トラウトのような赤い斑点が現れてくる。キングサーモンは茶褐色になって、黒い斑点を散りばめ始める。サーモンの種類に関わらず、産卵期のオスは常にメスよりもカラフルに変身する。サクラマスのオスは濃いピンクと黒の縞模様となり、メスは全体が黒くなる。シロザケのオスには紫色の縞が現れる。シルバーの愛称で親しまれているギンザケは、もはやシルバーの輝きを失い、オスの腹は真っ赤になる。スチールヘッドの体側には真っ赤なバンドが現れてくる。レインボートラウトに回帰したような色合いだが、身体は圧倒的に大きい。ピンクサーモンはその肉の色が薄いことからそう名付けられたが、外観は決してピンクではない。産卵期のオスは全体的に黒っぽくなり、腹は白と紫に染まる。背中の前方に巨大なこぶができるため「ハンピー」というニックネームが付けられている。

全てのサーモンの中で最も変貌の度合いが激しいのがベニザケで、以前の面影が消えてなくなり、もはや完全に別人となり、街ですれ違っても絶対に分からない。オスもメスも背びれまで真っ赤に変色する。赤い色素が身体の表面に出てきてしまうため、逆に身は淡い色になる。ピンクサーモン同様、オスは背中に異形のコブができ、体全体が歪んで見える。そして口先は、どこからどう見ても悪意があるとしか思えない、かぎ鼻に変形する。これがまさしくサケ属（*Oncorhynchus*）の名前の由来である（ギリシャ語でOncoは「カギ状の」、rhynchusは「鼻」）。アトランティックサーモンのオスにもこの特徴があり下顎も長くなるが、ベニザケに比べれば、気のいいチンピラ程度の悪相といえる。ベニザケはかぎ状に曲がった下顎を異様に突き出し、もはや閉じることさえできなくなった口から、これ見よがしに凶暴な歯をむき出しにしている。名付けるならば、「赤い殺人鬼」、もしくは「赤マントの悪魔」といったところだろう。産卵、放精のためにエネルギーを節約しなければならない重要な時期だというのに、化粧直しに膨大なエネルギーを費やすのだ。色素を身体の内側から皮膚に押し出すには莫大なエネルギーが消費されるのに、なぜそんなことをするのか？　生物学者の中には、歯とかぎ鼻は戦いのために使われるという者もいる。オス同士がメスを奪い合う際、かぎ状のアゴは相手の尻尾をつかむのに適した形だというが、この説には確証がなく、派手な色と異様なコブの隆起の説明になっていない。

ダーウィンは進化に関する全ての研究において、種には無駄な発達や恣意《しい》的な発達はないという論考を重ねてきた。だからこそ産卵期のサーモンが行うこのような奇怪ともいえる変容にも、必ずやその目的があると考えたのだが、ある種のカブトムシのオスが使いもしない角を発達させている事実、またある種の鳥のオスに見られる不必要に華やかな羽毛同様、解けない謎としてダーウィンの前に立ちはだかった。１８６０年、ダーウィンは初期の支援者だったハーバード大学の植物学者エイサ・グレイ宛てに手紙を書いたが、その中の「クジャクの尾っぽを見る度に、気分が悪くなる」という言葉は有名だ。自分に説明できないあらゆるものを嫌悪したダーウィンは、１８７１年に出版された『人間の進化と性淘汰（*The Descent of Man*）』の中で、産卵期のサーモンについてこう論じている。

――サーモンのオスもまた、オスのクジャクのように、通常の生活目的には何の役に立たないと思われる付属物を備えている。

その後、結局ダーウィンは、種の存続を保証するために最適な特性を選択する「自然淘汰」に加えて、異性が性的に刺激を感じる特性を好む進化としての「性淘汰」が存在すると結論付けたのだが、これはビクトリア朝のイギリスにあっては奇天烈の極みと呼べる変態的発想だった。男性が華やかなコスチュームでショーを行い、それを見た女性が「ステキ！」と言って、男性を選択するという発想を受け入れることができるジェントルマンなど一人もいなかったのだ。ヒヒのオスがそそられるメスの赤く腫れあがった尻や、人間の女性のむっちりした尻や豊かな乳房こそ「役に立たない付属品」と呼ぶべきものである、と当時の英国ジェントルマンは信じていたのである。男が女にアピールするために、鼻や背中を突き出すはずないだろうが！　と。

ビクトリア朝から１５０年が経過した現代、この現象は多くの種で起こっていると考えられている。鳥類は審美眼的な感覚が発達しているため、クジャクのメスはオスが拡げる幻惑的な尾の輝きに惹かれると考えると納得がいく。

しかしベニザケに関していえば、果たしてメスは変容した異形なオスの姿に興奮するのだろうか。とんでもなく派手なスーツを着て現れ、歯をむき出しにして女性を興奮させる男。どうやらベニザケのメスの目には、そんなヤクザな男こそが頼りがいのある伴侶に見えるらしい。

他の動物同様、サーモンにおいてもオスとメスは同時に進化する。つまりオスの勝負スーツが進化している間に、メスもそのスーツに惹かれるように進化していったのだ。オスはスーツを試着して選んでいるのではなく、進化の中でそうなるべくプログラムされているのである。それでもなお、メスには着飾った求婚者のうち、誰と交配するかを選ぶ権利が残されている。サーモンを始めとする多くの種の遺伝子プログラムには、わずかながらも自由度が残されていて、メスに最終的な選択権が与えられていることが多い。これまたヴィクトリア朝のイギリス人男性には許しがたい考え方である。

ベニザケは産卵の準備が整う数日前に、産卵場所すなわち生まれ故郷に到着する。水深は浅く、川の雰囲気はまるでロデオが始まる直前の西部の町のようだ。何百人ものマッチョな男たちが町を行き交い、そこに美しいメスたちが到着する。オスは今すぐにでも、気に入った相手にプロポーズしたいところだが、メスには巣作りという大切な仕事があることを知っている。だから気に入ったメスの脇に付かず離れず、おとなしく待つことになる。川はベニザケの群れで真っ赤に染まり、たくさんのオスが赤い背びれを水面に突き出し、落ちつかない様子で行ったり来たりを繰り返す。潜望鏡深度で戦闘準備をしている潜水艦のようだ。しびれを切らして、水しぶきを上げたり、何を思ったか飛び跳ねる者もいる。最後のエネルギーを節約しなければならないというのに、どうにも我慢ができないのだ。同じオスとして、何となく気持ちが分かる気がしないでもないが、ともかくこうして興奮の度合いが最高潮に高まっていく。

産卵床作りの最中、メスのサーモンは常に上流側を向き、体を丸めながら片側に少しずつ体を倒し、尾をせわしなく動かして、砂利を掃く。完成した産卵床は長さ約１・５ｍ、深さ約30㎝ほどになる。砂利の大きさ、深さ、水の速さなど、最適な場所をめぐって、メス同士も小競り合いをする。流速が速過ぎると卵は流されてしまうし、遅過ぎると下層の水が対流せずに酸素不足になる。たとえ無事に卵を産み落とすことができても、母親の自分が死んだ後、子供たちは何カ月もの間、同じ場所で生き延びていかなければならないのだ。この時期はサーモンの一生の中で最も死亡率の高い時間帯であり、母親の場所選びは極めて重要なのである。

　そしていよいよ産卵行為が始まる。絶食してここまでやって来たサーモンたちには、もはや余力は残されていないだろうと思われるのに、しかし本当の競争が始まるのはここからなのだ。メス同士が産卵床の場所を巡って争っている間、オスは目当てのメスの産卵場所近くに陣取るために、同じメスに目を付けているライバルと戦う。ダーウィンは、この最後の戦いで大きさが勝負の分かれ目になると考えたため、サーモンのオスが巨大化に向かって進化していないことを不思議に思った。通常、サーモンはメスの方が大きい。これはほとんどの魚に共通していることで、メスの体が卵を孕むための構造をしているからだ。時には小柄なオスがメスの体色に変身し、忍者のように産卵床に近づいて精子をかけるなんてこともある。シロザケのオスがわずか数分のうちに、自分の体色をメスの婚姻色に変えるシーンが目撃されており、さらにベニザケのオスのような婚姻色に体色を変化させてベニザケと交配することさえある。シロザケは自分がベニザケと交配できることを知っているのだ。交配の成功率は低いとしても、同じ属の中であれば異種交配は可能である。

　生殖行為に没入している熱々カップルにそっと近づき、脇から精子を放出する情けないオスもいる。もちろんサーモン社会は一夫一婦制ではなく、死ぬ直前に気に入った相手を選んで交配すればそれっきりだ。産卵床での受精を確認したメスは近くの場所へ移動し、別の産卵床を掘る。メスは数日かけていくつもの産卵床を作り、周囲で格闘を続けるオスの勝者に受精させていく。メスは受精卵が砂利の下で落ち着き、安全になるまでの数日間は受精卵を守らなければならない。メスが産卵行為に入った時に、口をゆがめるような表情をすることがある。この口の動きは気に入ったオスの気を引くための挑発的なチラ見せで「偽りのオーガズム」と呼ばれている。どの世界にもダマすメスがいて、ダマされるオスがいるというわけだ。

産卵床を作り、オスに受精させ、そして守るというメスの一連の行為は何日も続く。オスもメスも日に日に痩せていき、燃えるように赤かった体色は茶色く濁り始める。ヒレは色素が抜けて白くなり、尻尾は擦り切れていく。やがてサーモンは、自分に残った最後のエネルギーを使い果たしたことを知る。サーモンは争うことをやめて、静かに自分が生まれた場所の近くに身を横たえる。我が子の顔を見ることもなく、サーモンは水底に沈み、あるいは川岸に打ち寄せられて、その身を自分が生まれた川に捧げる。死骸は川の栄養となって、プランクトンを育て、我が子の食料となる。こうしてサーモンの一生が完結するのだ。

サーモンは最後の最後まで勇ましい。カナダのフィッシングライターで人気のあったロデリック・ヘイグブラウンはサーモンに次のような賛辞を送っている。

――身体に残っている最後の力が尽きるまで、サーモンには生きる意志がある。産卵行為でボロ雑巾《ぞうきん》のようになったサーモンでも、捕食者が現れて危険な状況に陥った時には、川の上流や下流に向かって必死で泳ぎ去る。寄生菌で身体が真っ白になったキングサーモンが、まだやるべき宿題が残っているように産卵床のある浅瀬に陣取る。人生の希望や目的を失った人はそんな彼らの姿を見るといい。ここには生物の不滅の精神そのものがある。死ぬ寸前まで全力で生きることが、生物に与えられた唯一の役割であることを知るだろう。

受精したベニザケの卵のおよそ半分は自然死するか、捕食されてしまう。仔魚からスモルトになるまで生き残ることができるのはその１／４、さらにその残った個体のうち、海にたどり着くのはたったの８％。つまり受精卵１００個当たり、１個弱だけが海にただり着くことができるのである。

パートⅡ

人間という天敵

第3章　サーモンの起源

同じ川に二度足を踏み入れるチャンスはやってこない。なぜなら、川は常に変化するし、人間も変化するからだ。

――ヘラクレイトス

ヨーロッパのサーモンの歴史は古典時代に始まるが、中でもジュリアス・シーザー率いる軍団がライン渓谷で目撃したサーモンの遡上の逸話は有名だ。急流や滝をものともせずに乗り越えていく姿に感銘を受けたローマの軍人たちは、この魚を「サラール（跳躍者）」と呼んだ。この戦いでシーザーが制圧したガリア（現在のベルギー、フランス、スイスあたり）の人々にとって最も価値が高かった魚がサーモンだった。彼らもやはり彼らの言葉で「サルモ（跳躍者）」と呼んでいて、シーザーたちが持ち帰った他のガリア文化と共にサーモンはローマ人の知るところとなった。

それ以前にもサーモンの記録はある。魚の骨は哺乳類の骨より劣化が早く、また哺乳類に食べられてしまうことも多いため、人がいつごろからサーモンを食していたかを特定することは困難だが、いくつかの証拠はある。ジョージアのコーカサス山脈では約4万８０００年前にネアンデルタール人がサーモンを食べた跡が、フランスのドルドーニュ地方では約4万３０００年前にクロマニョン人が残したサーモンの骨が、スペイン北部のカンタブリア地方では4万年前にサーモン漁をしていた痕跡が残っており、フランス南西部で見つかったトナカイの角に彫られたサーモンの絵は2万２０００年ほど前のものであることが判明している。

ケルト神話では、サーモンは川と海の両方を支配しているため、あらゆる知識を持っているとされている。ケルト文化の中にもサーモンにまつわる多くの伝説があり、サーモンは跳躍する度に新しい知識を得ることができると信じられていた。ケルト人はサーモンを食べたらその骨を川に戻すべきだと考えていたが、これはネイティブアメリカンの一部に見られる慣習と同一だ。

６世紀あたりの伝説には、アーサー王が大きなサーモンの背中に乗ってグロスターに向かったという話もある。また６０４年にサーモン漁師が新しい教会の建設地に一人の男を連れてきて、その男が漁師の守護聖人である聖ペテロだと主張したという伝説が残っており、これが4世紀後にウェストミンスター寺院の建設地に選ばれた理由とされている。この伝説を受け継ぎ、現在も魚屋組合はウェストミンスター寺院に毎年サーモンを贈っているが、年々良い魚が手に入りにくくなっているという。西暦６００年から９００年頃、現在のスコットランドにあたる地域にはピクト人という絶滅した民族が暮らしていて、残された石碑のいくつかにはサーモンの彫刻が施されている。

バイキングの子孫であるアイスランド人にはサーガと呼ばれる一連の伝説文学が残っていて、13世紀初頭に書かれた『プロセ・エッダ』というサーガにはサーモンの「手首」の説明がある。サーガ伝説で活躍する英雄ソーがサーモンに変身したトリックスターのロキを水から引き上げる時に、力を込めてつかんだのがロキの手首で、それはすなわち胴が細くなって尾びれに接続する部分を指している。

ノルウェーではサーモンやトラウトの釣りは、文明が始まった８０００年前から続いていると信じられている。石器時代のサーモン釣り用の槍が発見されているし、ノルウェー最古の民族サーミ人がフィヨルドでサーモンを釣るために使っていた罠も見つかっている。網で魚を囲う「地引き網」はバイキング伝説に登場する北欧の初期の漁法だが、中世バイキング時代以前にも地引き網漁が行われていた証拠がある。

スウェーデンでもサーモンは伝統的な料理の中心的食材であり、レシピによっては中世にまで遡《さかのぼ》るものもある。北方の人々は太陽の熱を利用して海塩を作ることができないため、魚を腐らせないための保存方法として、塩を大量に使用しない塩漬けや乾燥の方法を考案した。シベリア、アラスカ、アイスランド、スカンジナビアでは魚を発酵させる伝統文化があり、ほとんどの場合、魚を埋めて発酵させる方法が用いられる。アイスランドの国民食ともいえるハウカットルはサメ（グリーンランドシャーク）を埋めて発酵させたものである。スカンジナビアで最も有名なサーモン料理であるグラブラックスはスウェーデンが発祥とされているが、スウェーデン語だけではなくノルウェー語でも「埋められたサーモン」という意味の料理である。

　同量の塩と砂糖に漬けたサーモン、トラウト、チャー（イワナ）を、潮が満ち引きする砂浜に埋めて数ケ月間発酵させたのが、最初期の発酵方法だったと信じている歴史家もいる。海水の塩分で魚が腐ることなく、ゆっくりと時間をかけて発酵させることができたのだ。現在でもグラブラックスは塩と砂糖を同じ割合で混ぜてディルなどのハーブを加えて熟成させるが、数日間しか熟成させないので本当の意味での発酵とはいえず、昔作られていた時のように魚は長持ちしない。そもそも今では冷蔵庫に入れさえすれば良いわけで、発酵させる必要はない。いずれにせよグラブラックスの起源については諸説あり、はっきりとした答えは出ていない。

　人気料理研究家のアンリエット・シェーンベルグ・エルケンが『大きな料理本（*Big Cookbook*）』を１９１４年に出版するまで、ノルウェーの料理本にはグラブラックスについて言及したものは存在しない。グラブラックスには大量の砂糖が必要だが、その昔、砂糖は入手困難、かつ非常に高価であったことから、この本に載ったレシピは後世のものと考えられる。中世にまで遡ると、今でもよく知られているノルウェーのラクフィスク (rakfisk) がある。ラクフィスクに関する最も古いノルウェーの文献は１３４８年のものではあるが、この技術はそれよりもずっと古いと考えられている。rak は北欧語で「湿った」「浸った」という意味の rakr に由来する。魚を塩漬けにして、地中に埋めたバケツや地下室の土間に置いておくのが「ラク」と呼ばれる手法である。発酵している2～3ケ月の間は魚を冷やしておくことが重要で、北国の気候がそれを可能にしているのだ。グラブラックスはつまるところラクフィスクとほとんど同じである。またグラービングという工程もある。これは、魚が最も太っている秋に行われる。内臓を取り除き、切り身にはせずに腹を上にして塩と一緒にバケツにぎっしり詰めこむ。現在のノルウェーでは野生のサーモンが希少になってきているため、代用としてトラウトやアークティック・チャー（イワナ）、養殖サーモンを塩漬けにするようになった。

昔、サーモンは北ヨーロッパのほとんどの低地に生息しており、世界最大のサーモン産地だったが、現在、この歴史的事実はほとんど忘れ去られている。何世紀にもわたって行われてきた規制や警告、抗議活動もアトランティックサーモンを救うことはできなかったのだ。ドイツ、フランス、スイス、スペイン、ポルトガルを流れるヨーロッパの有名河川のほとんどにサーモンがいた。ドイツのライン川は、支流のモーゼル川、エルベ川と共にサーモンの生息地としてよく知られていたし、フランスのセーヌ川ではノートルダム大聖堂の両側からの水が合流するあたりがよく知られたポイントで、サーモンが跳躍する姿を見物できた。ポーランドではオダル川やポーランド最大の川であるヴィスワ川、そしてロシア、フィンランド、スウェーデン、デンマークはもちろんのこと、ことにノルウェーはサーモン王国と呼びたいほどにサーモンがいた。

＊＊＊

サーモンが遡上する河川に群れている小魚がサーモンだということは、当時ほとんど知られていなかったため幼魚が網で捕られて、家畜の餌にされることも多かった。14世紀のイギリスではチェスターの修道士が「小魚、サーモン、ウナギが大量に捕れるため、魚を豚に食べさせている農家もある」と記している。このような豊かさと浪費のパターンは、何世紀にもわたって続いた。

イギリスには10世紀以前にもサーモンが釣られた証拠がある。8世紀のベネラブル・ベデという修道士は、イギリスには「サーモンとウナギが豊富にある」と書いている。アングロサクソン時代にはサーモンには金銭的な価値すらあって、家賃をサーモンで支払ったという記録がいくつも残っている。グロスター卿は年に１０００匹のサーモンを貢ぎ物として受け取っていた。『１０９６年のドゥームズデイ・ブック』（世界で初めて作られた土地台帳』はノルマン人が征服した王国のあらゆる財産を網羅的に記載したもので、そこには数多くのサーモンの漁場が記載されている。イギリスやフランスの町にはサーモンをモチーフにした中世の市章が数多く残されていることから、当時からサーモンの存在が大きかったことは明らかである。

教会では年間の半分以上の期間、肉を食べることが禁止されていたため、魚が主食だった。中世のイギリスでは、サーモンはニシンやタラ、ウナギなどと同様、輸出用に保存食として塩漬けにされることが多かったが、１５００年頃になると、東インド会社による香辛料貿易がヨーロッパ北部における料理を席巻するようになり、その余波はサーモン料理にも及んだ。例えば、ローストしたサーモンステーキにシナモンを入れて赤ワインで煮込み、さらに玉ねぎを加えた料理。あるいはネーゼ・ベキ（Nese Bekys）と呼ばれるフリッターは、シナモン、ショウガ、乾燥イチジクをゆでたサーモンやウナギと混ぜて作られたものだ。またサーモンは「チューウェッツ」と呼ばれるパイにも使われていた。サーモンをゆでて潰し、松の実、レーズン、シナモンを混ぜてパイ生地で包んで焼いたものだ。

元々、イギリスの漁業権は王侯貴族私有のものだった。『１０９６年のドゥームズデイ・ブック』にもそんな私有地が多数記載されている。しかし１２１０年にはイングランドの一般市民にも漁業権が認められ、１２１５年のマグナ・カルタでは、国王リチャード1世がサーモンの漁獲を独占することがないよう、設置されたやなを川から撤去するよう求めた（一般市民に解放されたわけではなく、あくまでも各地の貴族の管理下に戻された）。

12世紀になるとイングランド、フランス、スコットランドなど多くの国で、早くもサーモンの降海と遡上を妨げるダムの存在が問題となり始めた。サーモンを保護する法律が他の魚よりも多かったのは、サーモンが大型の魚で、かつ最も商業的価値が高いと考えられていたからである。リチャード1世治世時のイングランドでは、川に障害物を設置する場合には、少なくとも王様が横向きに立てる幅の開口部がないといけないと定めた。この魚道は、今でも「キングス・ギャップ（King's gap）、もしくは統治時代によってはクィーンズ・ギャップと呼ばれている。14世紀から

15世紀にかけてのイングランドとスコットランドでは、川を塞ぐことを禁止する法律も複数存在していた。

＊＊＊

１１８８年、ギラルドゥス・カンブレンシスは『ウェールズ素描（*Description of Wales*）』の中で、シーザー軍の兵隊がコラクルと呼ばれる小型軽量な皮製の船を使って、ティフィ川でサーモンフィッシングをしている様子を描いている。コラクルは近代までウェールズのサーモンフィッシング用に使われてきた小舟で、今なお現役で使われているものもある。２隻のコラクルが網を挟んで下流に流れていき、その間を遡ってきたサーモンを捕らえるという仕組みだ。ちなみにウェールズ人はローリエを入れたミルクでサーモンを煮て、そのミルクでパセリのソースを作り、自生のフェンネルを添えて食した。

ノーサンブリア地方で使用されていたコブルと呼ばれるオープンデッキの小舟は、ウェールズのコラクルと同じくらい古いかもしれない。１２４４年にツイード川で使用されたとされる記録が最古のもので、船尾を水面から高く上げたコブルはツイード川とハンバー川の両河口間で、サーモンを大量かつ確実に捕獲するための主たる漁船となった。北海に注ぐこの二つの河口間の海面は強風で荒れることが多く、オールで漕げる小型船舶が向いていたのだ。コブルは荒れた海での強度と耐久性に優れていながらも、同時に喫水線が低いために浅瀬や向かい風でも素早く移動できたのだ。しかも製造方法が簡便で、安価に建造することができた。19世紀におけるコブルの価格は30ポンドで、その後19世紀には小型帆船に、20世紀にはモーター付きの船舶に改良されて使われた。

＊＊＊

当時のスコットランドの森は、カシ、シラカバ、サクラ、そして背が高く幹の太いスコッツパインなどがうっそうと生い茂り、暗く湿っていたためにキノコにとっても最良の生育地でもあった。そんな豊かな森のおかげで、川幅は狭く深いままに保たれ、大量の落葉が川を豊かにしていた。スコットランドの王たちは、サーモンが国富の源泉であることを理解していたため、積極的にサーモンを保護する法律を定めた。１００５年から１０３４年まで、乱世のスコットランドとしては異例の長期間この国を統治したマルコム2世は、戦争や殺戮《さつりく》を好んだ「破壊者」として不名誉な名を残した王だが、ヨーロッパで初めてサーモンの禁漁期間を定め、稚魚の捕獲を規制した人物の一人でもある。法律に違反した場合、初犯の場合は道具が燃やされ、2回目以降の犯行では刑期が倍になり、4回目の犯行では2年間の懲役が科せられた。１４９９年、スコットランド国王ロバート3世は禁漁期に3回密漁を行った者には死刑を宣告する法律を制定したが、逆にイングランド領地におけるサーモンの密漁は合法とした。１７０７年にスコットランドがイングランドに併合された後、密漁が体制へのレジスタンス的な文化として残ったのは、この法律の影響が大きかったと思われる。

１７２４年、小説家のダニエル・デフォー（『ロビンソン・クルーソー』の作者）がグレートブリテン島を旅した時のことを書いた本がある。デボン地方の丘陵地帯を流れるダート川のトットネスでは狩猟犬を川に飛び込ませて、サーモンを網に追い込んでいる漁師を目撃し、シュルーズベリーではサーモンであふれ返っている市場を、ニューアークとノッティンガムでは、トレント川の巨大なサーモンを見ている。さらにデフォーはスコットランド高地（ハイランド）のディー川にも足を伸ばして、アバディーン（ゲール語で「ディーの河口」という意味）で、川の漁業権が私有財産として扱われ、土地の所有者とは関係なく売買が可能である事実にも感心している。

――ディー川とドン川はどちらも素晴らしい漁場だが、ディー川に関して言えば、その圧倒的なサーモンの漁獲量だけではなく、他の地域には例のない、独自の経済が回っているところが特筆に値する。出荷先は国内に留まらず、フランスやバルト海方面へも広がり、漁業が個人的な営みではなく、会社組織として運営されている。公平を期すため、個人が一株以上を保有することはできないが、膨大な漁獲量によって利益は約束されたも同然なのである。

もちろんデフォーはサーモンの漁場を発見するために旅に出たのではなく、グレートブリテン島を探検したかっただけなのだ。ところがデフォーが発見したのは、サーモンがたくさんいる島、サーモンを食べ、サーモンを売買することによって莫大な利益を上げている人々だった。しかしながら、そういった景気の良い状況が長続きするはずもなく、デフォーが生きた時代以降、サーモンを巡る状況は一変する。18世紀末には、スコットランドの商人ジョージ・デンプスターが、テイ川で捕れたサーモンを氷に詰めてロンドンへ送るようになり、この氷の利用により、ロンドン市場は英国産サーモンの主要な出荷地となった。この時からサーモンは地域経済を回すだけの食材から、ヨーロッパ経済を動かすメジャーな商品となったのである。

＊＊＊

17世紀から18世紀にかけての料理の本を見ると、イギリス人がサーモンを大量に消費していたことがよく分かる。王党派の代表的料理人ロバート・メイによる１６６０年の著書『料理じょうず（*The Accomplisht Cook*）』にはロースト、ハッシュ、パイ、チューイッツなど、17種類のサーモンレシピが紹介されている。新鮮なサーモンがいっときだけの季節の食材であることに不満な、わがままなグルメたちのために、メイは次のような保存用レシピを紹介した。

〈サーモンの保存法〉

6等分したサーモンを沸騰した湯で20分ゆでる。取り出したら水を切り、ローズマリー、ローリエ、クローブ、メース、コショウを入れた約2ℓの白ワインと同量のワインビネガーで煮込む。冷めてから取り出し、塩、コショウで味を調え、容器に詰める。残った汁も一緒に漬けておく。半年後に白ワインかシェリー酒を加えると1年以上の保存が可能。

W・M・と名乗る人物が書いた１６５５年の本には、サーモンの尾びれを利用した珍しい調理法が紹介されている。

＜ドライサーモン・カルバートを作る＞
1ガロンの水に1／４クォートのワインかビネガーと酸味の強いビール、そして甘いハーブと塩を入れて強火で一気に沸騰させる。サーモンの尻尾を持って、沸騰している鍋に入れては出し、それを12回繰り返すとサーモンはカルバートになる。さらに身が柔らかくなるまでじっくり煮込む。

当時イングランドで最も有名なイラストレーター、トーマス・ビュイックは、彼が子供だった１７６０年代のニューカッスルの思い出の一つとして、サーモンが使用人や家政婦に不人気だったことが記されている。雇い主と彼らとの契約書には、週に2回以上サーモンを（まかない料理として）出してはならないとさえ規定されていた、というのだ。同様な逸話は、イングランド、スコットランド、そしてアメリカのニューイングランド植民地でも珍しくない。フランス人の料理家、コーラ・ミレー＝ロビネットは、1世紀にもわたる超ロングセラー、『田舎主婦のためのガイドブック（*A Guide For French Country Housewives*）』（１８５９年刊）で彼らのこうした姿勢を批判している。「フランスでは多種多様の料理に利用できる素晴らしい食材として扱われているというのに、スコットランドの家政婦や使用人はサーモンなんて食べたくないと言っている」。

なぜフランスと違って、イングランドやスコットランドの労働者階級にはサーモンに対する反感があったのだろうか？　ビュイックの記述には「重さ1ポンド当たりのサーモンに1ペニーを払っていた」とある。誰だって毎日のように同じものを食べ続けると、やがてそれが苦痛になってくるものだが、そもそもイングランドやスコットランドの使用人たちが食べていたのが、良質なサーモンであったとは言い難いのだ。あるいは傷んだ売れ残りのサーモンであったかもしれない。産卵、放精後のやせ細ったサーモン（訳注：日本で言うところの「ホッチャレ」）が出されていたと疑う歴史家さえいる。欲張りな漁師たちは、市場価値が低いと分かっている魚であっても、無差別に捕ってしまうことがままあったのだ。

当時の料理本には、あらゆる階級のスコットランド人が、サーモンのあらゆる部位をおいしそうに食べている様子が描かれている。エジンバラでサー・ウォルター・スコットの後妻を含む上流階級に料理を教えていたエリザベス・クレランドは、１７５５年に出した料理本の中で九つのサーモンレシピを紹介しており、その中には次のような手の込んだカラー・サーモンのレシピが含まれている。カラーとは肉詰めの巻物のことだ。

＜サーモン巻＞

サーモンの片身をミンチ状にして、尾の部分を一切れ、もう一方の片身には卵をすり込む。ゆでたオイスターを一握り、固めにゆでた卵の黄身６個、アンチョビ２個を小さく刻み、コショウ、塩、メース、ナツメグ、細かく切ったパン、生卵２個を混ぜてサーモンの上に置く。それを巻いて、幅広の布テープで縛る。塩と酢を加えた熱湯に浸け、２時間ほど弱火でゆでる。その後サーモン巻を取り出して冷まし、ゆで汁から脂肪分を取り除き、冷めたらサーモンを戻す。

＊＊＊

イングランドとウェールズの川では、サーモンという貴重な経済資源の持続を意図した法律が制定されたが、実のところ漁業産業界に対して制限をかけた法律とは言い難い、実に中途半端なものだった。１８５９年に制定されたツイード・アクトでは、サーモン漁にライスターを使用することが禁止された。ライスターとは槍のことで、夜間に木製の松明《たいまつ》で水中を照らして、サーモンを突くスポーツが流行していたのだ。松明を持った多くの人々が集まり、歌ったり踊ったりと楽しみながら、必要以上のサーモンを殺すという環境破壊的な遊びであったことは事実だ。しかしながらあくまでも個人の楽しみの範疇《はんちゅう》内で、ライスターの使用禁止程度で資源の減少が抑えられるはずもなかった。

また、漁業が規制されると違反者が現れるのは世の常で、禁漁期間中に漁をする密漁者も少なくなかった。密漁者は非合法な道具を使い、闇に紛れて、効率的な漁をしたため、資源の流出は止まらなかった。しかもスコットランドとアイルランドでは、密漁者はイングランドの法律に対する反体制的な挑戦者と見なされ、ヒロイックに扱われていた。その逆に、夜な夜な川や湖を見回り、仕掛けられた網を発見してはスコットランド人の密漁者を捕まえる漁場監視官は、スコットランドの民間伝承譚に登場する典型的な悪役となった。伝説によると、ネス湖で恐竜を最初に発見したのは、キャンベルという名の漁場監視官だったという。恐竜とされた生物は、現実的には大型のチョウザメ、もしくはアザラシだったという説が有力ではあるものの、今でも本当に恐竜はいると信じている人は少なくないし、連日ネス湖には大型バスで大勢の観光客がやって来る。

１８６９年、ある漁場監視官が、タイン川の河口では夜になると「文字通り、何百もの漁船が煌々と光を放っている」と報告した。サーモンを逃がさないように、河口を網で完全に塞ぎ、法律を無視して免許証1枚につき複数の人物が漁をしていた。河口に仕掛けられた網から逃げることができるサーモンは絶無で、スモルトさえ漁獲されて、哀れにも豚の餌となった。産卵を終えて、死ぬのを待つばかりとなったボロボロのサーモン（ホッチャレ）でさえ同様に扱われたが、あるいは豚ではなく、前述した使用人の食卓に上っていたのかもしれない。また、イワシの産地として有名なデヴォン州では、網にかかったサーモンの稚魚をイワシとして売っていた。

しかしながら、そういった大々的な密漁や合法な乱獲も最大の問題ではなかったのである。サーモンにとって最大の敵は産業革命だったのだ。19世紀のイギリスでは工業は人類の進歩と同一視されていたため、空気及び水の汚染については、ほとんど問題とされなかった。それどころか公害は、経済発展の証とさえ考えられていたのだ。石炭、鉄などの金属採掘、コークス製造、製錬、製鉄、綿花工場の工業化など、全てが人類の進歩、あるいは国家繁栄の名の下に行われ、すなわちそれがイギリスにおけるサーモンの終わりの始まりだった。

工場は化学薬品を川に流し、川岸はスラム化した。タイン川のニューカッスル、ドン川のシェフィールド、マージー川のリバプール、テムズ川のロンドンなど、都市はその工業化と同時にイギリスの誇る名河川を壊滅させたのだ。都市は人を吸い寄せて成長し、捨てる所のなくなった生ごみは水中に投棄された。スコットランドでは重大な汚染源となる巨大な綿工場が川のほとりに建設され、グラスゴーは魅力的なオールドタウンから巨大な工業都市に変身してクライド川をドブにした。汚水からシアン化合物まで、あらゆるものがスコットランドの川に投棄されたのだ。フライフィッシングで使用されるダブルハンドのフライロッド（両手でグリップを握ってキャストする釣り竿）の発祥地であるスペイ川は、スコットランドで2番目に大きな川だが、ハイランドのウィスキー蒸留所の急速な発展で深刻なダメージを受けた。

スコットランドで最も早い時期に建設された水力発電用のダムは、１８９５年のネス川と１９０６年のキンロックリーバンのものだ。高さ約27mのコンクリートの塊がリーバン川を塞ぎ、廃棄物を川に捨てるアルミニウム精錬所へ電力を供給した。このダムが建設された小さな村は「世界で初めて全家庭に電気が通った村」として名が知られるようになった。その後、さらに勢いを増した工業化で、イギリスでの電力使用量は加速度的に増え、水力発電用ダムは増殖し続けた。つまり明るい家庭と引き換えに、川を殺したのである。イギリスのダム建設は、産業革命という歴史的なイベントを後押しするために不可欠であったし、何より産業革命の時代には、どんな問題でも産業が解決してくれると、人々は信じていた。

そんな煤煙と汚水にまみれた時代の中で、最初に成功した魚道「プール&トラバース」は、スコットランドのディーンストン出身のウィリアム・スミスが発明したといわれている。１８２７年、ディーンストン・ダムを通過できないサーモンを観察している時にアイデアを思い付いたという。魚道の流れに対して直角に短冊状の木材を交互に配置することで水をせき止め、水流の勢いを劇的に弱める仕掛けだ。ダムが大き過ぎない限り、この方法はかなり有効だったが、小さなダムであれば必ず使われたかというとそうとも限らなかった。人々は近代的な進歩にはある程度の犠牲が必要だと考えていたため、「まあ、ないならないで、仕方ないな」といった程度の認識だったのだ。世界のほとんどの国と同じようにイギリスでも川は全てを洗い流してくれるという思い込みが続いていたのである。産業革命で急拡大した汚染によって、この思い込みが幻想であることが徐々に理解されつつあったが、政府はブレーキをかけるどころか、さらにアクセルを踏み込んで国土全体を大工場にして、イギリスを世界最大の経済大国にしたのである。

　下水などの有機汚染は、水中の酸素を破壊し、魚や川岸の植物が生息できないデッドゾーンを作ってしまう。プランクトンは死滅し、水生昆虫は生き延びることができず、虫を食べるトラウトなどが生存できる環境が消失してしまったのだ。非常に高い濃度の酸素を必要とするサーモンは、真っ先に死に絶えてしまった魚の一つだった。というのも多くの場合、汚染が集中する河口域は最悪のゾーンとなるからだ。川を下って、淡水から海水への環境転換する際に、膨大な量の酸素を必要とするサーモンのスモルトは、この最も肝心な時間帯に最悪の環境下に置かれることになったのだ。産卵期がきて、汚水となった川への決死の突入を試みた命知らずのサーモンたちが、例え上流部で無事に子孫を残すことができたとしても、数年後に海へと戻っていくスモルトには汚染水を強行突破する体力はない。

　１８７５年、アーチボルド・ヤングはイングランドとウェールズの河川の主な汚染源をリストアップした。著名な川は以下の通りだ。

ダート川　化学薬品、鉱山、製紙工場、羊毛洗浄剤

ディー川　石油、アルカリ工場、製紙工場、羊毛洗浄剤
ケント川　工場排水
セヴァーン川　下水道、鉱山、なめし工場、染料工場
ティフィ川　スレート採石場からのがれき、鉱山
トレント川　下水道、工場
タイン川　化学薬品、鉱山、洗炭液

チャールズ・ディケンズ、トーマス・カーライル、ジェラルド・マンリー・ホプキンス、ジョン・ラスキンなど、この時代に生きた多くの著名人が河川の汚染に対して抗議の声を上げている。ディケンズは、サーモンの衰退原因をよく理解していたようで、ディケンズ自身が発行していた週刊誌『オール・ザ・イヤー・ラウンド（*All the Year Round*）』の１８６１年7月20日号には、「あと数年、都市の人口が増え続けて、工場の毒が数トン、新しい密漁装置が数台あれば、サーモンは絶滅してしまうだろう」と書いている。

産業革命がもたらした新しい経済システムは、莫大な富を実業家たちに環流することになった。そんな富裕層の意見を無視することができない政府は、公害問題に対して、最低限のことしかしなかった。１８７４年に制定されたアルカリ法は、製造業者に有毒な蒸気を制御するための「実用上最善の手段」を用いることを義務付けたが、王立委員会は、産業界を破壊するような罰則は与えるべきではない、という判断の下に、１８７８年に「破滅的な支出を避けられる場合のみ」という条件を加えて、事実上ルールを無効化してしまった。

しかし実のところ、問題は水の汚染だけではなかったのである。公害の発生源である工場そのものが、巨大な死神のように河川をせき止めていたのだ。１８６８年、テムズ川の本流には61の工場があり、支流を含めると流域には２９９の工場があった。マグナ・カルタで解放された川の大部分が、もはや航行すらできない状態となったのだ。テ

ムズ川で捕れた最後のサーモンは、１８３３年に国王に売られたと伝えられているが、実際は１８２０年代だったという説もある。同じく遡《そ》河《か》性の魚であるシャッド（ニシン科）も、同じ時期にテムズ川から姿を消した。

＊＊＊

イングランドで産業革命の嵐が吹き荒れている時代にあって、アイルランドは相変わらず、農業、漁業などの第一次産業に依存したままだった。したがってサーモン漁が工業化の余波を受けることはなかった。サーモン漁自体には長い歴史があったものの、アイルランドの労働者たちがサーモンを食べることはなく、漁獲の大半は輸出用か貴族用となった。サーモン漁の港として知られていたゴールウェイには、１８６６年に捕獲され、ビリングスゲートで販売された約31kgのサーモンの実物大の見本がある。アイルランド産のサーモンは、主にロンドン行きの英国船に積み込まれたが、スペインなど地中海に向かうことも少なくなかった。フランスのジャーナリスト、アレクシ・ド・トクヴィルは、「アイルランド人はおいしい食材を育てては港に持って行き、せっせとイングランドの船に乗せる。そして自宅に帰ってジャガイモを食べるのだ」という、今なら外交問題に発展しかねない差別的な言葉を残している。実際、１８４０年代後半のジャガイモの凶作により、アイルランドでは１００万人以上が飢餓によって死亡したが、その時でさえアイルランドはイングランドには食糧を出荷していたのだ。したがって、アイルランドの古い料理本にはサーモンのレシピはほとんど掲載されていない。20世紀初頭にアルスターの家庭科教師フローレンス・アーウィンは、北アイルランドの沿岸、ダウン地区で、伝統的なレシピを探し回ったが、彼女が見付けた唯一のサーモン料理は、サケ缶を使ったサーモンのスフレだったという。

アイルランドには、何世紀にもわたって大西洋で最も賞賛されるサーモンの川があった。ハンフリー・デイヴィーは１８２８年に出版したサーモン・フィッシングの本『サーモニア（*Salmonia*）』で、ハイランドの最北部にあるへルムズデール川やサーソー川といったスコットランドの川、そしてアイルランドの川を最大限に評価し、一方でネス川やローチ川などのイングランドの川にはネガティブな意見を記した。アイルランドの川に関しては、維持管理の行き届いた川を列挙してたたえた。リストには、バリーシャノンのアーン川、モイ川、ブッシュ川、バン川、そしてリムリック上流のシャノン川とコーク郡のブラックウォーター川などの名が挙げられている。

　デイヴィーはその本の中で、アイルランドのカトリック教会が河川をうまく管理していると記述している。なぜ教会が河川管理をするかというと、その理由は修道院の食事にある。中世アイルランドの教会では、1年３６５日のうち、半数に及ぶ聖なる日に「ホットフード」を食べることを禁止していた。ホットフードとは、熱い食べ物のことではなく、血の気の多い食物のことで、性欲を誘発すると考えられていたからだ。赤い血が流れる生物全てがホットフードとされていた。食欲旺盛な若い修道士たちには酷な規律だったため、聖なる日以外にはタンパク質を十分摂取できるように河川のサーモンを管理したのだ。コング川のほとりにあるアウグスティヌス修道院では、川に罠を仕掛け、魚が通る度に鐘を鳴らして、罠に魚がかかったことを修道士に知らせたという。アイルランドにあるサーモンのやなのほとんどは、修道院が所有しているか、所有していたものである。16世紀にイングランドのヘンリー８世が修道院の閉鎖を命じると、やなは私的に管理されるようになったが、それでもカトリック教会は、依然として漁業に対してある程度の影響力は保持していた。

　１４６６年、サーモンの保護を目的とした世界初の公害防止法がダブリン公社によって可決された。「リフィー川流域での革のなめし、グラバー、石灰製品の使用は、サーモンの繁殖を妨げることになるため禁止とする」という内容で、皮革加工がサーモンの生育環境を破壊すると考えたのだ。これといった産業がなく、電気もほとんど通っていなかったアイルランドは、こうしてサーモンの漁場として奇跡的に生き残ったのである。

＊＊＊

全長５００マイルのドウロ川はポルトガルを代表する川で、かつてはヨーロッパ有数のサーモンの川だった。フランス南西部からスペイン北西部のカンタブリアやガリシアまで、サーモンが遡上する川は50本ほどあったが、いずれも比較的長さが短かった。11世紀以降、ポルトガル、スペイン、フランスで、聖職者や貴族によって漁業権が管理されるようになると、彼らは自分たちが管理する川のサーモンやトラウトを保護しようとした。１２５８年、アルフォンソ10世は禁漁期間を定めた。１４３５年、ファン2世は密漁者を取り締まる法律を制定し、同時に川に毒を投げ込むような破壊的な漁法も禁止した。16世紀になるとフィリップ2世が漁業法をさらに拡大した。川の管理者は川床を干上がらせてはならず、また稚魚、幼魚を捕ることも禁止された。15世紀から16世紀にかけては、網と木の杭を使って川を完全に塞いで魚を捕るやなは、その是非が激しい議論の対象となった。

１７９５年、スペインのカルロス4世は貴族に内水面漁業の独占的支配権を与えたが、同時に河川の魚の行き来を妨害する権利はないと宣言した。こうしてスペインのサーモンは手厚く保護され、漁は盛んになり、経済がうまく回っていったが、19世紀になるとスペインは政治的混乱に陥り、20世紀に入っても内戦が続いた。秩序を欠いた体制下で、人々はサーモンを槍で突いたり、塩化物を入れた袋を棒の先につけて毒殺する密漁をするようになった。また産業革命で工場の建設が始まると、同時に水力発電用のダムも建設されるようになった。川の流れを人工物で塞いではならないという法律を守るダム建設業者は少なく、法律を守るために、効果のない、形ばかりの魚道が作られることが常だった。

サーモンは徐々にスペイン国内では入手困難な魚種となり、北部バスク地方やガリシア地方では伝統的な料理で利用されていたサーモンの希少価値が増した。１９１３年、ガリシア出身の著名な小説家エミリア・パルド・バザンは『昔ながらのスペイン料理（*Old Fashioned Spanish Cooking*）』の中で、「昔と違って、今やサーモンは高級料理になってしまった。今こそ、油と酢を使ったり、焼いたりするだけの、シンプルで古い料理を思い出そう」と書き、以下のようなエレガントなレシピを紹介した。

〈サーモンの青菜漬け〉

ホウレン草をみじん切りにし、パセリ、玉ねぎ、ニンニク1片（みじん切り）を大さじ3杯の油で炒め、塩、胡椒、小麦粉、水、ドライシェリーをそれぞれ大さじ1杯加える。サーモンステーキを加え、弱火で15分ほど焼く。サーモンを真ん中に、その周りに青菜を添えて盛り付ける。

スペインはいち早く商業的なサーモン漁を廃止し、サーモンをスポーツフィッシングの対象とした国だが、農業用水などによる生息環境の悪化、公害、乱獲などが災いして、現在スペインにはほとんどサーモンが残っていない。近年、環境保護団体の働きかけで、同様な措置が多くの国で講じられているが、意外なことにスペインでは、独裁者として君臨していたフランシスコ・フランコ将軍の陣頭指揮によって行われたのである。フランコ将軍はガリシア出身の熱心なフライフィッシャーで、内戦に勝利した後、商業的なサーモン漁を中止し、フライフィッシングのための保護区を設置したのだ。

スペイン北部にはサーモンが生息する川が、今でもほんのわずかに残っていて、釣り人だけに解放されている。バスク地方ではオイアルツン川、あるいはフランスとスペインの国境でもあるビダソア川にもわずかながらサーモンが生息している。１６８１年、フランスとスペインの間に漁業紛争が勃発し、その際に残された文書には、その年にビダソア川で１５００匹のサーモンを捕らえたと記されている。現在もビダソア川では、その年の初物を市場に出すことができることになっているが、漁獲は極端に少なく、それ以外のサーモンは全てスポーツ・フィッシングの対象となり、商業的な捕獲は認められていない。

＊＊＊

ライン川は西ヨーロッパで最も長い川である。スイスアルプスに源を発し、オーストリアの国境に沿って流れ、バーゼルを経てドイツに流れ込む。ドイツでは、アルザスでフランスとドイツの国境を形成し、ストラスブールを経て、ヴィースバーデンでマイン川を合流させ、リースリングワインで知られるラインガウに沿って悠々と流れる。その後、ライン川はボン、ケルン、デュッセルドルフを経てオランダに流れ込み、３つの川に分かれてロッテルダム、ユトレヒトなどのオランダの都市を過ぎ、複雑なデルタ地帯を形成して北海に流れ込む。

何千匹ものサーモンのスモルトがこの長い長いルートを泳ぎ下ってオランダの河口にたどり着き、海水に順応して体色を銀色に変え、北海へと泳ぎ出るのである。そして、きたるべき年に、サーモンはやって来た時と、そっくり同じルートをたどって、生まれ故郷への旅を始める。１８８０年代に、ライン川河口及び下流域で捕れたオランダのサーモンの漁獲量はヨーロッパでも最大級で、毎年４５０ｔ以上のサーモンが水揚げされていた。大きな河川の河口域で、必要以上のサーモンを捕ったのはオランダで、ヨーロッパのアトランティックサーモンを最も効率的に絶滅させた国といえるだろうが、故郷を目指したサーモンにとっての障害はそれだけではなかった。スイスやオーストリアは水力発電用のダムで川を塞ぎ、ドイツは産業廃棄物を投棄し、フランスはアルザスの炭酸カリウム生産で排出される廃棄物を投棄していた。オランダの年間４５０ｔを超える記録的な漁獲から１００年が経った20世紀末は、ライン川のサーモンは、ほとんど幻影と言っていいレベルまで減少した。

＊＊＊

中世のフランスでは、大西洋に注ぐ全ての川にはサーモンやチョウザメなどの遡河性の魚が生息していたが、19世紀にはその多くが絶滅した。19世紀初頭に、当時最も有名なフランス人シェフ、アントナン・カレームが、パリの西端にあるヌイイ橋のそばで、体長３m近いチョウザメを目撃した、と言ったのは有名な話である。人々は彼の話を信じようとしなかったが、その１００年前にはパリの街中を泳ぐチョウザメやサーモンの姿は極めて日常的な光景だったのだ。

サーモンはフランス人の食生活の中心的な存在だった。『若い花嫁のための指南書（*The Parisian Household Book*）』（１３９３年刊）では、サーモンを焼く場合は骨を残すが、他の料理では骨を取るように指導している。また、サーモンを水とワインで煮て、カムリーヌソースをかけた料理も推奨している。カムリーヌは当時サーモン料理用に人気のあったシナモンのソースだ。20年後、サヴォイア公爵（後にローマ法王フェリックス５世となる）の料理長チカールがレシピを書いた時も、サーモン用のソースにカムリーヌを指定した。ただしチカールのソースは、『若い花嫁のための指南書』とは異なり、入手しやすくなっていた砂糖を使用している。以下がチカールの１４２０年のレシピである。

＜チカールのカムリーヌソース＞

赤ワイン、ビネガー、シナモン、ショウガ、クローブ、コショウ、メース、ナツメグ、砂糖、塩、トーストしたパンを、それぞれ適量入れて混ぜて漉《こ》す。

１４９０年のスコットランドの料理本には、依然としてシナモン入りのサーモンが提案されていたが、世紀をまたぐ頃には、誰でもエキゾチックなスパイスを手に入れることができるようになったため、裕福な人々の間では、エディブルフラワーを使ったカラフルな料理が流行し始めた。トーマス・ドーソンの『良妻のための珠玉料理（*The Good Huswifes Jewell*）』には「サーモンの切り身にタマネギのスライスを乗せ、その上にスミレ、オイル、ビネガーをかける」

といったレシピが紹介されている。

16世紀のアンリ４世の時代に、フランス王室は「漁師たちは自分の首を絞めている」という緊急声明を出して条例を強化し、正式に認可された道具でのみ、漁を許可していたが、その後フランスのサーモンは民主主義によって滅ぼされた、という言い方ができるかもしれない。矛盾した規制内容、不十分な施行、密漁の横行にもかかわらず、フランスの川は革命まではサーモンが豊富だったのだ。ところがフランス革命によって、漁業権は貴族の専売特許ではなく、フランス全国民の権利となり、その結果として市民は無反省にサーモンを捕り始めたのである。サーモンの絶対量の減少が明らかになった19世紀半ばまでに、いくつかの制限が設けられはしたものの、結果的にその規制は施行されなかった。世紀末になってようやく、主要な河川でサーモンが少なくなったという話が、人々の間で語られるようになった。

ダムの規模がまだ小さかった頃、フランス人はそのリスクを理解していなかったようだ。１８６０年代に小説家のアレクサンドル・デュマはサーモンについてこう書いている。

――ダムであろうが、小さな滝であろうが、サーモンの遡上を止めることなどできない。彼らは石の上に横向きになって身体を強く反らし、バネのような激しい動きで空中に飛び上がり、次々と障害物を乗り越えていくのだ。

ジャンプに関する記述が正確ではなかったとしても、ダムを超える能力に関しては正しかった。高さ３m以下のダムであれば、サーモンは飛び越えることができたのだ。しかし１９００年にはガルトンプ川に高さ５mのダムが、さらにクルーズ川には高さ10mのダムが建設された。魚道のないダムも少なくなかった。

フランスの科学者ルイ・ルーは、１９２２年に出版した本の中で、誰もがサーモンの減少をダムのせいにしたがる、という意見を述べている。「漁師たちはそう信じたいだけなのだ。彼らは、自分たちの乱獲の責任をダムに転嫁したいだけなのだ」と。ルーは、元々サーモンは捕れた地元で消費されていたが、交通が発達すると同時に市場が拡大し、巨大市場に供給するためのサーモンを漁師が捕り過ぎたのが最大の問題なのだ、と主張した。

　フランスでもスペイン同様、サーモンが少なくなるにつれて、サーモン料理の高級化が進んだ。21世紀になってタラが手に入らなくなった時と同様の現象である。アレクサンドル・ローラン・グリモッド・ド・ラ・レイニは、その名前の多さからも分かるように貴族だったが、ナポレオンの時代に弁護士として活躍し、フランス初の国民的レストラン評論家、料理評論家として有名になった。彼は「海の偉大な魚の一つ」であるサーモンに大きな敬意を表し、特にサーモンが川をたどって生まれ故郷に戻る事実に感動していた。彼はサーモンをブイヨンで煮ることを「最も名誉ある料理法」とし、その後、彼はさらにゴージャスな調理方法へと発展させていった。

＜サーモンの蒸し煮＞

魚釜か大きな鍋で魚全体を蒸し焼きにして、上等のシャンパンを2本振りかける。サーモンという魚は大酒飲みで、しかも最高のものしか飲まないので注意が必要だ。火が通ったら七面鳥（アメリカから輸入され始めたばかりの七面鳥は、パリでは高級だった）と調理した1ダースの新鮮なエビを添える。

　これはデュマが記した庶民の塩漬けのレシピとは全く異なる。以下が当時の一般的なサーモンの食べ方である。

＜サーモンの塩漬け＞

サーモンを流水に一晩浸けて塩を抜き、鍋に水を入れて煮る。沸騰しそうになったら火から下ろして白い布をかけ、5分後に水を切って青菜を添える。

20世紀初頭にフランス古典料理の再定義を行った料理人オーギュスト・エスコフィエは『料理の手引き（*Culinary Guide*）』（１９２２刊）で、温かいサーモンと冷たいサーモンの両方について40以上のレシピを紹介している。中には、サーモンのワイン煮「ソーモン・シャンボール」のように、15世紀に作られた料理を改良したレシピもある。それまで一般的な食材だったサーモンは、すでにこの時代には高級な食品となりつつあったのである。

＊＊＊

こうしてサーモン大陸であったヨーロッパは、世界中のどの地域よりも早くサーモンレス大陸へと変貌していったのである。これを物語の終わりとしていいのだろうか？　結論を出すのはまだ早い。川は常に流れている。変化するのが川なのだから。ヘラクレイトスの言うとおり、川は常に新しいのだ。

第4章　古風な新世界人

もしもサーモンが持ち前の忍耐力を発揮して、夏をどこか他の場所で過ごすことができれば、数千年後には、ホッキントン池やウェストボロ沼まで、遡上できるようになるだろう。母なる自然がベレリカ・ダムとローウェル工場を真っ平らにして、グラスグラウンド川を浄化させてくれるはずだ。

――『コンコード川とメリマック川での1週間（*A Week on the Concord and Merrimack Rivers*）』

ヘンリー・デイヴィッド・ソロー

新大陸を発見したヨーロッパ人は、マンハッタン島の空を暗くするほどの鳥の大群、闊歩《かっぽ》する哺乳類の大群、航海の妨げになるほどの魚群などに驚愕した。人類は以前にもこのような光景を目にしていたはずだった。つまりヨーロッパもかつては同様だったに違いないのだ。しかしながら、それは人類が文字を発明する前のことで、ヨーロッパ人が記録を残すようになった頃には、自然はささやかなものになってしまっていた。

１６６７年、イングランドの哲学者ジョン・ロックは、「初めに、世界は全てアメリカであった」と書いている。この野生に満ちあふれた新世界に、金銭が流通していないことにロックは感銘を受けたが、逆に大半のヨーロッパ人は、新世界を金儲けの場所と考えた。豊かな自然を商機と捉えたのだ。スペイン人は南米で金の鉱脈を発見し、イングランドの北方探検隊は、海産資源を利用すれば簡単に金儲けができることを本国へ報告した。１４９７年のジョン・カボットの北方探検で観察された、タラのすさまじい魚群の記録はよく知られている。イギリス人は、バスク人やポルトガル人がやっていたように、タラを捕って乾燥させ、塩漬けにして本国に持ち帰るようになったが、サーモンも同様だった。イギリスのカボット、フランスのジャック・カルティエ、ポルトガルのガスパー・コルテ・レアルという当時よく知られた探検家たちは、いずれも商業的な漁業の開拓者でもあった。１５３５年にカルティエは、セント・ローレンスのガスペ川でサーモンの大群を確認した。ガスペ半島とチャルー湾は、今日でも重要なサーモンの生息地である。そしてコルテ・レアルはサーモンだけでなく、人間も捕まえたのだった。57人の原住民を奴隷として本国へ送り、奴隷の売買ビジネスに拍車をかけたが、すぐにイングランドも続いて、奴隷を移送するようになった。

　後にニューイングランド（訳注：アメリカのメイン州、バーモント州、ニューハンプシャー州、マサチューセッツ州、コネチカット州、ロードアイランド州の総称）やカナダの沿海州（訳注：ニューブランズウィック州、ノヴァスコシア州、プリンス・エドワードアイランド州の総称）と呼ばれるようになった地域には、サーモンだけでなく、チョウザメやシャッド、そしてヨーロッパ人にとっては未知の魚であったストライプトバスなどの遡河性魚が豊富に生息していた。当時のヨーロッパ人はこれら未知の種を、同じ遡河性でサイズや形が似ていることから、サーモンと混同して、記録に残していた可能性がある。例えば１６０９年、ヘンリー・ハドソンの3回目の航海に同行した士官ロバート・ジュエットの日記に、「川は大量のサーモンであふれている」という記録がある。遠征隊がハドソン川をキャッツキル付近まで遡った時の記録なのだが、歴史家や生物学者はこの記述に頭を悩ませてきた。というのも、ジュエット以降はハドソン川を遡るサーモンを目撃した記録が存在しないのだ。あるいはジュエットはストライプトバスをサーモンと間違えたか、船員が話すオランダ語salm（トラウト）を聞き間違えたのかもしれない。もしそうでなければ、ジュエットは北米で最初に絶滅したサーモンを目撃したことになる。とはいえ、ハドソン川はサーモンが遡るには水底に泥が多過ぎるように思える。ただしハドソン湾に注ぐ、他の多くの河川がサーモンの母川であったことも間違いなく、あるいはジュエットは迷い込んだサーモンの群れを目撃した可能性も排除できない。

　コネチカット、メリマック、ペノブスコット、ケネベック、セントローレンス、グランドカスカペディア、レスティグーシュ、セントジョンなど、ハドソン川を除けば、北東部の大河はほとんどが泥底の少ない清流で、いずれも素晴らしいサーモンの川だった（いくつかは現在でも）。当然ながら、これらの川沿いで暮らしてきたネイティブアメリカンは熟練した漁師であった。ニューイングランドのネイティブアメリカンは、自生の植物、鹿の筋、木の皮などで糸を作り、槍、網、やな、骨針などでサーモンを捕っていた。人間の絶対数が少なく、サーモンの遡上量は圧倒的だったからこそ持続可能だったのである。ネイティブアメリカンはサーモンに依存した生活をしていて、サーモンが捕れる時期には新鮮な身を食べ、オフシーズンには燻製や乾燥したものを食べた。ニューファンドランドの先住民であるベオトク族はサーモンを崇拝し、死者はサーモンの塩漬けと共に埋葬された。現在のニューブランズウィック州にあるレスティグーシュ川沿いでは、カヌーや衣服にサーモンの絵が描かれている。何百年もそんな素朴な暮らしを続けてきたネイティブアメリカンを誘拐したり、力尽くでサーモンを横取りしたのがヨーロッパ人なのだ。

ヘンリー・デイヴィッド・ソローは、メリマック川の源流でネイティブアメリカンが残したサーモン用の石の罠を見付けたと記している。メリマック川とチャールズ川の河岸を対象とした考古学的研究によると、ネイティブアメリカンの村はサーモンが遡上する場所にあって、サーモンの数が多ければ多いほど村も大きかったということである。

ニューイングランドで２番目に大きな川沿いに暮らすペノブスコット族は、滝の上の岩の上に立ち、魚が滝を上ってくると３本が一体となっている槍「エニガフクテ」でサーモンを突いた。中央の突起は、初めは木を削っていたが、後年、鉄となった。外側の２本の槍の先端は鋭くはなく、魚をつかむような具合にできていて、北東部では一般的な漁法だった。ペノブスコット族は夜間に松明を灯して釣りをすることもあったが、これは世界中で見られる古代の漁法で、人は昔から魚が光に引き寄せられることを知っていたのだ。生食されるのは数匹で、残りは燻製にして保存し、冬場の食料とした。冬場に飢餓状態に陥った初期のイギリス人入植者たちの記録もあるが、冬に向けての備蓄はネイティブアメリカンの生きるための常識だった。

13世紀に書かれた『赤毛のエイリークのサガ（*Viking Saga of Eric the Red*）』には、バイキングが１０００年頃に北米に上陸し、その地をヴァインランドと呼んだと記されている。ヴァインランドが具体的にどこなのかは定かではないが、ニューファンドランド島の北端にある古代バイキングの遺跡、ランセオーメドウズではないかという説がある。グリーンランドからの航路を外れて、誤ってこの地に上陸したのではないかと言われているが、彼らはその地でサーモンを発見した。「湖にも川にもサーモンがたくさんいて、しかもそのサーモンは今まで見たことがないほど大きかった」と記されている。ヴァイキングは定住することなく、現れては去っていったため、サーモンの生存を脅かすことはなかったが、17世紀にイギリス人がやってきてその地に留まったことで、状況は一変した。

　ニューイングランド開拓の重要な推進者の一人だったジョン・スミス船長は、この地域の魚が大英帝国にもたらす大きな富を確信していた。「海は最も豊かな鉱山よりも、優れた資源だ」と彼は書いている。イギリス人たちは血眼になって漁をして、漁獲を商品化し、経済を回した。１６８５年には、ニューイングランドに住むヨーロッパ人は５万人になっていた。17世紀の市民会議議事録には、サーモン漁の場所の権利をめぐって定期的に争いが起きていたことが記されている。それでもまだ、サーモンが不足していたわけではなかった。１６３０年代の新世界では、売るサーモン、食べるサーモンの他に、畑にすき込み、腐らせて土壌を肥やすためにサーモンを使うほどの余裕があったのだ。この方法は強烈な悪臭を放ったらしいが、それに見合うだけの収穫があった。

　こういったヨーロッパ人による動物の死体を軽視した扱い方は、ネイティブアメリカンの思想とは大きく異なっていた。食べた後の骨は他の動物を引き寄せるから放置しない。同時にそれは食べた生物への敬意の表明でもあった。狩猟や漁業が成功するかどうかは、捕ろうとするその対象への敬意が重要とされていたからだ。アメリカ大陸のほとんどのネイティブアメリカンは、食用のために殺された魚や動物を自然界からの贈り物と考えた。死んだ生物は、自然が発する霊的な力に導かれて、結果的に捕食者に命を捧げたとされていたのだ。

　イギリス人の入植者たちは、そんなネイティブアメリカンたちの精神世界を、愚かで後進的だと考えていた。１６２９年にセーラムに到着し、翌年に死んだフランシス・ヒギンソンは「インディアンたちは、資源の４分の1も利用していない」、とか「インディアンの社会では男は狩りと漁しかしていない」と書いている。確かにその通りだ。というのも、それこそが一大事だったからだ。彼らはサーモンの遡上時期、ウナギの最盛期、アヒルの狩猟時期など、食物の全サイクルを知っていた。アヒルが卵を産む月、サーモンが遡上する月、クマが冬眠する月には、数字ではなくそういった自然界の出来事にちなんだ名前が付けられていた。ヒギンソンは、イギリス人たちが定期的に飢えに苦しんでいたのに、愚かにもネイティブアメリカンが飢えることがなかったことを見逃していたのである。

当初、イギリス人はサーモンよりも、先史時代から生き延びてきた恐竜のようなチョウザメに興味があったが、それはネイティブアメリカンも同様だった。18世紀、現在のカナダを横断し、ヨーロッパ人として初めて北米大陸を横断したアレキサンダー・マッケンジーは、東部のネイティブアメリカンが槍と底引き網の両方でチョウザメを捕っている姿を観察し、資源としての価値を発見したのだ。

チョウザメは大きくて動きが鈍いために捕りやすいが、時にはジャンプして逃げることもある。少なくとも50~60年の寿命があり、15歳以上にならないと産卵を始めないため、未成熟魚を捕ってしまうリスクがある。持続性を考える時、漁師サイドとしては捕るのが難しい魚といえるが、当時のヨーロッパ人はお構いなしだった。

17世紀末になると、植民者たちの漁獲はチョウザメよりもサーモンに傾いていたが、その理由ははっきりしていて、つまりすでにチョウザメの数が減少していたのだ。サーモンにそれほどの市場ニーズがあるとはいえなかったが、樽での保存が利き、輸送が容易であったため、商材には適していた。ニューイングランドでは様々な分野での商業化が進み始め、やがて移民者たちは収益の阻害となる植民地体制から脱出したいと思い始めた。ニューイングランドの独立に向けた経済的な基盤が固まり始めたのである。

しかしながらこの時点で、早くもニューイングランドの川は漁場としての魅力を失いつつあり、漁師たちは現在のカナダの川でサーモンを捕るべく北上するようになっていた。１７７５年、ラブラドールの漁師ジョージ・カートライトは、彼が網を張っていた水面について「散弾銃で撃てば、必ずサーモンが浮かび上がってくるはずだ」と言ったが、それほどサーモンが多かった。

起業家精神旺盛なニューイングランド植民地に比べると、北方の植民地（現在のカナダ）には移民者も少なく、かつ厳しい気候によって生産性も低かった。その暮らし向きの格差が、しばしば両植民地に政治的な対立を呼び込むことになった。サーモン漁もそんな紛争の一つで、北部の移民者が南から北上してきて漁をするニューイングランド人たちをとがめたため、英国議会は１７７５年に、ニューイングランド人に対して北方のイングランド領アメリカ植民地での漁業を禁止する決定を下した。元々、北部への移民者たちを見下していたニューイングランド人にとって、ニューファンドランドとラブラドールから締め出されたこの一件は、不満の温床にさらに新たな争いの種をまくようなものだった。

独立戦争が勃発する前まで、忠誠心と反抗心を併せ持つ北方のイングランド領アメリカ植民地では、年間約１００万匹のサーモンが水揚げされ、他の植民地やヨーロッパ諸国へ出荷されていた。しかし独立戦争が始まるとイングランドは大西洋を支配し、アメリカへの海運だけでなく、アメリカにおける漁業も停止した。この戦時体制はニューイングランドの主要な出荷品目であったタラ市場に、とてつもない打撃を与えたが、一方で川でのサーモン漁には影響せず、逆にタラ漁のできない海の漁民たちの参入で、むしろ増加した。戦時下においてニューイングランド産のスモークサーモンは、大陸軍兵士たちの主食となったため、貿易品目としての価値だけではなく、食料として重要となったのだ。

ニューイングランドの川、特にコネチカット川を横断する流し網の数は年を追うごとに増えていった。ニューイングランドと北方のイングランド領アメリカ植民地の両方で、サーモンは捕られ続けたのだ。やがてアメリカでは、独立を支持しない英国民が少数派となり、独立戦争の結果、今見る世界地図のようになった。人口の少なかった北部植民地は、新生アメリカから約10万人の忠実な英国民が移入して賑やかになった。戦前、主要なサーモン漁場の一つだったセントジョン川の河口にはたった１００人程度しか住んでいなかったが、戦後、ニューブランズウィックの人口は一気に１万４０００人まで膨れ上がったのである。

しかしながら新生アメリカ国民が独立に浮かれている一方で、サーモンの減少は明らかになりつつあった。網漁を制限するための規制として、１７８６年にノバスコシア州（現カナダ）は、サーモンの遡上を妨害することを違法とする法案を可決した。１８１０年にはニューブランズウィック州（現カナダ）でも同様の法律が制定され、ニューイングランドでも同様の法律が制定された。

この時期にニューイングランドのサーモンは国民食となり、新天地で大いに消費される食材となった。

１７８７年にフィラデルフィアで生まれたエリザ・レスリーは、19世紀のアメリカで最も影響力のあった料理本の作家で、数多くのサーモン料理のレシピを残した。以下は１８５１年版の『ミス・レスリーの料理法（*Miss Leslie's Directions for Cookery*）』に掲載されたもので、多くのグルメたちは、今でもこの方法がサーモンの最高の調理法だと考えている。

＜サーモングリル＞

サーモンを開き、身がつぶれないようにできるだけきれいに骨を取り、厚さ１㎝ほどのフィレかステーキ状にカットする。布巾《ふきん》で軽く水気を拭き取ってから小麦粉をまぶし、しっかり焼く。冷めないようにナプキンに包んで熱いうちに食卓へ運ぶ。アンチョビソース、エビソース、ロブスターソースなどを添えて食べる。

ニューイングランドで最も長いコネチカット川は、カナダ、ケベック州境のすぐ南に源を発し、ロングアイランド海峡に注ぐ全長約６４０㎞の大河だ。オランダ人はコネチカット川を「フレッシュリバー」と呼んだが、それはこの川が遡河性の魚であるサーモンやシャッドにとって、極めて重要な淡水源であったからだ。ちなみにロングアイランド海峡に注ぎ込む淡水の約70パーセントはコネチカット川から供給されている。現在のバーモント州、ニューハンプシャー州、マサチューセッツ州、コネチカット州を流れるコネチカット川とその支流周辺には、当時10を超えるネイティブアメリカンのグループが暮らしていて、彼らはそれらの魚を日々の生活の糧としていた。

　オランダ人は「フレッシュリバー」を自分たちの植民地ニューオリンズの北限とみなしていたため、コネチカット川は彼らにとって唯一のサーモンの供給源だったのかもしれない。オランダの料理本『気の利いた料理（*The Sensible Cook*）』は、17世紀にオランダで出版された料理書からの抜粋版に過ぎないのだが、それでもアメリカ植民地全域にわたって広く知られていた本で、オランダ植民地人の料理を代表するものだった。この本には、塩漬けと生のサーモンの２種類のレシピが載っている。塩漬けのサーモンは当初はヨーロッパから、後にニューイングランドから運ばれてきたものと思われる。多くの植民地では、恐らくこれが最も一般的なサーモンの食べ方だったのだろう。

＜塩漬けサーモンの煮込み＞

　指ほどの厚さに切り、雨水に18時間浸す。浸している間は常に水を新鮮に保ちながら塩抜きする。火にかけた鍋に新鮮な雨水を入れて沸騰させ、塩抜きをしたサーモンを入れてゆでる。酢をかけたり、バターと酢を一緒に煮込んで食べる。

＜サーモンの煮付け＞

　サーモンのうろこを取ってきれいに洗い、切り身にし、水とワインビネガーの入ったボウルに浸す。パン１枚を細かく刻み、ペッパー、ナツメグ、メースを少々入れる。塩は入れない。これらを平鍋に入れてしばらく煮込んだら、バターを少々加える。

１７９０年代、実業家たちはマサチューセッツ州ホルヨークを大都市にしようと開発を進め、15m以上の落差があるコネチカット川の水力を利用して木製のダムを建設した。１７９８年にはモンタギューの工場にダムを建設し、スプリングフィールドのような工業都市を目指した。その結果、１８００年までにコネチカット川からサーモンは姿を消し、サーモンの市場価格は4倍となり、漁獲に血眼になった漁師たちがサーモンの絶滅を助長するという悪い循環に陥った。１８１５年、コネチカット川でサーモンを目撃することがあれば、それは珍しい体験と呼ぶべき状態となった。つまりサーモンは完全に姿を消したのだが、不思議なことには誰も驚かなかった。米国魚類野生生物局の資料によると、現在コネチカット川流域には１０００基を超えるダムが存在し、アトランティックサーモンは存在していない。

＊＊＊

『ネイチャー・インコーポレイテッド』によると、ニューイングランドの工業化によるサーモン遡上の「終わりの始まり」はＢＭＣ（ボストン・マニュファクチャリング・カンパニー）が工場特権を得た１８１３年とされている。ニューイングランドには、それ以前にもダムも綿花工場もあったが、規模ははるかに小さかった。チャールズ川にできたこの新工場は、綿布の製造の全工程を4階建ての大施設で行った最新のもので、もちろん電力は全て水力によって供給されていた。マサチューセッツ州ウォルサムに工場が建設される下見の時点で、すでにボストンの企業家フランシス・キャボット・ローウェルとネイサン・アップルトンはスコットランドに見学に行って最新の方法を学んでいた。もちろん学んだのは金儲けの方法で、環境保全については一切何も気にしなかった。ＢＭＣの操業以前、綿布工場の大半は季節的に稼働する程度だったが、フルタイムになった大工場に電力を供給するには、当然大きなダムが必要で、サーモンが生殖に向かう道はあっけなく遮断されてしまった。こうして産業革命の波は大西洋を越えてやって来るや、たちまちのうちにニューイングランドを繊維産業の中心地としてしまったのだ。

新世界でもまた漁師たちは、サーモンの減少に対する責任を負わされる悪役となった。ただ漁師たちがメリマック川に網を張り、全ての魚を捕ってしまっていたのは事実で、１７７３年、植民地総法院はこの行為を禁止した。ところが漁師ではなく、実業家が工場で川を塞いでも、総法院は黙ったままだった。メリマック川を繊維産業の拠点にするために川沿いの土地が開発され、ローウェルとローレンスという二つの町が誕生した。１８１２年、ニューハンプシャー州のダムがメリマック川の上流をせき止め、さらには１８２２年、ローウェルのダムが川の大部分を塞いだ。それでも、タフで強い意志を持ったサーモンたちは細々と生き延びていた。彼らを抹殺したのは１８４８年のローレンス・ダムの完成で、ここにサーモン遡上阻止プロジェクトは見事な成功を収めたのである。かろうじてサーモンが遡ることができていた１８３９年に、メリマック川をカヌーで下ったヘンリー・デイヴィッド・ソローは、こう書いている。

――この川には、かつて、サーモンやシャッドやエールワイフ（ニシン科）がたくさんいた。インディアンがやなを作って魚を捕っているのを見た白人は、真似をして自分たちの食料にしたり、家畜の肥料にした。しかしそれもダムができる前までのことだ。ビレリカとローウェルの工場は魚たちの産卵を不可能にしてしまった。

ソローがカヌーで下った2年前の１８３７年には、メイン州オーガスタのケネベック川にダムが建設され、川の大半が塞がれた。議員たちはダムの建設が生態系、ひいては漁業にも大きな影響を及ぼす問題であることを認識していたため、魚道の設置を義務付ける法律が制定された。しかしながら、現実的には魚道が作られることは稀で、仮に設置されたとしても、設計が不十分で効果的ではなかった。ダムは人類の進歩の象徴であり、進歩のためなら多少の犠牲もやむをえないというのが時代の声だったのだ。１８３９年、著名な魚類学者であるＤ・ハンフリー・ストーラーは、マサチューセッツ州ではサーモンが完全に死滅したと書いている。

さらに北部のメイン州やカナダでは工業よりは、むしろ急速に拡大していた木材産業がサーモンの川を破壊していった。イギリス人は常に食料よりも、材木に興味を示してきた国民で、7世紀には世界最強の海軍を作るために、イングランドとスコットランドの森林をあらかた伐採して、船体やマストにしてきた歴史がある。

１６１４年、ジョン・スミスは、メイン州を訪れた後、魚のことではなく森林のことを王室に書き送った。ペノブスコット湾に植民地を作るという彼のアイディアは聞き入れられなかったが、新世界で製造されたマストはイングランドに出荷されるようになった。ちなみにアメリカで建造された最初の外洋船は、メイン州産のマツで建造されたものだ。19世紀には、バンガーはアメリカだけではなく、世界で最も重要な木材の中心地となり、メイン州産の木材はペノブスコット湾から出荷されていった。さらにはメイン州は紙の生産にも意欲的で、川沿いに林立した製紙工場は有毒な化学薬品を水中に投棄した。

メイン州で上流から川を下って丸太を運んでいた若者たちは、もちろん川の破壊者ではなく、英雄として扱われた。ファニー・ハーディ・エックストームは１９０４年の著書『ザ・ペノブスコット・マン（*The Penobscot Man*）』で、彼らを「水面を歩く若者」と呼んでいる。大怪我をしたり、溺れたりすることは日常茶飯事だったが、彼女は「彼らは死んでも、決して降伏しなかった。こうして川は征服されたのだ」と書いている。環境を破壊するタフで勇敢な男たちは、アメリカ文化に共通するロマンティック・ヒーローだったのだ。メイン州バンガー出身のポール・バニヤンはニューイングランドだけに留まらず全米各地を渡り歩き、山そのものと見紛うほどの材木の山を築いたとされ、その功績が讃えられて各地に銅像が建っている。

森林伐採は、サーモンにとって不可欠な生息地を破壊するだけでなく、丸太を川に流すことによって、産卵床、発眼卵、幼魚、稚魚など、全てを死滅させてしまう。川底はおがくずで覆われ、産卵床の砂利は木くずに埋もれた。製材所やパルプ工場ができる以前から、おがくずが魚に有害であることは知られていたが、19世紀初頭、ハンフリー・デイビーは「水中に浮遊し、川岸に沿って丘のように積もった膨大な量のおがくずは、魚のエラを詰まらせ、呼吸を妨げ、魚にとって毒である」と、製材所が魚にとって有害であると断言した。

さらにサーモンにとってのバッドニュースは続く。製材所の動力源として、製材会社がダムを建設したのだ。19世紀前半にカナダ東部の河川には５００を超える水力を電源にした製材所が建設され、一帯は急速に漁業社会から製材社会へと変化していった。そして政治的にも、魚よりも木材がはるかに発言力を持つようになったのだ。

19世紀後半には、ニューイングランドのサーモンはすでに過去のものとなっていた。サーモン生息域の南限はメイン州で、わずかに生き残った河川も深刻な問題を抱えていた。

メイン州の河川復元のために孵化場が建設されたが、野生魚に適さない条件が、放流魚に通用するはずもなく、毎年約４００万匹の稚魚が、いたずらに放流されただけのことだった。天然魚同様、その大半が生き残ることができず、１９４７年には失敗に終わったことが確認された。歴史家は、18世紀のメイン州におけるサーモンの遡上は、年間50万匹を下らなかったと推定している。漁獲量が１００ｔを記録した年すらあった。しかしながら、１９４７年以降、同州ではサーモンの商業漁業は禁止され、サーモンの規制と保護に関する４３３の法律が施行された。この年、４００匹のサーモンが捕獲されたが、そのほとんどはスポーツフィッシングによるものだった。

＊＊＊

毎年巡ってくるサーモンの遡上に、神秘的な何かを感じるのは民族を超えた人間の反応のようで、アジアからヨーロッパ、北米に至るまで、遡上の時期には様々な儀式が行われてきた。

１９１２年4月1日のシーズン初日に、メイン州バンガーでサーモンを釣り上げたのはノルウェー移民のカール・アンダーソンただ1人だった。1時間の魚とのやり取りの後に手にした7kgのサーモンは、ニュージャージー州ニューアークのクラークスレッド社のキャンベル・クラークの手に渡った。クラークはシーズン最初のサーモンを高値で買い取ることで知られた人物だった。初日に釣ったのは確かにアンダーソンだけだったが、なんと彼は一人で2匹釣っていて、もう1匹は約5kgで小ぶりではあったが、この魚はメイン州で再選を強く支持されていたアメリカ大統領、ウィリアム・ハワード・タフトに献上された。サーモンは氷に詰められて列車で運ばれ、翌日の夜にゆでられ、パセリとエッグソースと共に大統領のプレートに載せられた。大規模な水力発電ダムの建設を熱心に推進し、ペノブスコット川などでのサーモンの遡上をストップさせたのは、他でもないこのタフト大統領である。そんな人物によって、初物が大統領に贈られるこの伝統が始まったのは、あまりにも皮肉な歴史だ。

それ以前にもサーモンがホワイトハウスの食卓に上ることはあった。最初にサーモンが供されたのは、恐らくジョン・アダムズの時だろう。彼らはマサチューセッツの食文化をバージニアに持ち込んだ。当時マサチューセッツにあっては、サーモンはまだまだ一般的な食べ物で、アダムズの好物だった。１７８３年、パリでイギリスとの和平交渉に奔走していた彼を励ますために、妻のアビゲイルが書いた手紙が残っている。冒頭は「あなたが帰って来たら、おいしいサーモンを食べさせてあげるから……」で始まっている。また１７７６年、独立を祝うためにアダムズ夫妻は、最もアメリカらしい料理としてサーモンのエッグソースがけを食したと伝えられ、それ以降ニューイングランドでは、サーモンのエッグソースがけに新じゃがと新鮮な豆を添えた料理は、独立記念日を祝うための伝統料理となった。

ホワイトハウスでは、ナツメグなどのスパイスを使ったローストサーモンが供されることが多かったようだが、ペノブスコットのサーモンがホワイトハウスの恒例行事としてマスコミに取り上げられるようになったのは、１９１２年のタフト大統領からのことである。１９２９年、ハーバート・フーヴァー大統領にサーモンが贈られた際の逸話は有名だ。フォトグラファーが恒例になったサーモンの写真を撮りに来た時には、ホワイトハウスの料理人キャサリン・ブルックナーはすでに頭と尾を切り落とし、調理用にさばいてしまっていた。記者たちが求めていたのは調理されたサーモンではなく、１匹丸ごとのサーモンの写真で、そうと知ったブルックナーは慌てて頭と尾を縫い付け、腹にはコットンの詰め物を入れて急場をしのいだ。笑えるのは翌年以降のことで、味をしめた記者たちの要求で、魚が小さい年には大きく見せるために詰め物をするのが恒例になってしまったのである。

　フランクリン・ルーズベルトもまた、巨大な水力発電ダム建設の支持者だったが、在任期間が長かったために、誰よりも多くの初物を受け取った。ルーズベルトは味付けしたサーモンを杉の厚板の上で焼いたプランクサーモンを好んでいたという。

　１９４７年、ハリー・トルーマン大統領がペノブスコット・サーモンを手にしたのは、商業漁業が衰退し、網にかかったサーモンがわずか40匹となった年のことで、最初のサーモンを大統領に贈ったのは一人のフライフィッシャーだった。１９５４年にシーズン最初の魚が釣り上げられたのは、解禁2カ月後のことで、ドワイト・デイヴィッド・アイゼンハワー大統領の元へ、４・５kgの控えめな魚が送られてきた。アイゼンハワーは笑顔を見せながらテレビカメラに向かって、自分自身も大の釣り好きであることを語ったが、実はメイン州に釣りに行ったことはなく、サーモン釣りはカナダでの経験しかない、と正直に語った。サーモン釣りにアメリカ人がカナダまで行かなければならない時代になっていたのだ。当時ペノブスコット川沿いには２５０もの工場が建設されていて、サーモンをフライフィッシングで釣ることが難しかったのは当然としても、川の汚染具合を考えると、釣った魚を食べるのは現実的な選択ではなくなっていた。こうして大統領へ贈られる初物の伝統はアイゼンハワーで終わったのである。

　ジョン・アダムズとその息子ジョン・クインシー・アダムズの後、マサチューセッツ州出身で大統領になった人物はジョン・F・ケネディだけである。１９６０年には、サーモンがニューイングランドの伝統食だったと記憶にとどめている人はいなくなり、サーモンがニューイングランドで捕られていたことは忘れ去られた。ケネディ夫妻がホワイトハウスでサーモンを食べたのは、アメリカ文化のそれとしてではなく、フランス料理としてである。というのも、ケネディ夫妻、特に妻のジャクリーンは無類のフランスびいきだったからだ。彼らはフランス人シェフ、ルネ・ヴェルドンをホワイトハウスに雇い入れた。そうはいってもケネディ大統領自身はニューイングランド派で、ニューイングランド・クラムチャウダー、具体的にはケープコッドを意識していた「ニューイングランド・クラムチャウダー、サウス・オブ・ボストン・スタイル」と指定までして、このスープを3日連続で頼んだこともある。しかしサーモンはジャクリーンの好みでフレンチスタイルだった。

〈サーモンの煮物〉

バター　大さじ2、タマネギのみじん切り　1/3カップ、セロリのみじん切り　1/3カップ、水　1クォート、酢、ベイリーフ　1枚、タイム　一つまみ、塩、コショウの実、サーモンステーキ　1枚。

大きめのスキレットにバターを熱し、野菜を加えて5分ほど煮る。さらに水、酢、ローリエ、調味料を加え、5分ほど煮込む。サーモンを煮汁の中に入れる。弱火にして蓋をし、約25分煮込む。サーモンを丁寧に取り出して、熱いうちにはオランデーズソースで、冷した場合はマヨネーズで食す。

19世紀半ばになると、ニューイングランドだけではなく、新世界の北方のイングランド領アメリカ植民地（現カナダ）でもサーモンの資源量が問題となってきた。ケベックからニューブランズウィックを経て、セントローレンス湾の支湾シャルール湾（１７６０年にフランスとイギリスがフレンチ・インディアン戦争で最後の戦いを繰り広げた場所）に注ぐレスティグーシュ川はサーモンが大量に遡る川であった。リチャード・ネトルは１８５７年の著書『セントローレンス川水系におけるサーモン漁場（*The Salmon Fisheries of the Saint Lawrence and Its Tributaries*）』で、以下のように書いている。

――レスティグーシュは漁業が盛んな川として知られており、豊富な漁獲から相当な収益を得ている。魚は定置網で捕られ（これは廃止されるべきである）、夏は引き潮を利用してカヌーで河口に運ばれ、塩漬けにしてイギリスに出荷される。また最近はサーモンを買いにキャンベルタウンまでやって来るアメリカ船も少なくない。漁師のファーガソンの話によると、彼の父親は年間２０００バレルのサーモンを出荷していたが、彼の代になってからは年間３００バレルを捕れれば満足しなくてはならないレベルになっている。

――定置網による乱獲でサーモンの資源が枯渇している。

――乱獲の原因は拡大した市場にある。

――市場が拡大したのはニューイングランドの川にサーモンがいなくなり、アメリカ人がカナダに買い求めに来るようになったからだ。

ネトルはこのようにサーモンを巡る多くの問題を提起した。しかしながら、同時に以下のようなファーガソンの話を引き合いに出してもいる。

――サーモンの数が激減したのは、奥の集落にある産卵床で、インディアンが槍で突いたり、網を張って、むやみやたらとサーモンを捕っているせいだ。問題はインディアンのスピアフィッシング（槍でサーモンを突く）にある。

これは当時、サーモンの資源が枯渇しつつあったカナダ東部で高まっていた議論である。定置網による乱獲、工場、ダム、公害、伐採などがあったにもかかわらず、ファースト・ネーションと呼ばれる先住民たちが、何千年にもわたって魚類資源を枯渇させることなく使ってきた網と槍による漁法を問題視したのだった。

ネイティブアメリカンは先祖代々続いてきた漁業を続ける権利があると主張したが、結果的には彼らにとって不利な法律が制定された。１８８３年にメイン州でスピアフィッシングが禁止されたのを端緒として、カナダ各州でも同様の法律が制定されたが、明らかにネイティブアメリカンを狙った措置だったのだ。

＊＊＊

グランドカスカペディア川と聞くと、実際の１２０㎞の延長よりも壮大な川を想像してしまうかもしれない。カスカペディアという名は古典からの引用に聞こえるが、実際はミマック語のゲスガペギアグに由来し、「強い流れ」を意味する。ケベック州のガスペ半島にある流れの速い小さなこの川は、最も未開拓で汚染されていない一角を流れてから、セントローレンス湾に注ぎ込む。セントローレンス川の河口は広大で、右岸となるガスペ半島の海岸からは対岸が遠過ぎて見えない。川ではなく、海そのものに見えるが、もちろん河口一帯は淡水であり、流れは極めて速く強い。ガスペ半島にはサーモンが遡る川が16あり、この半島を世界有数のアトランティックサーモンの産地にしてきた。どの川もそれほど長くはないが、セントローレンス川の太くて強い流れがサーモンを強くし、太らせ、賞賛される魚体にするのである。

　これら16の川の中で、とりわけ有名なのがグランドカスカペディア川である。農業や工業がないため、公害もなく、人も少ないので発電所やダムの必要もなく、結果的にダムが一つもない川であり続けた。そんな手つかずの静かな森の奥を流れるグランドカスカペディア川に、魔の手が伸びたのは１８６０年代のことだ。グランドカスカペディアとリトルカスカペディアの間に製材所が建てられたのだ。切り出された丸太には非常に長いものが含まれていたため、陸路での搬送は不可能で、川を利用するしかなかった。この地域に暮らす人々の生計を支えていたのは漁業ではなく林業で、サーモンの身を案じていたのはフライフィッシャーだった。フライフィッシングを楽しむために遠方からやって来る少数の超富裕層が、丸太やおがくずによる被害に抗議したが、何しろ少数過ぎた。20世紀初頭には60人程度しか釣りをしておらず、しかも彼らは年間に６週間ほどしか滞在しなかったのだ。木材が地域経済に果たす役割に比べれば、フライフィッシャーたちが果たした経済的役割は微々たるものだったために、彼らの意見に耳を傾ける者などいなかった。

この製材所では木材だけではなく、紙用のパルプも生産していた。パルプ産業もまた、地域に雇用を創出する打ち出の小槌だった。当時、世界中の新聞紙の半分以上はカナダ東部の河川周辺で作られていたのだ。伐採業者は冬に木を切り、春の雪解けで川の水量が多い時に、セントローレンス湾に向かって丸太を押し流した。雪解けはサーモンが遡上する時期でもある。轟音を立てながらベッドの脇を流れていく巨大な物体の脇で、事に及ぶカップルなどいやしないし、そもそも丸太が大き過ぎてベッドそのものを破壊してしまった。伐採キャンプは毎年場所を変え、新しい森を切り開き、新しい川を、産卵床となる石底を、破壊し続けた。木造の掘っ立て小屋が立ち並ぶキャンプには、１００人以上の労働者が住み込んで作業をしていたが、氷点下の気温と豪雪の中で長時間働き、月給は部屋代と食事代込みで25ドルという薄給であった。

製材業界にも道理をわきまえた人物は存在していて、いち早くサーモンの保護を訴えたのは、そんなキャンプの一つを所有していたエドモンド・Ｗ・デイヴィスだった。１９０３年に彼はこう書いている。

――冬のもっと早い時期に伐採を開始しなければ、いずれグランドカスカペディア川のサーモンは絶滅してしまうだろう。１９０３年の伐採期に、丸太は5週間以上に渡って、私のキャンプ地点を通過し続けたが、サーモンが遡上してきたのは、まさしくその同じ時期だった。

世界を大恐慌が襲ったのはそんな状況下で、住宅市場と共に木材需要が消え失せてしまい、サーモンは恐慌によって、ほんの一時的に救われた。しかしながらルーズベルトのニューディール政策によって住宅市場が復活すると、以前にも増して多くの木材がグランドカスカップディア川を流れるようになった。サーモンの資源は確実に、かつ急激に減少していった。１９３５年に現地で行われた遡上魚の調査では２９８１匹（この時点ですでにして歴史的に少ない遡上数だったが）、１９３６年には約１５００匹、１９３７年には約１２００匹にまで減少した。

１９４０年代前半、「戦争努力」以外に人々が何もできなかった時代に、環境破壊に関する問題提起を行う人物などいるはずもなく、サーモンの資源は減少の一途をたどった。戦争が終わって10年近く経った１９５４年、グランドカスカペディア川でシーズン中に捕獲されたサーモンはわずか４３５匹、１９５０年代が終わる頃、川に水揚げされたサーモンはわずか１４０匹程度になった。

１９５０年代初頭、製材業界は樹木を枯らす蛾、トウヒノシントメハマキの幼虫（Spruce budworm）の食害を懸念し、飛行機からガスペ周辺の森林にＤＤＴ（有機塩素系殺虫剤ジクロロジフェニルトリクロロエタン）の散布を開始した。第二次世界大戦中に開発されたこの農薬は、マラリアに対して極めて高い効果を発揮し、戦後、その用途が広げられたのだ。１９５２年にカナダのガスペ川源流域の20万エーカー、翌年には２００万エーカー、以降も毎年２００万エーカーに散布されるようになった。

このＤＤＴの散布はガスペ川とニューブランズウィック川のサーモンに甚大な影響を与えた。ＤＤＴは樹木を食い荒らす昆虫を殺しただけでなく、稚魚やスモルトの重要な栄養源である水生昆虫をも殺してしまったのだ。稚魚は何百万匹という途方もないレベルで死んでいった。体力のあるスモルトと、産卵のために何も口にしない成長魚が生き残ったため、稚魚の絶対数が減った影響が現れるまでに時間差が発生し、ＤＤＴがサーモンの生態系に与えた問題が明らかになった時にはすでに川は死にかけていた。

１９５４年、ミラミチ川でＤＤＴを散布したところ、水生昆虫だけでなく、ほぼ全世代の稚魚が死に絶えた。こういった大西洋側での惨事を経験しながら、１９５７年、バンクーバー島北部の森林にＤＤＴが散布されることが決定された。トラウトやサーモンが多く生息する素晴らしいカナダ西部地域で、関係者たちはカナダ東部のようなことは起こさないと誓った。実際、彼らは慎重を期して漁業顧問たちと協力し、注意深く川を避けてＤＤＴを散布した。しかしながらその結果は惨憺たるありさまで、ほとんど虐殺と呼べるものとなってしまった。川を避けたのはよかったが、森に散布された化学物質は分解されずに、雨水と共に地中からそのまま川へと流れ込んでしまったのだ。ギンザケ、カットスロート・トラウト、スチールヘッドの幼魚の損失は95パーセントに達し、水生昆虫の被害の回復には数年かかった。１９６２年に出版されたレイチェル・カーソンの『沈黙の春』は、ＤＤＴの無差別散布がもたらす致命的な影響を明らかにした。ここにきてようやく人々は、農薬が地球を汚染している事実を知り、環境保護の必要性を認識し始めたのだった。

少し時代を戻すと、ヨーロッパのサーモンが絶滅寸前で、ニューイングランドやカナダの大河が荒廃し始めた頃、北米西海岸に救いを求めた業界関係者がピンクサーモンの幼魚をメイン州の河川に移植したことがあった。１９０６年、明るいサーモン産業への希望と共に、スカジット川のピュージェットサウンド系の養殖魚とアラスカのアフォグナック島系の養殖魚の計８００万匹以上が上流部に放たれた。アラスカの魚は一匹たりとも海から戻らず、スカジット川の魚は数匹だけ戻ってきた。業を煮やしたメイン州の関係者は、キングサーモン、ギンザケ、スチールヘッド、さらにはヨーロッパサケ科の別属であるグレイリングや降海型ブラウントラウトのシートラウトというように、見境のない移植を続けた。しかしながら、問題は魚の種類でも放流された魚の数でもなかった。ダムでせき止められ、汚染され、酸素不足に喘いでいたメイン州の川で生き延びるスーパーサーモンなどいるはずがなかったのだ。

１９５９年から１９６０年代にかけて、カナダ漁業調査委員会はブリティッシュ・コロンビア州からニューファンドランド州にピンクサーモンとシロザケを移植し、新たな商業漁業の創出を試みた。この2種が選ばれたのは、淡水で過ごす時間が短く、極度の低温にも耐えられるからだった。しかし、別な場所から移植されたサーモンの常として、いったん海に出ると迷子になってしまうことが多く、放流された先の川で、産卵のために戻ってくる個体は稀だった。他魚種の移植が資源減少の解決策にはならないことが、ようやく明らかになってきたのである。

第5章　東洋にいる黄金の魚

ある日、老人が網を投げると、最初はヌメリだけがくっついてきた。２度目は水草だった。そして３度目に黄金の魚が捕れた。

——『漁師と魚の物語（*A Tale of a Fisherman and a Fish*）』　アレクサンドル・プーシキン

有史以前から連綿と続いてきた釣りの歴史において、「最初」を特定することはほとんど不可能だ。「世界で誰が最初に魚を釣ったか?」は永遠の謎であり続けるし、「誰が最初に毛針を使ってトラウトを釣ったのか?」にしても同様だ。ただし、世界で最初にサーモンを釣ったのは日本人だろうといわれている。縄文人は現在ロシアの一部となっている千島列島やカムチャツカ半島で漁をしていた。彼らは現在のベーリング海を陸路で渡った最初のアジア人であり、ネイティブアメリカンの祖先である。かつては異論もあったが、遺伝学、言語学、文化史などから得られた裏付けによって、現在では北米と南米のネイティブアメリカンはアジアから移動して来たという説が一般的だ。およそ２万２０００年前、ベーリング海は今よりはるかに浅く、カムチャツカ半島ははるかに大きく、シベリアとアラスカの間には幅が１０００㎞もある陸地（ベリンジアと呼ばれることもある）が広がっていたのだ。歩いて渡ることができたばかりか、住人もいたと推測されている。人々はより多くの食料、より住みやすい場所を求めて、結果的にこの陸地を渡ることになったわけだが、その際にサーモンが食されていた可能性は極めて高い。しかしながら１万３０００年前に最後の氷河期が終わると、氷河が溶けて海面が上昇し、広大な陸地は水面下に沈んでしまった。（気候変動により、現在、我々は似たような体験をしている真っ最中だ）。

このシベリアとアラスカを結んでいた陸地が水没する以前に、縄文人の海洋文明として発達していたのがサーモン漁である。サーモンを求めて遠くまで旅をした縄文人がネイティブアメリカンの祖先だとすれば、彼らは一般に信じられているような狩猟民ではなく、サーモンを捕る漁民だった可能性がある。

縄文文明は、約1万４０００年前に東北と北海道に住んでいた漁民と、アジア大陸からやって来た狩猟民が交わることによって形成された混血の文化と考えられていて、数千年の長きにわたって、槍や罠《わな》を使ったサーモン漁が行われていた痕跡や物が残っている。発見されている約50隻の漁船には、木をくりぬいて作られた丸木舟もあれば、板を貼り合わせて作られたものもあり、漁の歴史の長さを物語っている。福井県で発見された木舟は、長さ6m以上、幅60㎝の杉の丸太を割って作られたもので、紀元前３５００年頃に建造されたものだと考えられている（メソポタミアやエジプトで文明が始まった時期）。こういった大きな漁船には、数名の漁師が乗っていたはずだ。その事実から、この舟以前にも一人用の小舟や小型の舟があったと推測することができる。縄文時代には町が発達したため、長距離を移動しながら狩猟や漁業を行うことができるようになった。当時の漁獲は石版に記録されていて、サーモンを捕っていた漁民は一種の専門職人集団であったと推測されている。

縄文時代に使われていた土鍋は1万４７００年前のもので、世界で最も古い土鍋の一つだ。考古学者はその土鍋の炭化状態から、鍋で何かが長時間煮込まれていたと考えている。北海道に住む、縄文人の末裔であるアイヌの人々が、サーモンの煮付けやルルまたはウハと呼ばれる魚のスープ（ロシアでも同じ言葉で呼ばれている）に同様の土鍋を使うことから、大昔にも同様な調理が行われていたと想像されている。また、サーモンの背骨がそのまま残っていることから、縄文人やアイヌ人がサーモンを干し、保存する方法をすでに知っていたと考えられている。

日本はサーモンが生息できる南限だ。縄文人が北へと向かい、シベリア、カムチャツカ、サハリン島、アラスカへと向かった理由には、移動先で最も当てにできる食料としてのサーモンの存在があったからかもしれない。アイヌには北米など他地域の先住民族と同様に、シーズン最初に捕れたサーモンを自然からの恵みとして感謝する風習があり、その際には最高齢の女性が、遡上した最初のサーモンを自然に捧げる儀式がある。アイヌの文化ではサーモンが遡上する川での水浴びや洗濯はタブーとされていて、バケツで水を汲むことはできても、衣服は別の場所で洗わなければならない。また水揚げされたサーモンは、柳の木で作られたイサパキクニという特別な道具を使ってさばかなくてはならないというルールもある（先住民の多くに、サーモンのさばき方に独自のこだわりがある。カリフォルニアのカルーク族は木でサーモンをさばくが、クラマス川沿いの部族では石を使わなければならない）。

紀元8世紀には、平安京の発展と共にサーモンの需要が高まり、しばしば租税として京都に送られるようになった。毎年2万匹以上のサーモンが京都に送られたと推定する研究者もいる（訳注：京都から遠い信濃、越後、越中からは加工品、近隣の若狭、丹後、但馬、丹波、因幡からは生《なま》の貢納《こうのう》が多かったことが現存する『延喜式』でわかる）。日本の都では貴族が求める高級品だったが、アイヌは現在の日本人が主食である米を「ごはん」と呼ぶように、サーモンを主食を意味する「シペ」と呼んでいた。縄文人はシロザケとサクラマス（及びサツキマス）を捕り、これは現在でも太平洋東西端のサーモン漁における魚種の大きな相違点だ。アジア側にはスチールヘッドを含めて、北米太平洋側に生息するサケ属全てが存在するが、北米におけるサーモンの代表格であるベニザケは極東では希少種で、アメリカ人が無視しがちなシロザケは主要な商業種である。日本の河川でベニザケを見ることができれば、それはかなり貴重な体験と言えるだろう。１９５７年のロシアの調査では、ロシア産のベニザケの87％がカムチャツカの魚であったことが判明している。

16世紀まで、アイヌの人々はサーモンを捕り、先祖から営々と続けられてきた伝統的な生活を送っていたが、江戸幕府は彼らの権利や漁業を制限し始め、ついには１８７２年、アイヌ所有の土地は存在していないという一方的な宣言が行われた。その後、武家社会が崩壊して、明治時代となった１８９９年には「北海道旧土人保護法」が施行され、これによってアイヌは政府の保護下に置かれた。保護法の下で、土地の無償下付などの優遇措置を得ることができるようになったが、元々、土地が個人や社会に帰属するという観念がなかったアイヌには、自分の土地を耕して収穫を得ると言う農耕的文化はなじまなかった。その後もアイヌは狩猟採集文化を継続しようとしたが、まとまった組織を持たないのもアイヌの文化形態であり、時代に取り残された形で、じわじわと日本という国家の一部に組み入れられていったのである。

＊＊＊

　カムチャツカ半島唯一の港町、ペトロパブロフスクの町外れに、サーモンをくわえたクマのブロンズ像がある。その下には、ロシア語で「ロシアはここから始まる」と書かれたプレートが掲げられている。太平洋をアメリカ大陸側から船で渡って来たならば、ここが地球最大の陸地であるユーラシア大陸の始まりであり、東西９０００㎞に及ぶ巨大国家ロシアの東端である。カムチャツカ半島の西にはオホーツク海、東には太平洋が広がり、南端から千島列島を飛び石状にたどって行けば北海道へ行き着き、北西にはアラスカへとつながるアリューシャン列島がある。アラスカとカムチャツカは太平洋の最も狭い部分を挟んで向かい合っていて、豊富なサーモン、氷河に覆われた荘厳な山々、大きく蛇行する大河、深い森といった多くの共通点を持っている。首都ペトロパブロフスクの背後には、屏風のような2つの巨大な雪山がそびえ、半島全体には29の活火山と１８６の間欠泉がある。カムチャツカの森林は、広大なロシア全土と同様、白樺の低木に覆われている。アラスカには白樺もあるが、トウヒ、ヘムロック、スギなど背の高い木の方が優勢だ。カムチャツカで上空からサーモンを狙っているのは、白い頭のアメリカハクトウワシではなく、白い肩のオオワシだが、サーモンを食べるグリズリーベアが多く生息していることは両地域に共通している。

　先住民の神話によると、カムチャツカはワタリガラスによって作られたとされている。ワタリガラスは人間を乗せてカムチャツカ上空を飛んだが、下に見えるのは海だけで人間を降ろすことができなかった。海には巨大な黄金の魚がいて、ワタリガラスが交渉すると、その大魚は自らが陸地になることに合意した。大魚は陸となり、その血は川となり、川には大魚の子供たちが泳いだ。人間は広大な陸地と引き換えに、大魚の子供であるサーモンの世話をすることを約束した。サーモンの子供たちは、世話のお礼に人間に食物を与えることにした。こうして偉大なる黄金の魚はカムチャツカとなり、ワタリガラスは翼をおろして、人間を新しい土地へと送り出したのである。この物語が伝わる部族の一つにイテルメン族があるが、イテルメンとは彼らの言葉で「ここに住む」という意味である。

　サーモンに関連した文化を持つ先住民の多くは、自分たちが食べるサーモンを、サーモン自身が身を挺した贈り物だと考えている。現在、カムチャツカには昔ながらの生活をする先住民がほとんど残っておらず、大半がロシア人に同化しているが、わずかに残った先住民はサーモンの魂を癒やすためにトーテムポールを彫る。これは、ネイティブアメリカンが、当時まだ陸だったベーリング海を渡ってきたことを示す有力な証拠である。カムチャツカの先住民は、身体的にアラスカ人と似ているだけでなく、食べ物、文化、工芸、宗教、そして時には言語までもが酷似している。現在、カムチャツカには、イテルメン族、コリャーク族、チュチ族、エヴェン族、そしてアリューシャン列島に住む、動物の皮を使ったカヤックで有名なアリュート族の五つの部族が残っているが、イテルメン族は自分たちがカムチャツカで最も古い部族であると主張している。その痕跡は５０００年以上前にまで遡ることができるというが、それ以前の人々がどこからきたのかは謎のままである。アイヌかもしれないし、アメリカに渡った縄文人かもしれない。

　キングサーモンのラテン語の学名 *O. tshawytscha* は、イテルメン語で魚を意味する chavicho に由来している。また、イテルメン語には anch'ekaz という動詞があり、これは「魚を食べる」という意味を持っている。先住民にとって、サーモンはトナカイと並ぶ重要な食料であると同時に、唯一の移動手段であるソリを引く犬の「燃料」でもあった。極東、北太平洋には人類の歴史上最も古いサーモン漁文化のルーツがあるのだ。

第6章　新世界前夜

自分たちの生活に必要なだけの資源で満足し、周辺の環境をこのまま大事にしておく限り、この国の将来を心配する必要はない。

——アルバータ州での日記　1793年8月24日　アレクサンダー・マッケンジー

北アメリカ大陸北西部におけるサーモン漁の最古の痕跡は、約1万2000年前のものだと考えられている。これは最後の氷河期からおよそ千年後のことで、ユーラシア大陸の間に存在していた陸はすでに消失していた。コロンビア川とフレーザー川で、ネイティブアメリカンがサーモンを捕っていた最古の痕跡は7000年から8000年前のものだ。この二つの川はこの地域では最も大きな川で、どちらも狭い峡谷を刻むように流れている。初期の漁業の痕跡が発見されたのも峡谷の中で、淵の崖上から、長い棒状のすくい網で溜まっているサーモンを捕っていたらしい。考古学的な調査によって、当時、この地域の人々が魚よりも動物をより多く食べていたことが分かっている。これはアジアの先祖たちと同じ傾向で、元々、サーモンは重要な食べ物ではなかったのだ。恐らくはサーモンの漁期がごく短期間に限られていることと、保存する方法を知らなかったためだろう。サーモンが北西部の人々の食生活の中心になるのは紀元前3000年頃のことだ。その頃には80パーセントの食料がサーモンによってまかなわれ、以降の3000年で重要性はさらに増した。

紀元前1000年頃、北西部のネイティブアメリカンはサーモンを燻製にしたり、乾燥させて保存する方法を考案し，保存食と同時に、移送可能な交易品となった。1年中サーモンを食べ、商取引することで、河川沿いの村々はより大規模で豊かなコミュニティを維持することができるようになったのである。

こういった漁民の子孫であるネイティブアメリカンと、狩猟民であるヨーロッパ人の子孫が出会った時、彼らは互いの世界観を理解し合うことができなかった。ネイティブアメリカンにとって、川や森を守ることは、自分たちの生活を守り、資源を子孫に残すことであり、全てに優先すべき第一義だった。一方で、ヨーロッパ人たちには、川や森を守らなければ自分たちの明日はないという視点が欠けていた。だからネイティブアメリカンの目から見れば明らかな失敗を、失敗とは認識しなかったのだ。アレキサンダー・マッケンジーはカナダ西部の先住民が「地球を原生のまま残す」ことを最優先事項としていることを知り感心したが、しかし感心しただけのことで、共感したわけではなかった。ヨーロッパ人にとっての「原生地域」は、「きれいで美しいが、未開発で貧しい」という後進性の象徴だったのである。イギリスは地球上で最大の産業大国となり、そこから流出した移民によって作られたニューイングランドは母国に匹敵する存在となった。公害、荒廃した自然、有害な河川、魚の絶滅など、重要な目標は次々と達成された。つまりこれは成功であり、だからこそヨーロッパ人は同じことを繰り返したわけである。

本国イングランドに対して反植民地主義を声高に叫んだアメリカ人は、ネイティブアメリカンに対しては、圧倒的な植民地主義でもって新世界を征服した。いつの時代であっても、征服には表向きの正当化が必要だから、より優れ、進歩している自分たちこそが、アメリカ先住民の貧しい原始社会に、輝かしい発展をもたらすことができると主張し続けたのだ。正当化のための主張がしばしば矛盾するのも世の常だ。

ではなぜ、進歩していたはずのイングランドやスコットランド、さらにはニューイングランドでサーモンがいなくなってしまったのか？　この質問に対してヨーロッパ人たちは、２００年間変わらずに「ネイティブアメリカンは原始的な漁法と漁具に頼っていたために、大量に魚を捕ることはできなかった。彼らは自給自足の漁民であり、自分たちが食べる分しか捕る必要はなかった。したがって貧果が社会的な問題にはならなかったからだ」と回答し続けてきた。

これは正しい回答ということはできない。というのも、ネイティブアメリカンに初めて出会ったヨーロッパの探検家たちは、自分たちよりもはるかに腕のいい漁師たちを目の当たりにしていたし、西海岸の先住民たちは、自分たちが食べる分だけでなく、部族間で交易を行っていた。サーモンは、燻製や乾燥にすれば簡単に移動できるため、重要な商品として流通していたのだ。

コロンビア川でキングサーモンを捕っていたチヌーク族は、優れた漁師であると同時に、優れた商人でもあった。考古学者の中には、北西部におけるサーモンが、植民地時代以前の部族間貿易の最も重要な取引アイテムだったと考える者もいる。チヌーク族が優れた漁師だったことは、北西部でキングサーモンがチヌークと呼ばれていることからも想像できる。彼らは言語の異なる部族同士が、交易の場でコミュニケートできるように、簡単に習得できるチヌーク・ジャルゴン（現代のエスペラント語のような簡易共通言語）を発明しさえした。チヌーク・ジャルゴンは、太平洋岸北西部の主要な商業言語で、東からやって来たヨーロッパ人も、その言葉を学んだのだ。

チヌーク部族自身は、キングサーモンを「チヌーク」とは呼んでいない。部族長を意味する「タイー」と呼び、結果的にそれが英語の「キングサーモン」の語源となった。

商業に成功したチヌーク族は、杉を建材にして家を建てた。川沿いに50軒もの家が並ぶ町もあったらしいが、ヨーロッパ人がやって来る以前の人口推定をめぐっては、未だに論争が続いている。現在では、当時の西海岸の人口はかつて報告されたものよりも、はるかに多かったと考えられている。現在のカリフォルニア州だけでも、30万人を優に超える人々がいたと推定されており、最も人口が集中していたのが漁場である河川周辺沿いだった。１７７０年当時、オレゴン、ワシントン、アイダホには推定10万人、現在のブリティッシュ・コロンビア州には推定17万人が住んでいたとされる。太平洋岸北西部は、北米で最も非農業人口が密集していた地域だったのだ。

当時のことは、残された少ない資料から推測するしかないが、多くの歴史家は、ヨーロッパ人が到着する前までの太平洋岸北西部の河川コミュニティは、北米大陸で最も豊かな暮らしを送る社会であったと考えている。北西部の漁業コミュニティは、他の多くのネイティブアメリカンの社会とは異なり、自分たちの消費を超えた生産を行い、それを流通させる経済圏を持っていた。初期の探検家たちは、コロンビア川の漁師たちだけで毎シーズン１７００万から１８００万匹のサーモンを捕っていたと推定している。この量は現在の北西部の漁獲と同等、もしくはそれ以上の年間漁獲高であり、つまりは彼らが資源を枯渇させない持続可能な漁業管理していたという証左でもある。

18世紀の太平洋岸北西部の先住民は、森にはスギ、木の根、ベリー類、シカ、浜辺には貝類など、豊富な資源を持っていたが、それでも彼らの経済及び食生活の中心はサーモンであった。サーモンの皮を衣服に使い、鰾《うきぶくろ》は加工して接着剤にした。1年の大半はのんびりと暮らしていたかもしれないが、サーモンが遡上する時期のコミュニティは上を下への大騒ぎだったことだろう。

* * *

一般的に雨林と聞けば、熱帯をイメージしがちだが、温帯にも雨林はある。北アメリカ西海岸にある温帯雨林は地球最大規模で、元々は北カリフォルニアからアラスカに伸びる山脈と海岸線の間全体に広がっていた。現在でもオレゴン州からアラスカ州までの全長南北１９３０㎞に及ぶ地域が温帯雨林である。雨滴や湿気を蓄えた樹木が、1年を通して水滴を滴らせ続けている森林、というのが雨林の定義だが、この雨林はアマゾンよりも生物種が豊富だといわれている。ネイティブアメリカンが依存していた資源の中心地であり、北米におけるパシフィックサーモンの生息域でもある。

太平洋からやって来た湿った空気が、冷気に満ちた高い山脈にぶつかり、その西側一帯に雨を降らせる。年間の降雨量は３０００㎜で、大量の水分が緑豊かな森林を形成する。この森には、コーストレッドウッド、シトカスプルース、ダグラスファーなど、世界で最も大きく、背の高い木が生育している。海岸沿いのダグラスファーは、山地に生育するモミよりもかなり大きな樹木だ。この地では１９９０年代に、フクロウの生息を巡って、伐採業界と環境保護団体が激しく対立したことがあり、一躍有名になった。ダグラスファーの一部には、上空を別の大木によって厚く覆われた場所に生育する株があって、それらは細いままに背だけが伸びる。クラマス川でサーモンを捕っていた北カリフォルニアのカルーク族などは、そのしなやかで細長いダグラスファーの特性を生かして、サーモンを捕る網の長い柄として利用していた（アジアの人々が竹を使うように）。またこれらの立派な木々が製材所を呼び寄せる以前は、急流を横切るように倒れた巨木が大きな淵を作って、遡上したサーモンの休息ラウンジとして機能していた。

　北米の温帯雨林地域で暮らしてきた様々な部族は、この自然の恵みを決して当たり前だとは思っていなかった。ネイティブアメリカンの多くは、自分たちの生活圏を流れる川と密接に結びついたアイデンティティを意識し、川が形成された瞬間から始まった深い関係を信じてきた（カムチャツカのワタリガラス民話のように）。

　ネイティブアメリカンたちは、サーモンが毎年同じ週に、同じ川に帰ってきて、人間に1年分の食料を与えることを不思議なことだと考え、サーモンに尊敬と感謝の念を抱くことをやめると彼らは戻って来なくなる、と信じていたのだ。実際、その後ヨーロッパ人が敬意も感謝も持たずにやって来たために、サーモンは戻ってこなくなったわけだが。

　ネイティブアメリカン社会に伝わる、サーモンにまつわる神話の多くは、乱獲に対する寓意的な警告のように思える。たとえば魔法のカゴを持った男の神話では、カゴの中にサーモンが次から次へと自動的に入ってきて、調理する暇がなくなってしまったため、カゴに呪いをかけると、カゴはそれ以降、魚を捕ることがなくなった、とある。また、サーモンはしばしば神話的なキャラクターとして描かれ、様々な動植物の「兄弟」や「甥《おい》」とされてきた。輪廻転生の話が多いのは、くる年もくる年も必ず戻ってくるサーモンのライフサイクルを考えれば当然のことだろう。先住民の漁村に伝わる伝承には、死者の骨や体からサーモンが復活するというストーリー展開が多い。ブリティッシュ・コロンビアのネイティブアメリカンには、はるか彼方の海にはサーモンの民が住んでいるという伝承が残っている。サーモンの民には変身能力があって、自分をサーモンの姿に変えて川を泳ぎ、川沿いに暮らす民に食べさせることができた。川の民たちは自由にサーモンを捕って食べることはできるが、サーモンの民が次の年に再び戻ってこられるよう、骨は全て川に戻さなければならない、とされていた。またネズ・パース族にはサーモンという名の男とその妻の物語がある。サーモンは妻に常々、自分の身に万が一のことが起きたら、身体の一部を川に戻すように、と伝えていた。ある時、５匹のオオカミが妻を誘拐するためにガラガラヘビを雇ってサーモンに噛み付かせる。ガラガラヘビがサーモンを噛んで殺した時、一滴の血が川に落下した。そして不死身のサーモンがその後再生し、連れ去られた妻を救い出した、というお話だ。この神話は、次のサーモンの遡上のためには、川の栄養分を保たなくてはならないと伝えているのかもしれない。

　サーモンを大切にしない人間や動物がいるために、サーモンが次の年に戻ってくることを拒んだという話はたくさんある。オレゴン州南部の海岸に住むクース族には、ある漁師がサーモンの心臓を何気なく捨てたために、翌年サーモンはもどってこず、人々が飢えたという話が残っている。ティラムック族は、サーモンを焼く時に心臓も一緒に燃やしてしまうと、サーモンが怒ると信じている。

　探検者マッケンジーは、ネイティブアメリカンがサーモンを怒らせないためのタブーや、決められたルールの多さに驚いた。ネイティブアメリカンは探検隊が鍋で川の水を汲んでいるのを見て、それをやめさせたが、それはサーモンが鉄の味を嫌うからだ。また、探検隊の世話を焼いてくれている現地の家庭で、サーモンの切り身を適当に食べて、身を残すと烈火のごとく怒ることもわかった。犬に食べさせることも禁じられていた。マッケンジーは、１７９３年に初めて北米を横断した際に出会ったベラクーラ渓谷のヌハルク族について、「自分たちが食すべき、唯一の動物性食品が魚だと、迷信的に考えているようだ」と書いている。彼らはマッケンジーらの探検隊員には生のサーモンを触らせず、調理したものだけを与え、魚を調理する場所への立ち入りも拒否した。マッケンジーたちは、自分たちが撃った鹿やムースを食べようとしたが、ネイティブアメリカンの案内人たちは、赤身の肉をカヌーに乗せることを許さなかった。サーモンがその匂いを嫌って、川を離れてしまうからと言うのだった。

＊＊＊

温帯雨林の多くのコミュニティでは、サーモンは五つの部族に分かれていて、それぞれが別の村に住んでいる不思議な存在とされていた。その５種類とは、すなわち５種類のサーモンのことである。

また、サーモンは集団で川を遡る前に数匹の偵察隊を送り、ルートの状況を報告させることで、他の魚が後に続くかどうかの判断をしていると信じられていた。だからこそ、最初に遡ってきたサーモンを大切に扱うことが極めて重要とされ、ファースト・サーモンに感謝を捧げるセレモニーがコミュニティの一大イベントとなったのだ（現在でも多くの部族で行われている）。その年にやって来た最初のサーモンを調理して、コミュニティの全員が少しずつ味わい、骨は川に運ばれる。部族によって多少なりとも様式は異なるが、通常は夜、松明を灯した中で、骨と頭部を川の上流に向かって置いて詠唱と踊りを行う。頭と骨が復活して、産卵のために上流に向かって泳いでいくことを祈るのだ。

最も一般的なサーモンの調理法は、水を満たした木箱の中に、熱した石と魚を入れて煮る方法だったが、初物のサーモンに限ってはバーベキューで食されることが多かった。人々は敬意と感謝の気持ちを胸に、煙と共に昇華していく魂を見上げ、サーモンの復活と仲間の到来を祈ったのである。サーモンのバーベキューは、棒に刺して火にかけるのが一般的だ。バーベキューと煮物以外には、保存用に燻製が作られた。燻《いぶ》されたサーモンを石に挟んでこするとペミカンと呼ばれる粉が噴き出てくる。ヨーロッパの探検家たちは、粉を噴いたサーモンをペミカンサーモンと呼んで、好んで食した。驚くほどに腹持ちが良く、探検にうってつけだったからである。「ペミカン」という呼び名は、新世界の中西部で暮らしていたクリー族固有の言葉で、バッファローやムースの肉を乾燥させて作ったペーストのことだ。

サーモンを焼く際に、下に鍋を置いて、油を集めることもあった。サーモンオイルは料理油として人気が高く、他の部族との交易でエルクやシカなどの赤身肉と交換されることもあった。ペミカン、サーモンオイル、ベリー類は朝食の一品だった。イクラは生食以外では、ペースト状にしたり、スープの中に入れて煮た。

　北西部の温帯雨林でサーモンを捕る部族は、他に類を見ない熟練した漁師で、サーモンが滝を跳躍する前に溜まっている淵や自然の障害物、あるいは川幅が狭くなってサーモンの遡上スピードが遅くなる場所を知っていた。コロンビア川下流のセリロ滝は、中でもよく知られたポイントだったが、土地そのものは私有地で、漁のためには所有者の許可が必要だった。また地域コミュニティが所有管理する漁具もあり、大規模なものになると組織化された作業が必要となった。長さ90m強、深さ2・5mの網は、アラスカで使用される現代の網と同じ大きさで、一端を杭で岸に固定し、もう一端をカヌーにつないで川から引き揚げた。刺し網も使われたが、一部のサーモンが通過できるように、川全体に張るようなことはしなかった。

　カヌーの上から餌釣りをする漁師もいた。餌にはワカサギかスプラット（日本のキビナゴに近いニシン科の魚）の新鮮なものを使い、釣り針と太い釣り糸の間に、リーダーと呼ばれる糸を結んだ。リーダーは女性の髪を数本撚り合わせたものだったが、この細いリーダーを切られずにベニザケやキングサーモンを釣り上げたというのだから、ネイティブアメリカンの漁師たちが名人と呼ばれるにふさわしい腕を持っていたことは間違いない。当時ヨーロッパ人たちは動物の腸で作ったリーダーを使っていた（現在では透明なナイロン、もしくはフロロカーボンが使われている）。

　釣り針は骨や木を蒸して曲げて作り、網は麻や昆布などの植物繊維で編んだ。釣り糸は鯨の筋や杉の樹皮の繊維をより合わせたり、イラクサや柳の若木を叩いて作った。釣りの仕掛けに使うおもりや、網の下部に取り付けるおもりは、杉の樹皮を編み込んで、石を包んだものを使った。網の上部に付けられた浮き輪は木で、魚や鳥、哺乳類の彫刻が施されたものが多く、魚網の美しさたるや民芸品の極みだ。

　ネイティブアメリカンが作ったやなは、若木やつるや籠《かご》を使って魚を捕らえる複雑な仕掛けだ。やなを作る時には杭を打ち込むための大きな石が必要で、そんな石にもしばしば華麗な彫刻が施された。やなは通常コミュニティ全体の所有物であり、漁師たちはサーモンの遡上を妨げないよう、必要な数の魚を捕るとやなを解放するのが通例だった。漁獲量は厳しい規律によって管理されていたのだ。

北西部でもメリマック川でソローが発見した石組みの罠が使われていた。潮の満ち引きのある河口近くに、ミニチュアのダムのように石を積み上げておくと、満潮時に川へ入った魚が、潮が引いた時に海側に戻ることができなくなる。干上がった河口にサーモンが横たわるという仕掛けだ。

フレーザー川のサーモンは毎年、フアン・デ・フーカ海峡からロザリオ海峡を通り抜け、フレーザー川の河口へやってきて、産卵のタイミングがくるや一斉に遡上する。アメリカもカナダもなかった太古の時代から、ベニザケ、シロザケ、ギンザケ、そして奇数年の秋にはピンクサーモンが大量にやって来ては、遡上し続けてきたのだ。このルートでサーモンは、モミの森に覆い被さる巨大な幽霊のようなベーカー山の麓（５００年ごとに噴火する巨大火山で、現在、次の噴火のタイミングが迫っている）や、ルミ族の住む森林の島を通過していく。

ルミ族はリーフネットと呼ばれる仕掛けを使って漁をしていた。サーモンが遡上するタイミングに合わせて2隻のカヌーを並べ、その間に網を横たえるように広げる。網には何本もの横糸が水平に張られていて、サーモンの目にはこの水平の線が網ではなく、海底のように見えるらしい。網は上向きに傾斜していて、結果的に魚は知らないまま網の上を泳ぐことになる。見張り役は、魚の群れが網の真上に来るのを待って、網を引き上げる合図をだす。難しく面倒な漁法に思えるかもしれないが、サーモンが遡上している時にはシンプルかつ極めて有効な手段となったのだ。

＊＊＊

ネイティブアメリカンは温帯雨林での漁業をうまく管理していたため、たとえ漁獲量が多かったとしても資源が枯渇することはなかった。漁師たちは、今日の生物学者が「エスケープメント」と呼ぶ概念（産卵のために遡上する一定数の魚を捕らない）を完全に理解していたのである。ヨーロッパ系アメリカ人には、自然を守るか、土地を開発するか、という二択があったが、ネイティブアメリカンにとって選択肢はなかったのだ。北米のネイティブアメリカンの多くの言語の中には「自然」を表す言葉がないが、それは「自然」が別個に独立して存在しているわけではなく、自分たち自身のことだからである。

ネイティブアメリカンの漁場管理における、成功の秘訣は何だったのだろうか？　魚を効率よく捕ったり、魚を売買しなかったり、漁獲で経済を回さなかったからではない。前述したように、ネイティブアメリカンたちにも確固とした商業世界はあったのだ。彼らが守ったのは地球の規律だ。真摯に誠実に、森を切り崩さず、農業を行わず、ダムを作らず、都市を作らず、与えられたありのままの環境を変化させなかったことである。

第7章　白人がやって来た

白人は夜明けのように青ざめた顔をしてやって来た。知性を眠らせたまま、薪をかき集めるようにして思考を積み重ね、蓄えた知識を利用して、当てずっぽうではなく、計算して。

——『コンコード川とメリマック川での1週間（*A Week on the Concord and Merrimack Rivers*）』

ヘンリー・デイヴィッド・ソロー

西海岸の温帯雨林で暮らしていたネイティブアメリカンと、最初に出会ったヨーロッパ人が誰であったかは定かではない。ただしジェームズ・クック率いる探検隊が１７７８年４月に現在のブリティッシュ・コロンビア州にあるヌートカ湾に停泊した記録がある。したがってクック船長配下の乗組員であった可能性は高いが、クック一行がサーモンの群れを目撃したという記録はなく、あるいは遡上時期にはやや早過ぎたのかもしれない。いずれにしても彼らが発見した獣の毛皮の素晴らしさで、このクックらの発見以降、ヨーロッパ人たちが毛皮目当てにアメリカ北西部にやって来るようになった。

クックから10年後の１７８８年にジョン・メアレス探検隊と出会ったネイティブアメリカンは、チヌーク族だったと推測されていて、記録に残っている限り、これがヨーロッパ人とネイティブアメリカンの初の邂逅である。

１７９２年、毛皮貿易を目論んだアメリカ人の商人、ロバート・グレイはコロンビア川河口に上陸した。この川が巨大な川であることを見て取ったグレイは、流れが東海岸にまで及んでいることを願ったが、それはもちろん川を都合の良い流通網として見ていたからだ。グレイに限らず、当時のアメリカ人は大西洋と太平洋をつなぐ川の存在を夢見ていた。高みから低みに流れ下るのが川である、という小学生レベルの常識があれば、大陸を横断する水路などあるはずがないことが分かるだろうに、金儲けへの期待が川に山を登らせるのだから、人間の欲望とは恐ろしいものだ。

　すでに外国人に慣れ、相当数の人物との取引があったチヌーク部族はグレイらを歓迎し、毛皮を銅や鉄製品、ヨーロッパの衣類、毛布などと交換していたが、ある時、グレイ配下の一人がチヌーク人を殺害するという事件が起きて、それ以来、チヌーク人は外国人に対して警戒心を持つようになった。しかしながらそんな事件があった後も、ボストンからは次々と船が到着し、最初はラッコ、次にはビーバーの毛皮を欲しがった。取引には応じたものの「ボストン人」と呼ばれるようになった白人が、それ以降信用されることはなかった。

　北西部のサーモン資源に最初に被害を与えたのはそのボストン人である。ボストン人たちは、サーモンには全く興味を示さなかった。捕ることも、買うことも、取引することも、そして食べることにも、一切の関心がなく、彼らの頭の中には手っ取り早く金になる毛皮のことしかなかったのだ。水中に酸素を供給する天然のダムを作ったり、遡上中の休息場所となる淵を作ったり、稚魚が生育するための小さな池を作ったり、サーモンにとって重要な地形の変化を作り出すビーバーは森の大工だ。嵐や干ばつで崩れた岸を修復、復元して、植生の維持をするのも彼らだった。ボストン人の登場によって、そんなビーバーが姿を消し始めたのだ。

　ところが１８０６年、商売とはひとまず関係のない新しいタイプの探検家が現れた。時の大統領、トーマス・ジェファーソンに西部開拓を命じられたのは、陸軍士官でアウトドアマンのメリウェザー・ルイスとウィリアム・クラーク、すなわち西部開拓の歴史に名を残したあのルイス&クラークである。彼らの旅は全長1万３０００km弱で、彼らはまずフランスから買収したばかりのルイジアナを調査し、その後、西のオレゴン準州へと探査を進めた。

　出発から1年経った頃、ルイス&クラークは大陸分水嶺を越えた。もはや大西洋に向かって流れる川はなく、川はすべて彼らのゴールである太平洋に向かっていた。１８０５年8月13日、パシフィックサーモンと白人の関係における歴史的な出会いがあった。その時の様子をルイスは日記にこう書いている。

——帰途に出会った一人のインディアンに誘われて、彼の小屋に行ってみると、ゆでたカモシカの肉、そして焼いたサーモンをごちそうしてくれた。それは私がこの旅で見た最初のサーモンであり、同時に私が太平洋側にいることを証明していたのだ。

川が大陸分水嶺を越えて、太平洋に流れ込んでいることを知ったルイス&クラークは、その後の行程を楽観視していた。あとはサーモンが遡る川をひたすら下って太平洋にたどり着けばいいだけだ、と。ところがロッキー山脈は彼らの想像以上に東西に広く、ようやく山の西側に下りたのは、それからさらに数週間後のことだった。現在のアイダホ州を流れるレミー川にたどり着いた彼らは、ようやく自分たちの進むべき道が示されたと安堵したが、しかし川は荒々しい急流で、彼らが慣れ親しんだ東部の川とはまるで性格が違っていた。太平洋に出るには、それからさらに３ヵ月を要した。レミー川はネズ・パース郡のサーモン川に流れ込み、そこで彼らは再びサーモンを食べた。サーモン川はスネーク川に合流し、そのスネーク川はコロンビア川に流れ込む。ルイス&クラークは、海を目指すサーモンのスモルトのように、ひたすら川を下って河口を目指した。コロンビア川ではチヌーク族が捕ったサーモンを手に入れた。一行がコロンビア川の河口の先に太平洋の海原を見たのは、１８０５年11月15日のことで、ミズーリ州セントルイスを出発してから1年６ヶ月と1日後のことだった。

ルイス&クラークは、源流から河口までをたどることによって、コロンビア川が大陸を横断する大河かもしれないという幻想的な俗説を否定し、これまでアメリカ人が見たことのない種類の川を地図に書き込むことに成功したのだ。

アメリカ最大の延長を誇るミシシッピ川はセントルイスからニューオリンズまでの間はゆったりと流れている。その約１１００㎞の間の標高差は、わずか30m程度しかない。一方、コロンビア川は、源流から河口までの約２０００㎞

間に３００m落下する急流なのだ。ルイス&クラークは、魚の数と怒濤そのものである川の両方に驚かされた。そしてコロンビア川は、まさしくこの怒濤の力を見込まれて、後年、発電のための候補地として白羽の矢を立てられることになったのである。

ルイスは偉大な探検家であると同時に優れた記録家でもあって、自分たちを太平洋へと導いてくれたサーモンについての詳細な説明を書き残した。１８０５年10月17日、コロンビア川のほとりで、ゆでたサーモンの食事が準備されるシーンを描写している。

――男は土の上に敷かれたマットに私を座らせると、松の流木を運んできた。そして石槌を使ってクサビを叩き、その流木を細かく割った。クサビはエルクの角製で、石鎚には不思議な模様が彫られていた。焚き火の中で丸石が焼かれていて、男は割った流木をその石の上にばら撒いた。そこに一人の女がやってきて、水の入った桶と、半乾きの大きなサーモンを男に手渡した。石が十分に熱くなると、男は熱した石を魚と一緒に桶に浸けて、軽くゆでた。ほどなくゆで上がったサーモンは、イグサが敷かれた大皿の上に移されて、私の前に置かれた。サーモンは同様な手順で一匹ずつ丁寧にゆでられて仲間の前に置かれていった。

クラークは、そのサーモンを「おいしかった」と言い、サーモンと密接に関わる人々の暮らしに感動した。クラークは詩的な表現をする探検者ではなかったが、珍しくこの村については「サーモンが次々とやって来る素晴らしい地域にあって、レッドマン（ネイティブアメリカンのこと）たちの生活は豊かで、自然や神について考えるゆとりを持っている」と書いている。

ルイス&クラーク探検隊が太平洋に到達した場所は、現在のワシントン州チヌークに当たる。彼らはそこで廃村と思われるものを発見したが、実は廃村ではなく、夏の漁業基地だった。すでに11月の声を聞き、季節は冬の入り口で、チヌーク族の漁師たちは冬の漁場に戻っていたのである。

しかしながら太平洋を目指したこの旅で、探検家たちが常にサーモンをありがたがっていたかというと、必ずしもそうともいえない。１８０５年９月20日、初めて太平洋産のサーモンを食べて感動した数週間後、隊は狩猟による食料調達がうまくいかず、ネズ・パース族が暮らす地域（現アイダホ州）で足止めを食らっていた。この時、クラークは、「おいしいサーモンと根菜を食べ過ぎてしまい、非常に気分が悪い」と書いている。この時、隊は水晶のように美しく澄み切ったコロンビア川の支流、クースコウスクにいた（後に入植者たちはこの支流をクリアウォーターと名付けた）。食料の自力調達を諦めた隊には、ネズ・パース族からサーモンを調達するしか方策がなく、連日のサーモン三昧でルイスとクラーク、そして少なくとも８人の隊員が体調の不良を訴え、クリアウォーターのほとりで身体の復調を待つことになったのだ。

当初、白人として、初めてこの「川の民」に出会ったと信じていた隊員たちだったが、杉板で作られた家に招き入れられた途端に現実を知った。家の中には真鍮のティーカップ、イギリス海軍の制服、イギリス製のマスケット銃、大きな剣、そしてヨーロッパ人がネイティブアメリカンとの取引に使用していた大量のガラスビーズがあったのだ。ルイス＆クラークは、この地域の人々がすでに交易による経済活動を行っていることを理解し、またコロンビア川（ルイスの言葉では「あの気高い流れ」）の上流部に住むネイティブアメリカンたちが、沿岸の人々との取引のために、サーモンを叩いたペミカンを13ｔも用意していることも発見した。

ネズ・パース族は６月に遡上するサーモンを「ヒラル」と呼び、そのタイミングに合わせて滝や急流の上に足場を作り、魚群の到来を待ち構えた。北西部のネイティブアメリカンたちには、自ら生産をするという農業的な発想はなかったため、釣りや狩猟、そして野生の根やベリーの採集は、彼らにとっては文字通りの生命線だった。ルイス＆クラークの探検隊は、それ以前、ビタールーツ山脈の東側（現在のモンタナ州西部）に滞在した際に、ショショーン族がクリアウォーター川地域に住む人々を「ノーズ（鼻）ピアス族」と呼ぶのを聞いていた。しかし実際にクリアウォーターに到着してみると、ピアスをしている人はほとんどおらず、時々、鼻に小さな貝殻の飾りを付けた女性を見かける程度だった。彼らは自分たちをチョップニシュと呼んでいて、ルイス&クラークは彼らの呼称に迷ったが、結局、「鼻ピアス」を英語にして「Pierced Nose」とした。結果的には同じ意味がフランス語になったネズ・パース（Nez Perce）が定着した。

ルイス&クラークの目に、ネズ・パース族の男性はたくましく、女性は美しく映った。彼らは皆、ビーズのついたエルクの毛皮、凝ったヘアスタイル、カラフルな羽毛や絵の具でエレガントに着飾っていた。ルイス&クラーク一行は、ネズ・パース族から丁重にもてなされたが、それは部族内の一人の老婆の意向だった可能性が高いといわれている。白人はセイリッシュ語で「長いナイフ」を意味するソヤポと呼ばれていたが、彼女はルイス&クラークがやって来るまで、ネズ・パース族の中で、唯一、ソヤポを見たことがあった人物だった。その老婆は若かった頃にブラックフット族に誘拐されて、部族間で人身売買されたあげくに、五大湖地域（現カナダ）で白人入植者たちの手に渡り、子供を産んだ後に白人の手配で郷里に戻ることができたワツクウィス（遠くから戻って来たという意味）と呼ばれる女性だったのだ。

ルイス&クラーク以外にも初期の探検家たちは皆、揃ってネイティブアメリカンたちがサーモンを中心にした生活を送っている様子を目撃した。アレクサンダー・マッケンジーの日記にも、サーモンの豊富さや地元の人々のサーモン漁について、特にフレーザー川に関して多くの言葉が費やされている（後にこの川に住みついた探検家サイモン・フレーザーの名で呼ばれるようになるまで、この川は「グレートリバー」と呼ばれていた）。マッケンジーはフレーザー川について、次のように書き残している。

――この川にはサーモンが極めて多く、川岸に立つ漁師によって、たくさんのサーモンが捕らえられている。

下流部で探検家たちが見たのは、滝で網を構えている漁師たちだったが、上流部に進むにつれて、やなを使った漁を目撃することが多くなった。モントリオールの商社に雇われたフレーザーは、１８０６年から１８０８年にかけてルイス＆クラーク、マッケンジーに続く第３次北西探検隊のリーダーとして、ブリティッシュ・コロンビア州の地図を作成した最初の人物であるとされる。１８０６年、フレーザー川でのサーモンの遡上期に居合わせたフレーザーたちは、もうサーモンのことなど考えたくもないというほど、サーモンを毎日食べていた。それほどサーモンはネイティブアメリカンたちの主要な食料であったのだ。１８２７年、ブリティッシュ・コロンビア州の商人ジョセフ・マクギリブレイは、「我々の食生活は、サーモンに支えられており、実際、今年のようにサーモンが捕れない時は、他に代用品がなく困窮することになる」と書いている。19世紀後半になると、ニューイングランドの船長の息子であるジェームス・ギルクリスト・スワンが、ワシントン準州での日々を『北西部海岸にて（*The Northwest Coast*）』につづり、より正確な食の記述を残した。

――インディアンが最も好むのは頭の部分で、棒に刺して遠火でゆっくりとあぶる。他の部分は大きく平らな切り身にして、二股に割られた棒に刺して椰子の葉のように広げ、魚から突き出された棒の先をビーチグラス（砂浜に生えているイネ科の草）の束で縛って全体を固定する。棒をしっかりと地面に突き刺し、火から適度な距離を置いて、魚を焦がさずに焼く。ハマグリの貝殻を下に敷いて油受けにすると、脂の乗ったサーモンからどんどん油が流れ落ちてくる。この繊細な料理には、胡椒も塩もバターも使わないし、その必要もない。

初期の探検家たちは、自分たちで仕留めたシカやムースを食料としてはいたが（ルイスは素晴らしい腕前のハンターだったといわれている）、ネイティブアメリカンと交流するようになると、彼らから差し入れられるサーモンを日々の食料とするようになった。ネイティブアメリカンは釣りの達人であった。デイビッド・ダグラス（ダグラス・ファーの名前の由来となった植物学者。ちなみにダグラス・ファーは「ファー」と呼ばれるがモミではない）は、１８２３年から１８２７年にかけて北西部を旅行した際、食料調達に難儀していたようで、食べ物に関する記述を多く書き残している。ダグラスが率いた探検隊はルイス＆クラーク、マッケンジー、フレーザー隊と同じく、根菜やベリー類を採取したり、狩りをして食料としながら北西部を川沿いに進んだが、釣りをして魚を捕ることはなかった。手持ちの食料が尽きた時には、ネイティブアメリカンと取引してサーモンを調達するしかなかったのだ。

また、１８０６年８月にフレーザーがジェームズ・マクダガルに宛てた手紙が残っているが、これは白人探検家が漁をしようとした数少ない記録の一つではあったが、漁獲はほとんど絶望的だったようだ。

――残念ながら、前回報告した時からほとんど何の進展もなく、相変わらず木の実ばかりを食べている。魚を捕るために７つの網を川に設置して、しっかり見張っているが、数匹のコイと雑魚以外捕れない。

当初、ネイティブアメリカンと探検家たちの関係は極めて友好的だった。というのも、ネイティブアメリカンの目に、ただ周辺を歩き回って、メモを取っているだけの彼らは無害な存在にしか見えなかったからだ。なおかつ探検者たちは、ネイティブアメリカンにとって価値のあるものに対して、ほとんど関心を示さなかった。ビーバーとカワウソには目の色を変えるというのに、サーモンは日々の食料として仕方なく食べる食材としてしか見ていなかった。

商業経済で成り立っていたネズ・パース族は、探検家に親切にすれば毛皮を銃と交換することができると考えていた。チヌーク族はすでに白人との付き合いが長くなり過ぎて、計算ずくで接するようになってはいたものの、ルイス＆クラークが自分たちの欲しいものを持っていないことを知っても、旅人を飢えさせるようなことはしなかった。

この二つの異文化交流における、初期段階の致命的な間違いは、白人の壮大な野望をネイティブアメリカンが理解していなかったことである。彼らは漁さえ満足にできない白人たちが、実は自分たちよりも優れていると信じていることを理解していなかったのである。

＊＊＊

19世紀前半に盛んに行われた、ヨーロッパ人による太平洋岸北西部への遠征では、サーモンの豊富さが興奮気味に伝えられた。１８３８年から１８４２年にかけて、アメリカ合衆国の探検隊を率いたチャールズ・ウィルクスは、セリロ滝近くのザ・ダルズに滞在した際に、コロンビア川の釣りの様子を見て、次のように報告している。

――男たちは漁ばかりしている。１時間に20から25匹のサーモンを取ることも珍しくない。ケトル滝では大きな網を川に下ろして、１日に３回引き上げるだけで３００匹ものサーモンが捕れるのだ。

先立つカボット号の航海（１４９７年、コロンブスに次いで大西洋を横断し、新大陸に到達したイタリア出身の航海者カボットに率いられた航海）で、タラが網一杯に捕れたという話が、ヨーロッパの漁師たちをニューファンドランドに導いたが、今回は魚ではなかった。ニューイングランドの川でサーモンの数が減り続けていたために、すでに人々は資源を求めて、遠方へ魚を捕りに行くようになってはいたが、今回彼らを引き付けたのはサーモンだけではなかった。すでに毛皮商人たちは、ビーバー、カワウソ、マスクラットの存在を知っていたのだ。また畑を作るために森を伐採しにやって来る人々もいた。１００年前に発見したニューイングランド地域同様、開拓者たちはサーモンに大きな価値を見いだすことはなく、素晴らしい肥料程度に考えていた。

ルイス＆クラークがミズーリからオレゴンまでたどった未踏の道は、その後数十年の間に人が通る道となり、その後、馬の道となった。そして、１８３６年には道の一部が馬車用に広げられ、その後、着々と開発が進められた結果、ついにはオレゴン州のウィラメット渓谷まで続く馬車道が完成した。幌馬車は毎年多くの移民を乗せて西部に到着し、それまで罠猟などで生計を立てていたマウンテンマン（毛皮商人と契約している狩猟者）たちの新たな収入源となった。そんなマウンテンマンの一人、モーゼス・ハリスは、１８４４年に５００人の入植者をコロンビア流域へと案内し、１８５５年には３０００人が、その翌年には１５００人が到着した。最終的には約40万人がこのトレイルと、そこから分岐するトレイルを通って、カリフォルニアやその他の目的地へと向かったのだ。

あまりに大量に入植してくる白人に対して、反感を持ち始めたネイティブアメリカンたちはやがて抵抗を始めた。メキシコ産の馬にまたがったカリフォルニアの部族は、セントラルバレーで、やって来た白人たちに激しく抵抗して、追い返すことに成功した。

ニューイングランド人たちは、西にやって来ても懲りることなくサクラメント川にキングサーモンの漁場を作った。サーモンにとって不幸だったのは、１８４８年に発見された金である。翌年の１８４９年、30万人もの人々が、川に眠る金を求めてカリフォルニアに殺到した。いわゆるゴールドラッシュである。１８４９年であったことから、この時カリフォルニアに殺到した人々は「フォーティーナイナーズ（サンフランシスコに本拠地を置く、プロアメリカンフットボールチーム名の由来）」と呼ばれたが、金の採掘によってサーモンの産卵に必要な砂利の川床がなくなり、川の底には泥が溜まった。土手が削られ、川の流れは緩く直線的になり、日陰も少なくなった。川の一部はがれきで塞がれ、水生昆虫が減少し、水中の酸素が減少し、泥が魚のエラを塞いだ。これら一連の環境破壊活動の進行速度は驚くほど速く、シエラネバダ山脈の麓で初めて金が発見されてからわずか5年後の春、サクラメント川に戻ってくるサーモンはいなくなってしまったのである。サクラメント・バレーの東部を流れるユバ川でも、１８５３年にネバダシティで行われた水力採掘（高圧で水を噴射して、岩や土砂を動かす方法）によって、サーモンが姿を消した。１８５５年にはアマドール郡にあった鉱山が、採掘用の水を迂回させたことにより、シエラネバダ山脈からサクラメントに流れてくるモークラム川を干上がらせた。１８６２年、長い日照りの後にやって来た大雨が、採掘物の大量の残骸をフェザー川に流して、支流のアメリカン川のサーモンを全滅させた。この記録的な大雨はサクラメント川をあふれさせ、サンフランシスコ湾は泥濁りとなり、マリン郡とアラメダ郡の牡蠣《かき》の養殖場へも甚大な被害をもたらした。

採掘者たちが、山の斜面を削って土砂を川に流したその傷跡は、今でもカリフォルニアの風景に傷跡を残している。絶えていくサーモンの代弁者は、同じく絶えていく運命にあったネイティブアメリカンしかいなかった。実際、ゴールドラッシュによって、食料源だった漁場から追い出された川の民たちの多くが死んでいった。

採掘行為が農業にダメージを与え、セントラルバレーにおける農業生産性を低下させていることが明らかになったのは１８８４年のことで、カリフォルニア州第9巡回区裁判所は、農業保護のために採掘行為を停止するよう命じた。魚を保護する必要はなかったが、農業を保護する必要があっただけだ。すでにその時点で、サーモンを救うことは不可能となっていた。

19世紀に西海岸にやって来たヨーロッパ系アメリカ人は、金や毛皮で一攫千金《いっかくせんきん》を狙っていて、サーモンの商業的可能性に関して気に留める者はいなかった。あるいは好意的に解釈すれば、ネイティブアメリカンがサーモンを重視していたため、あえて彼らの資源を除外視していたのかもしれない。１８２９年、帆船オワイヒー号がコロンビア川を遡った際に乗組員が釣ったサーモンを、ジョン・ドミニス船長はタバコと交換した。2回の夏で50ケースを（恐らく塩漬けにして）ホーン岬経由でボストンまで運んだ。サーモンは1ポンド10セントで売れたが、これはあくまでもサイドビジネスであって、商業事業ではなかった。

最初にサーモンを本格的なビジネスにしようと考えたのはナサニエル・ワイエスだった。西海岸での毛皮貿易に失敗したワイエスは、次にサーモンビジネスを思い付き、マサチューセッツからコロンビア川沿いに移住することにした。１８３２年にホーン岬経由で自分の船を西海岸に回送する手配をして、彼自身はまだ人が歩く程度の幅しかなかったオレゴントレイルを陸路で踏破した。太平洋にたどり着いたワイエスは、現在のワシントン州にあるコロンビア川の支流ルイス川に最初のサーモン取引所を、そして現在のオレゴン州ポートランドの近くにあるウィラメット川河口のソービーアイランドに二つ目の取引所を設立した。ところがワイエスが回送した船は南米で岩礁に衝突してしまい、コロンビア川にたどり着くことができなくなってしまったのだ。ただでさえ満身創痍のワイエスにトドメを刺したのはハドソンベイ社である。当時、毛皮だけを取り扱っていたこの会社は、ワイエスのビジネス計画を知って、魚を取り扱い品目に加えることを決め、ネイティブアメリカンの漁師たちにワイエスよりも良い条件を提示した。ワイエスは十分な魚を手に入れられなかっただけでなく、魚を詰めるための樽の入手にさえ困った。ハドソンベイ社はチリやイギリスへサーモンを出荷し、さらにはハワイにも市場を見出して業務を拡大したが、一方でワイエスが設立した会社は倒産した。やがてサーモンは、毛皮よりも収益性の高い輸出品となり、ハワイは大きな市場へと成長してハドソンベイ社の大黒柱になった。18世紀と19世紀にハワイの人々は塩漬けの魚を好んで食べるようになったのだ。ハワイでサーモンは大人気となったが、その背景には、元々サーモンを食べてきた日本人が多く移住していたことや、南洋に生息していない北方系の魚の味を珍しがったという事情がある。現在でも、アメリカ北西部を旅行するハワイの人たちは塩ザケを土産に持って帰りたがる。「最近は塩ザケが手に入らなくなった」と不満そうだが、実は今でも塩ザケは作られていて、そのほとんどがハワイに向けて出荷されてしまうために、本土に残っていないだけの話である。ハワイで最も人気のあるサーモン料理は、昔も今もロミロミサーモンである。

＜ロミロミサーモン＞

塩ザケ約４５０gを数時間、定期的に水を取り替えながら浸す。水気を切り、フレーク状にする。完熟トマト（４５０g）の皮をむき、種を取り除く。サーモンとトマトをよく混ぜ合わせる。食べる直前に刻んだネギを一つかみ加える。

ハドソンベイ社の成功に刺激されたのか、その後マサチューセッツから人がやって来ては、サーモンの商社を設立し、瞬く間に北西太平洋岸のサーモンは世界的に知られるところとなった。

１８５０年代にホジキンスとサンダースという二人のヨーロッパ系アメリカ人は、サーモンをネイティブアメリカンと取引せずに、ポートランド下流のオークポイントで刺し網を使って捕り始めた。不吉なことには、彼らは捕るべきサーモンがほとんどいなくなってしまったメイン州から、この網を持ち込んだのである。ほぼ同時期に、ジョタム・リードという男がこの地域にやなを建造した。リードは捕った大量のサーモンを塩樽に詰め、主にハワイに出荷したが、時には、より困難なホーン岬経由で、ニューイングランドやヨーロッパに送ることもあった。

このように塩ザケの輸出ビジネスが発展したことで、平穏だった西海岸に波風が立ち始めたが、さらに大きな変化が待ち受けていた。19世紀初頭、世界中に軍隊を派遣していたナポレオンにとって、腐らない携帯食料の確保は大きな課題で、解決策に1万２０００フランの賞金がかけられていた。

料理人であり、キャンディーやリキュールの製造者でもあったニコラ・アペールは、14年の歳月をかけて、「十分に加熱した食品を、完全に密閉したガラス瓶に入れると腐らない」という方法を提案した。彼は、野菜、シチュー、果物、ジャム、そして殺菌した牛乳で実験をした。彼はその方法を本にして１８０９年に英語に翻訳した。この本が出版された直後にロンドン在住のピーター・デュランという人物が、全く同じアイデアで特許を取得した。デュランはアペールがガラス容器を使用したことから、彼が大規模な産業としての可能性に気付いていないと考えた。割れない容器を開発すれば、食品産業そのものが変わるかもしれない。そしてデュランは約13kgの肉をブリキ缶に入れる「缶詰」を開発したのだ。しかし、彼は缶詰の製造そのものには手を付けず、ブライアン・ドンキンという実業家にその特許を売り、世界初の缶詰工場はドンキンによって、テムズ川沿いに建設された。

１８１９年、缶詰はアメリカに上陸したが、翌年にエズラ・ダゲットがニューヨークでカキとタラの缶詰製造を始めるまでは、誰もこの新しいアイデアを海産物に転用しようとしなかった。サケ缶は１８２５年にスコットランドのアバディーンでジョン・モアが作ったのが最初とされている。当時、すでに落ち込みつつあった大西洋産のサーモンの水揚げ量では缶詰工場の需要に耐えられず、すぐにサーモンは大西洋産から太平洋産に切り替わることになる。不思議なことには半世紀もの間、これらの起業家の誰一人として缶切りの発明を思い付かなかった。缶切りが発明されたのは１８５８年のことで、発明者はコネチカット州ウォーターベリーのエズラ・J・ワーナーである。

ヒューム兄弟（ジョージ、ウィリアム、ロバート）とパートナーのアンドリュー・ハプグッドは、１８６４年にサクラメント川で西海岸初の缶詰工場を設立した。ハプグッドは、メイン州で主にロブスターの缶詰に使われていたこの新しい技術について、やや秘密裏にビジネスを進めた。はしけと小屋を使って操業し、初年度は２０００ケースを生産したが、１８６７年にはサクラメント川から十分なサーモンを供給できなくなり、ワシントン州のコロンビア川沿いにあるイーグルクリフに移転した。

コロンビア川に移った最初の年は４０００ケースのサケ缶を生産した。２人の乗組員で運航するたった2隻の船で捕ったという事実にも驚かされるが、１ケース48個の缶、合計19万２０００缶の全てに一つずつ、はんだ付けをして出荷したというのだから、今でいうところのブラック企業級の重労働であったことは間違いない。しかも翌１８６８年には１５０％増しの６２００ケースを生産して、その大半をオーストラリアに出荷したのだ。

１８７３年にはコロンビア川で八つの缶詰工場の操業が始まり、１８８９年には39カ所に増えていた。一時はヒューム＆ハプグッドだけで20の缶詰工場を所有していた。独占をやめさせようとする社会的な動きに対して、政治家となったヒュームは熱心なロビー活動によって対抗し、結果的に反対勢力を封じ込めることに成功した。

１８８０年には、オレゴン州だけで55の缶詰工場があり、年間50万缶を生産し、販売額は２００万ドルとなり、19世紀のオレゴン州にとって、巨大な産業に成長した。缶詰工場はワシントン州、カナダのブリティッシュ・コロンビア州にまで広がり、１８７８年にはアラスカ州のシトカとクラウオックにも二つの缶詰工場が開設された。イギリス、アメリカ東部、カナダでは、サケ缶が生のサーモンに取って代わりつつあったのだ。

19世紀後半の有名なシェフに、奴隷出身のルーファス・エステスがいて、１９１１年に出版された料理本『おいしく食べる（*Good Things to Eat*）』（アフリカ系アメリカ人による最初の料理本）にサケ缶を使った料理が紹介されている。

＜サーモンパテ＞

新鮮な魚が手に入らない地域でも、サケ缶を使えばおいしいモールドを作ることができる。サケ缶の汁気を切り、骨と皮の断片を全て取り除いてフレーク状にし、卵1個とレモン汁半個、パン粉1カップ、塩、胡椒と混ぜ合わせる。それをバターを塗ったモールドに詰め、蓋をして2時間蒸してから冷ます。冷めたら切り分けるまで、氷の上に置いておく。新鮮なレタスやクレソンを敷いて、冷やして食べる。

今では想像することすら難しいが、当時、缶詰にされたサーモンは大半がキングサーモンであった。キングサーモンはコロンビア川に大量に生息し、缶詰工場で処理し切れないほど過剰に水揚げされ、その結果、大量に捨てられて腐敗した。ネイティブアメリカンにとっては、見るに耐えない光景であったことだろう。１８８０年代には春の遡上数が減少したため、秋の遡上を水揚げするようになり、次にベニザケ、ギンザケ、シロザケ、スチールヘッドなど、捕れるものは何でも捕って、１種類ずつ川から抹殺されていったのだった。

フレーザー川では１９１３年の鉄道建設事故によって川の一部が塞がれ、ベニザケの缶詰の製造が中止された。さらには翌年に流域で地滑りが発生し、何百万匹ものベニザケが産卵地から断絶されてしまった。その後に重なった地滑りとカナダとアメリカの海でのサーモンの商業漁業により、フレーザー川のサーモン産業は大きく衰退していった。

太平洋北西部における缶詰工場の原型は、海岸際の水底に杭を打ってその上に小屋を建てる方式で、それは今でも変わらない。かつては帆を張った小型の刺し網漁船が湾内を縦横無尽に走って魚を運んでいた。当時の漁師はネイティブアメリカンだったが、オレゴン州では彼らを川から追いだして、代わりにフィンランド人、デンマーク人、ノルウェー人など、サーモンを知り尽くしたスカンジナビア系移民が取って代わった。ニューヨークの毛皮王ジョン・ジェイコブ・アスターが設立したコロンビア川の港、アストリアは缶詰貿易の中心地となった。店先にはフィンランド語の名前が書かれ、スカンジナビア語の新聞が売られた。当初、スカンジナビア人は漁だけでなく缶詰工場でも働いていたが、やがて彼らは協同組合を結成して缶詰工場で働くことを拒むようになった。さらに協同組合は自分たちの漁獲を全て引き取ってくれる会社にしか売らないと主張し始め、結局、缶詰会社は余剰が出ることを承知で魚を買った。魚の仕入れ価格が安かったため、不足するよりは、多過ぎる位の方が良く、時間が経って腐ってしまった魚は、はしけから川へ捨てればそれで良かったのだ。

　工場から姿を消した北欧人の代わりに登場したのが中国人だった。中国人は手先が器用だから、この作業に向いているといわれていたが、実際に缶詰工場で働いていた中国人労働者が、14kgのキングサーモンを洗浄し、脱脂し、切り分けて、１ポンド缶（約４５４ｇ）に入れるまでに要した時間はたった1分だったという。彼らは総じて住環境が悪く、待遇も悪く、賃金が低かった。というのも、アメリカ西海岸への中国人労働者の移民の実態は、人身売買的なものだったからだ。中国本国からマレー半島や東南アジアに中国人労働者を移送供給するビジネスが、そのままの形で太平洋を越えたのだ。シャム（現タイ）、ビルマ、マレーシア、インドネシア、そしてボルネオ島やフィリピンまでを勢力範囲としていた中国本土の組織によるもので、移民はあくまでも労働者本人の希望だという理屈で、現地までの法外な船賃を移民者自身に支払わせるというあくどいビジネスだった。結果的に移民労働者は極めて低い賃金で、その船賃を返済するために働いていたのだ。この借金を別の中国人が肩代わりすることにより、移民した当事者を好きなように差配できたため、事実上の奴隷状態という恐ろしいシステムであった。

　19世紀半ばまでに、この年季奉公システムは中国国内、インド、ラテンアメリカ、アメリカ西海岸、カリブ海といった太平洋域内における、巨大で合法的な人身売買手段となり、中国人は解放されたアフリカ人奴隷に取って代わるようになった。中国人労働者はしばしば誘拐され、売られた。実質的に監禁された労働者は、通常、香港からサンフランシスコへと送り込まれた。「クーリー」という言葉は、元々ポーターなど特定の職種に使われていたが、やがて強制労働を強いられた中国人の呼び名となった。より良い待遇を得たいならば、より過酷な労働契約を結ばなければならなかったが、改善される待遇はほんのわずかで、そもそも鉱山であっても、缶詰工場であっても、中国人労働者が利益を得ることなどあり得なかったのだ。労働は、あくまでも移民時の費用に対して非常に低いレートで計算され、いつまで経っても返済することができない仕掛けだった。

元々、中国人労働者たちは北米に留まるつもりはなかったので、地域コミュニティに同化しようともしなかった。年季が明けて広東に戻り、悠々自適の生活を送ることができるだけの資金を稼ごうという計画だったのだが、それはほとんどありえないアメリカンドリームであった。資金を稼ぐどころか、彼らは紙や貝の窓がついた泥小屋集落の中に押し込まれるようにして暮らし、雇い主は狭い小屋を、衆目にさらさないように塀で隠した。剃られた頭にピッグテールを残しただけの彼らの髪型を、ヨーロッパ系アメリカ人の多くは中国人の髪形だと思い込んでいたが、実際は契約を管理する中国人の元締めが、逃亡を防ぐために強要したものだった。元々この髪型は、13世紀にモンゴル人が中国を支配した際に、彼らへの忠誠心を示すために、中国人労働者に要求したものだったのである。

中国人が入ってくるまで、アメリカには移民問題は存在しなかった。アメリカは国策上、人民を増やしたかったのだが、望まれていたのはあくまでも白人だったのだ。当時は誰でも入国することができて、短期間でアメリカの市民権を得ることができた。移民を制限しようとする最初の法律は、中国人に向けられたものである。１８７５年、アメリカ史上初の移民禁止法であるペイジ法が制定され、中国人契約労働者を「望ましくない人々（undesirables）」と呼んで入国を禁止した。１８８２年には、中国人排斥法が制定され、中国人の帰化が禁止された。さらには１８９２年にギアリー法が制定され、中国人移民に対する法律がさらに厳しくなった。中国人以外の「望ましくない人々」を指定した最初の移民法は、１９０２年の無政府主義者排除法である。中国人だけでなく、無政府主義者、売春婦、浮浪者、そして、てんかん患者さえもが「望ましくない人々」とされるようになった。

中国人は１８７２年にコロンビア川の缶詰工場で働き始めてからは、すでに主要な労働者となっていたが、彼らに許された仕事は、魚を缶に詰める作業だけで、それ以外の漁業に従事することはおろか、釣りさえ許されていなかった。白人の雇用を妨害してはならず、白人が働きたがらない職場においてのみ、中国人の就業が許された。現実的には中国人の就業を制限する法律や規則はなかったが、釣りや漁をしようとした中国人労働者は、白人の手によって暴力的に処分されることになった。アメリカにおける自然科学分野の初期推進者の一人であるジョージ・ブラウン・グッドは、当時「中国人はコロンビア川では釣りをしない。というのも、遊びが、そのまま命取りのゲームになるからだ」とコメントした。

　中国人の労働力は契約業者によって提供され、多くの場合、缶詰会社は1ケース当たりに換算した対価を契約業者に支払っていた。このケース単位で換算された金額から、契約業者の法外な利益が差し引かれた後、1缶単位で作業した分だけが労働者への賃金として支払われた。10時間の勤務で、一人当たり１２００から１４００缶の作業量だったといわれている。19世紀末にブリティッシュ・コロンビア州で行われた中国人労働者についての調査で、缶詰工場のオーナーは、中国人なしには到底缶詰工場を運営することはできないと政府に報告している。中国人労働者はストライキを起こさず、かつコストが安く付くからだ。実際、ある工場の労働力の4分の1は白人だったが、残りの4分の3を占めていた中国人分のコストの方が安かったという報告もあった。

　気候の厳しいブリティッシュ・コロンビアでは、労働者がカリフォルニアのような泥の村で暮らすことはなかったが、いずれにしても建物はバラックで、マットレスのない板の上に寝るような状態だった。１９０３年、シアトルの発明家エドモンド・A・スミスがワシントン州ベリンガムに、魚の首切り、切り落とし、内臓除去を機械的に行う機械を発明すると、人々は恥ずかしげもなくその機械を「アイアン・チンク（チンクは中国人を指す侮蔑語）」と呼ぶようになった。現実的に当時の中国人の社会的地位はそれほど低いものだったのだ。

＊＊＊

ヨーロッパ系アメリカ人の人口が増えていく一方で、ネイティブアメリカンの人口は激減していった。天然痘に代表されるヨーロッパ由来の疫病が、免疫力のないネイティブアメリカン世界を席巻したのだ。川から追い出されて食料を得ることができない餓死者も続出し、19世紀半ばにして、ネイティブアメリカンは北アメリカ大陸におけるマイノリティに転落してしまった。

白人が欲しているのは毛皮だけではなく、実は土地そのものであったことをネイティブアメリカンたちが理解した時には、すでにゲームオーバーの状態だった。彼らにとって、土地は空と同じく、人間が所有することのできないものであり、不動産という概念、もしくは商品は、彼らの想像と理解を超えていたのだ。そういった文化の違いによる誤解の最たる例が、オランダ人によるタダ同然のマンハッタン島買収だろう。ヨーロッパ人入植者にしても、土地の価格が異常に低い本当の理由が、ネイティブアメリカンの発想に起因していることを理解してはいなかった。自分たちが所有していない（できない）空間を売った彼らが、得をしたと思ったかどうかは不明だが、買った側のオランダ人は、売却したはずの土地からネイティブアメリカンが出て行かないことに戸惑った。

アメリカ北西部に進出したヨーロッパ系アメリカ人は、東海岸での経験から、不動産の見極めをして、どうせなら川沿いの土地を所有しようと考えた。たくさん魚がいる川沿いの土地は缶詰工場にとっての一等地であり、電力供給にしても、流通にしても、最も安価に済ませることができるからだ。

入植者たちは、ネイティブアメリカンから漁場を奪い、代わりに農地を与えたが、ネイティブアメリカンにとっては、漁業や狩猟に使えない意味のない土地でしかなかった。先にも記したが、初期の探検家たちは、皆、ネイティブアメリカンの男たちが「狩りと漁以外は何もしない」事実をやや批判的な論調で書き残したが、それというのも農耕を知らないことが後進的であると認識していたからだ。その彼らの理屈で先住民たちに農業を薦め、文化向上を促したわけだが、それはもちろん、川沿いの土地から出て行かせるための方便でもあった。

ヨーロッパ人、そしてヨーロッパ系アメリカ人の世界では、常に漁業よりも農業に高い地位が与えられてきた。漁民と農民の対立があった場合、社会は常に農民の側に付く。なぜなら農業は人類の進歩の上に成り立ってきたからだ。「農地が川を濁らせる」、「河川敷が破壊される」、「農薬の使用が虫や魚を殺す」、「灌漑用水で川が減水する」と主張する漁民側の主張は、常に農民側に付く政治家や民衆によって否定されてきた。人は土地を得てそこに留まる、というヨーロッパ人の考え方は、ネイティブアメリカンの「空間の自由」という概念に反していた。ネズ・パース族のチーフ・ジョセフは、「自由に生まれ付いた人間が、自分が行きたい所に行けなくなるのは、川に逆流してくれと願うようなものだ」という言葉を残したが、これが彼らの一般的な自然観だった。

　１８５５年、白人たちはネイティブアメリカンの部族と条約を結ぶことで、全てを合法化することを思い付いた。ただしこの条約には肝心要の、その合法性自体に問題があった。「条約（treaty）」とは、外国との協定を指して使う言葉である。ところがアメリカ政府はどの部族、どのグループも国家としては認めていなかったのだ。かといって自国民としても認めなかったネイティブアメリカンにアメリカの法律を適用することもできず、根本的な矛盾はそのままにして、言葉で約束を取り付けることを優先したのだ。その後、アメリカ政府は、長らくネイティブアメリカンを無国籍者として扱い続け、１９２４年に至るまで市民権を与えず、投票権を認めたのは、第二次世界大戦後の１９４８年のことだ。

　ネイティブアメリカンを条約で縛るために、ありとあらゆる手を使ったのがアイザック・インガルス・スティーブンスだった。スティーブンスはニューイングランド生まれのウエストポイント出身者で、アメリカ・メキシコ戦争に従軍し、１８５３年にワシントン準州の初代知事に就任した人物である。35歳という若さで知事とインディアン問題監督官を兼任し、さらに北部大陸横断鉄道建設に向けた調査団の団長にも就任した。

　彼の使命は経済の拡大であり、それは狩猟採集民であるネイティブアメリカンの排除を意味した。彼は、先住民に条約を提示する際に、決まって武力による威嚇を行い、回答に「ＮＯ」という選択肢がないことを理解させたのだ。

１８５４年に締結されたメディシン・クリーク条約においては、62人の部族指導者の合意の下に、ピュージェット湾に隣接する入り江周辺の土地を３万２５００ドルで買い取ることを確定させた（合意したのはニスクアリー、ピュアラップ、スコウクシン、ステシャス、ヌーセチャトル、スクイアイトル、ティープシン部族）。

次にスティーブンスが白羽の矢を立てたのは、コロンビア川沿いのヤキマ族の土地だった。ヤキマ族の部族長だったカミアキンは、スポケーン族の母親とネズ・パース族の父親を両親に持つ混血で、条約を拒否して戦闘部隊を組織し、これがヤキマ戦争へと発展した。カミアキン率いる先住民部族は緒戦で勝利したものの、３年以上続いた戦闘で消耗してしまい、最終的にヤキマ族は「条約」を受け入れることに同意した。降伏を拒否したカミアキンはカナダへと逃亡し、来るべき日の復讐を誓い、実際に2年後に故郷へと戻ってきたが、すでに部族内に戦う意思を持つ仲間はいなかった。ヤキマ戦争後、カミアキン不在のヤキマ地区で、ニスクアリー族の部族長レスシャイが条約内容に反して武器を取ったかどで捕らえられ、見せしめ的に絞首刑にされたのだ。多くの人が絞首刑に反対したため、絞首台は人里離れた場所に設置されて刑が執行された。絞首刑の跡地は現在ゴルフ場になっている。

ネイティブアメリカンにとって、条約にサインする以外に、生き延びる方法がないことは明らかになりつつあった。ワシントン、アイダホ、モンタナ準州の全部で６４００万エーカーの土地、10万平方マイルが、彼らが望まない農地と強引に引き換えられていったのだ。

スティーブンスのやり方は冷酷で、かつ鉄道会社の利益のために働いていることが明白だったため、アメリカ人の間でも、しばしばそのやり方は議論の的になった。そんなスティーブンスだったが、北軍の将軍の地位に憧れてワシントンを離れたところが、１８６２年バージニア州シャンティの戦いであっけなく戦死してしまった。ストーンウォール・ジャクソンの進撃を止めるために突撃を指揮し、その際に頭を撃たれたのだった。今でも彼が残した条約を巡っては論争が絶えない。

ネイティブアメリカンの漁師は、ほぼ全員、漁場から引き離された。ネズ・パース族は、漁業権のために戦ったチーフ・ジョセフ率いる離脱者グループを除いて、ほぼ全員が１８７７年までに、先祖代々引き継がれてきた漁場から遠く離れた居留地へと移植された。

若い将校時代を西部のネイティブアメリカンたちと共に過ごし、西部を愛した第18代大統領、ユリシーズ・グラントでさえ、「インディアンは居留地に入れろ」と言った。グラント大統領は、先住者たちに共感を覚えて（ちなみにスティーブンスも同じ主張をしていた）、「平和政策」を打ち出し、アメリカ史上初めて、ネイティブアメリカンを「インディアン問題担当長官」にした。南北戦争を戦ったセネカ族出身の将軍エリー・パーカーは、「人間化、文明化、キリスト教化」、つまり白人への同化を信条とした。グラントは、「私にはインディアンと共に生活した経験があり、彼らのことを知り尽くしている。インディアンは放浪生活を捨てれば、それですべてがうまくいくのだ」と言った。グラント大統領は和平交渉によって、全てのネイティブアメリカンが居留地に入り、「そこで家に住み、学校と教会を持ち、平和で自立した職業を追求する」ことを期待した。自立した職業とは、すなわち農業のことである（実際、グラント自身、農民としての生活に憧れを抱いていた）。

パーカーの長官就任により関係改善が期待されていたが、フィリップ・シェリダン将軍が西部開拓の責任者に任命されると、険悪な雰囲気が漂うようになった。南北戦争においてシェリダンは、有名なシェナンドー渓谷での作戦で、敵を飢えさせ、消耗させ、殺すという兵糧戦を展開した将軍である。カスター将軍（ジョージ・アームストロング・カスター）を始めとして、多くの北軍将校が同じ戦術で南軍を破っており、そのやり方を知っていたネイティブアメリカンが警戒を強めたのだ。

ところでネイティブアメリカンと白人の戦いにまつわる神話の一つに、カスター将軍の敗戦がある。スー族ラコタの指導者シッティング・ブルが、リトル・ビッグホーンで第７騎兵隊を打ち破った戦いのことだが、実のところ騎兵隊の敗北は他の地域にあってもさして珍しいことではなかったのだ。平原でブラックフット族と戦うために馬術を学んだネズ・パース族は、優れた騎兵と優れたライフル兵で、アメリカの騎兵隊を圧倒していた。もしチーフ・ジョセフの目論見通りに、シッティング・ブル率いるスー族が現カナダから南下して、ネズ・パース族に合流していたら、アメリカ軍の歴史的敗北がさらに増えていたことは間違いない。しかしチーフ・ジョセフの願いは叶わず、より多くの人員、武器、物資を得た騎兵隊は、徐々にネズ・パース族の小戦闘集団を疲弊させていき、ジョセフを降伏へと誘導した。ネズ・パース族は西部でアメリカ軍と戦って降伏した最後の部族であり、チーフ・ジョセフによる降伏演説は、ネイティブアメリカンの歴史上最も有名な演説となった。ある歴史家によれば、降伏後に捕らえられた数百人の捕虜の中には、ハラハトキット（部族の言葉では「のろし」という意味）、彼の娘、そして孫娘がいたという。ハラハトキットの幼少時のニックネームは「クラーク」、すなわちルイス&クラーク隊のクラークである。クラークがネズ・パース族の土地でサーモンの食べ過ぎで体調を崩し、クリアウォーターに留まったことは先に記したが、その際にクラークを介抱した若い女性がハラハトキットの母親だといわれている。

第8章　行き場のないサーモン

実り、殖やし、地を満たして従わせ、海の魚、空の鳥、地の上を動く、全ての生き物を支配せよ

――創世記第1章 28

アメリカ人は、北米の地形を調査して、あらゆる方面の商業資源を見付けだした。森林は木材となって販売され、生息している動物は毛皮を剥がされて衣服となり、土地は耕されて穀物となり、掘り出した金はそのまま貴金属産業に、そして魚は塩漬けや缶詰になった。同時に流通網も整備され、小麦はサンフランシスコ、牛はシカゴに市場ができた。

将軍になりたかったアイザック・インガルス・スティーブンスが鉄道建設に熱心だったのは、軍人の目ではなく、商人の目を持っていたからである。鉄道が完成すれば、広大な国土における流通の問題が解決できることを理解していたのだ。駅ができると、港や都市が生まれ、より多くの商品を、より速く動かせるようになる。

多くのアメリカ人は、自分たちの開発が新大陸に及ぼしている負の一面を自覚してはいたが、それは優先順位の問題にすり替えられた。１８７５年には、ポートランド・モーニング・オレゴニアン紙が「我々の水域のサーモンはほぼ完全に絶滅した」と警告した。しかし、ヨーロッパから新大陸に移住してきた人々は、環境保護キャンペーンを展開するためにやって来たのではなく、自分たち自身が豊かになるためにやって来たのだった。開発にはある程度の犠牲が伴うことは百も承知だったし、何より自分自身へ直接的な害が及ぶことはなかった。

森林を伐採して木材として出荷していた林業従事者たちは、次の木材を売るために、次世代の木々を生育させる更地も残した。１８２７年、コロンビア川の北岸、オレゴンとワシントン州境にあるバンクーバー（訳注：カナダではない）では、すでに製材所が稼動していた。交通の便が良くなるにつれて、より多くの伐採が可能になり、１８４８年には、オレゴン州とワシントン州の西部の製材所は22カ所に増えていた。それからわずか3年後の１８５１年には、オレゴン州だけでも１００以上に急増したのだ。

製材所が河川へ及ぼす悪影響に関して誰の目にも明らかで、かつ改善可能と考えられたのが、おがくず問題だった。ワシントン準州の議会は１８７６年、川へのおがくずの投棄を禁止する法案を採択した。2年後にオレゴン準州も続いた。とはいうものの、現実がどうだったかというと、製材所がおがくずの廃棄をやめることはなく、罰せられることもほとんどなかった。

沿岸沿いに広がるフラットな土地では、極めて良質な木材が育ち、木材の運搬交通の便も良いために、常に製材会社の資源確保のターゲットとなった。ところがそのような森林こそ、サーモンには欠かせない環境なのだ。現在、オレゴン州やワシントン州の河畔には原生林はほとんど残っていない。ワシントン州に例外的に残っているのが、オリンピック半島を流れるクィノールト川で、川岸を豊かな原生林が支えて、昔ながらの川の形状を維持している。もしこの原生林が伐採されてしまったら、大雨や雪解けの際の出水が、川岸を浸食して直線的な川にしてしまうか、土砂に埋まった浅瀬と小川が続く川にしてしまう。また保水能力を失ってしまうために、夏には水が不足し、山火事で発生する有毒な灰が開けた土地に堆積し、そのまま川に流れ込んでしまうだろう。灰は本来、林床に堆積してろ過されるため、森が自然のままであれば、よほど大規模の山火事でない限り、川や川に住む生物に悪い影響を与えないのだ。

19世紀、伐採業者は「スプラッシュダム」と呼ばれるダムを建設し、丸太を川に流した。一時的に川をせき止めることによって大きな貯水池を作り、この貯水池に丸太を積み上げて浮かせておく。川が増水したタイミングを狙ってダムを撤去すると、巨大な丸太が勢いよく下流に向かって流されるという、いかにも西部らしい荒っぽい仕掛けだ。

文字通り怒濤のごとく、大きな丸太が川底を削り、川岸を破壊しつつ流れ下るのである。増水のタイミングというのは、すなわち雪解けのタイミングであり、サーモンの遡上のタイミングである。どうなるかは説明の必要もないだろう。そんなスプラッシュダムは、ワシントン州で１５０以上、オレゴン州では１６０以上が使用されていた。

＊＊＊

森林を伐採する目的は木材資源の確保だけに留まらず、農地の開拓にもあった。森林がなくなっただけでも川が被るダメージは相当なものなのに、さらに農業や牧畜が追い打ちをかけたのだ。ワシントン州、オレゴン州、アイダホ州にまたがるコロンビア川流域では、古くから灌漑《かんがい》が行われ、現在も続けられている。１８４０年、現在のアイダホ州ルイストンやワシントン州ワラワラ付近を拠点にして布教活動を行っていた人々が、灌漑を利用した農業を始め、１８５９年には、ワラワラ・バレーで大規模な灌漑事業が開始された。その後、フード川やユマティラ川などオレゴン州の主要な河川流域に灌漑が広がり、１８６６年にはカリフォルニアのサクラメント川とサンワーキン川、その後オレゴン州とカリフォルニア州のクラマス川に、灌漑は徐々にその規模を拡大しつつ、各地に網の目のように広がっていった。科学的な調査によって、灌漑のために川や湖から取水した水量のうち、同じ川に戻るのは3分の1に過ぎず、戻ったとしても水質の低下が著しいことが分かっている。環流されてくる水は、水温が高く、塩分が高く、病原菌が加わっていることが多く、水中の溶存酸素も減少している。そんな灌漑がサーモンの卵や幼魚の死亡率を高める要因となることは火を見るより明らかだ。また大量の取水によって本流の川底が露出してしまうこともままあって、稚魚や幼魚だけではなく、成魚の遡上そのものを不可能にしてしまうケースもあった。

　家畜は川岸を踏み荒らし、浸食を引き起こし、大量の排泄物を垂れ流すことによって、水質を著しく劣化させ、水中の酸素も減らす。サーモンにとって特に問題なのは、水生昆虫の生息に不可欠な川岸の植生が失われることだ。言うまでもなく、同じ生物であってもサーモンと人間では、河口や湿地の利用方法が異なる。サーモンにとって河口の汽水域は、淡水を泳ぎ下ってきた若いサーモンが、海を泳ぐ成魚に変化する場所である。人間にとっては生活用、産業用の排水口であり、埋め立てて使うことで、さらに経済を発展させることができる土地である。ニューヨークやサンフランシスコは湿地帯から発生した都市であり、その港湾用の優れた機能がこの二つの都市をアメリカ有数の商業都市として成長させてきた。

　湿地帯についていえば、工業団地や農地に最適で、カリフォルニアほど湿地帯を埋め尽くした州はない。１７８０年、カリフォルニア州には５００万エーカーの湿地があったが、２００年後の１９８０年までに、その91％が埋め立てられた。同じ期間に、アイダホ州は56％、オレゴン州は38％、ワシントン州から31％の湿地が失われた。サーモンがこれほど大規模な生息地の喪失に耐えられたのかどうかについての科学的データは存在せず、他の多くの問題に紛れて曖昧になってしまっている。

＊＊＊

　サーモンは極めてタフで回復力のある魚で、絶対数を減少させながらも、採鉱、農業、灌漑、伐採、さらには缶詰工場などの、人間の近視眼的な破壊や浪費など、あらゆることに何とか耐えてきた。しかしながら、川をせき止めた百ｍもの高さのコンクリートの壁を乗り越えられるスーパーサーモンは地球上には存在しない。したがって産卵ができきない、だからサーモンはいなくなる。さすがに小学生でも分かるこの単純明快な事実を、理解できない者はいなかった。１８４８年に制定されたオレゴン準州の憲法には、サーモンが生息する川や小川をせき止めることが禁止された条文がある。

――やむをえずダムを作る必要がある場合には、魚が行き来することができる魚道を作ること。

そしてメイン州出身のロバート・デニストン・ヒューム（先に紹介した太平洋岸北西部における缶詰製造の父と言われている人物）は、１９０８年、オレゴン州で最も有名なサーモンの河川の一つローグ川の保護を以下のように訴えている。

――何百年も前のスコットランドのベルウィックシャーでは、私と同じ姓を持った男たちがツイード川でのサーモンの遡上を妨害しているダムや障害物の撤去を求めて立ち上がった。数世紀の時を経て、私はローグ川に設置されているこれらの構造物に反対する。

ダムが引き起こした問題は、魚が通過できるか、できないかという問題にとどまらなかった。ダム下の水は上に溜まった水よりもかなり温度が低く、たとえ魚がどうにか通過できたとしても、温度変化だけで死んでしまうリスクが高い。また稚魚はダム上の大きな湖にとどまって、陸封魚となってしまう可能性もある。さらには降海する幼魚たちが、ダムのタービンに吸い寄せられてしまうという不可解な現象もある（そうならないような工夫がされているにもかかわらず）。

しかし、19世紀末に幕を開けたばかりの電気時代に生きる人々の目には、流れが速く、規模の大きな河川は、強力な電力供給源としてしか映らなかった。ウィラメット川やスポケーン川など、コロンビア川の主要な支流に水力発電用のダムが建設されるのは時間の問題だったのである。また、ダムは電力だけでなく、洪水を防止するための水量調節や農業用の灌漑のためにも利用しやすく、さらには長期間の建設自体が雇用を含めた地域経済に収益をもたらすマルチユースの公共事業でもあった。

長期的な目で歴史を俯瞰《ふかん》して見れば、環境を守ることが雇用を保証し、破壊的な行為が雇用を減らしてしまうことを証明することができるかもしれないが、大恐慌時代に人々が心配していたのは、明日を生き延びることだった。フランクリン・D・ルーズベルトが太平洋岸北西部に描いたビジョンは、巨大な水力発電ダムによって膨大な量のエネルギーを供給し、その豊富で安価なクリーン・エネルギーが好景気を築き上げるというものだった。実際その通りになり、現在に至っているわけである。鋭い時代感覚を持っていたルーズベルトは自身が資産家でありながらも、労働者への語りかけ方を心得た政治家だった。１９３２年の大統領選の選挙活動でオレゴン州ポートランドに立ち寄った際には、次のように語った。

――この州が保有している莫大な量の水は、アメリカ経済のあらゆる分野における、計り知れない価値そのものです。水力発電による安価な電力が、製造業の成長を促し、その結果として、農場や家庭に暮らしやすさと快適さを運び込んでくれます。

ルーズベルトは１９３３年、大統領就任後わずか数週間のうちに、最初の連邦水力発電プロジェクトである巨大なグランドクーリー・ダムとボンネビル・ダムの建設をスタートさせた。グランドクーリー・ダムは、世界で最も大きなコンクリートの塊の一つであり、現在でもアメリカ最大の非原子力発電所である。コンクリートの自重で川の勢いを止める重力式のダムで、ルーズベルトは当初の設計を変更し、高さ約１６７ｍのダムにして、発電だけでなくコロンビア川の水を汲み上げて農地に灌漑用水として供給することにした。同じくコロンビア川にあるボンネビル・ダムは、大量の発電のほかに、川の洪水防止のための機能と水量調節機能を有している。

ダム建設に否定的な意見を表明したのは、商業漁業者、漁業委員会とネイティブアメリカンだけだった。アメリカ国民が苦しんだ大恐慌時代にすら、十分な蓄えを残していた余裕綽々《しゃくしゃく》の民間会社を発展させるために、政府が巨額の支出をしたというのに、一般市民は怒るどころか、どちらかというとこのプロジェクトに肩入れしたのだ。というのも、これはエネルギーだけでなく、大規模公共事業による、雇用創出プロジェクトでもあったからだ。ルーズベルトはエネルギー開発事業を公共化することで、政権の人気を拡大した。ウディ・ガスリーは労働者階級の悲哀を歌う、反体制派のフォークソング歌手だったはずが、１９４１年に政府機関から委託されて作曲した「グランドクリー・ダム」の中で、ダムを讃えた。

１９３３年、アンクル・サムは
農民と工場のために
私とあなたと全ての人のために
大いなる挑戦を始めたのだ

１９７５年までに、コロンビア川本流に14基、スネーク川に13基、コロンビア川の支流に58基の発電用ダム、さらにコロンビア盆地には78基の多機能ダムが建設された。これらのほとんどが大々的にサーモンの遡上を阻んでいる。皮肉なことには最後まで漁場権を守るために戦ったチーフ・ジョセフの名が付けられたものまである。１９４１年のグランドクーリー・ダム、１９５０年のチーフ・ジョセフ・ダムの完成後、ダムの上下は完全に遮断された。現在、支流を含むコロンビア流域は、合計２１１基のダムによってせき止められている。さらに、オレゴン州に９０５基、ワシントン州に８４２基、カリフォルニア州に６７４基、アイダホ州に５２３基の小規模なダムが追加で建設された。グランドクーリー・ダムを始めとして、多くのダムは魚道を設けずに建設され、その当然の結果としてコロンビア川上流部の１４００マイルにおよぶ流域からサーモンは消えた。

ダムの完成はこの一帯での産業を強力にバックアップし、ことにアルミニウム精錬や航空機製造など、膨大な電力を消費する施設にとっては最適な立地となり、多くの工場を誘致することになった。またスネーク川に造られたダムは、アイダホ州の穀物流通に大きく貢献しつつ、灌漑としての機能がこの地での農業を飛躍的に発展させた。それまでアイダホといえば、ポテトと木材だけの州というレッテルを貼られていたが、灌漑が酪農に最適な環境をもたらした結果、全米でも有数の酪農州へと変身を遂げた。

　こうしてアメリカ北西部に、完全に人工的な大規模経済圏が形成されたのだ。皆が職を持つことができて、生活に困らない世界に暮らして、一体誰が文句を言うだろう。

　太平洋岸北西部におけるダム建設はサーモンの遡上を不可能にしただけでなく、森を農場に変えた。畑に大量の水を供給し、かつ商業用のはしけが航行できるように、かつてルイス&クラークが航行した荒々しく曲がりくねった流れを、広くまっすぐな水路に変えてしまった。ネイティブアメリカンの故郷からは、昔の面影が消えてしまった。その最も有名な例がセリロ滝である。

　セリロ滝はコロンビア川の源から約１０００マイルの地点にある滝で、数万年以上もの間、サーモンにとっての最大の難所であり続けた。コロンビア川はここで一気に川幅を狭め、流速を増した川は激しく泡立つ。１８０５年、セリロの滝を目撃したクラークは「川がのたうち回っている」と記した。激流には所々に小さな島のような岩が突きでていて、両岸の岩盤には玄武岩の突起があり、白泡にあふれかえる滝があった。オレゴン側はチヌーク族のワスコ集団が、ワシントン側はワイアム族が支配していた。セリロはワイアム族が話す言葉で、「水の落ちる音」を意味する。

　セリロ滝の上流側には、フランス語でダレスと呼ばれる12マイルに及ぶ急流があり、その周辺は少なくとも過去1万年間は交易の場であった。ロッキー山脈や大平原から、山の幸を携えてやって来た一団はダレスに行って、干したサーモンと交換した。ルイス&クラークは、この地域の倉庫に４５００kg以上の乾燥サーモンが貯蔵されていることに気付いていたという。他にはヒスイの斧、クマの毛皮、マウンテンシープの角、バスケットなどが取引されていた。またクラマス族はここで奴隷を売買しており、セリロ滝での漁の権利と交換する者もいた。

ヨーロッパ系アメリカ人にとって、セリロ滝はコロンビア川を利用した水運業の障壁だったが、ネイティブアメリカンにとっては太平洋岸北西部随一のサーモン漁場だったのだ。サーモンは３ｍ、４ｍと跳躍して滝を越えようとする。何匹かは成功するが、残りは失敗して滝下に落下する。漁師が狙うのは滝を越えようとしているサーモンで、岩盤に設置した台座の上に立つか、滑りやすい場所では滝に落ちないようにロープで体を縛り付けて、槍か網を使って捕った。網は９ｍ長のポールの先に付いていて、その網を下流に向かって一振りすると、滝を越えようと上流を向いているサーモンが入ってくる。この方法で1時間に20匹捕ることができたという。

ネイティブアメリカンとアメリカ政府との条約において「伝統的な場所」で漁業権が保証された時、もちろんこの場所も指定されていたが、当たり前のように無視された。１９５６年、１００歳以上といわれたワイアム族の部族長、トミー・トンプソンがセリロ滝で最後のファースト・サーモンの儀式を行って以来、誰もここで漁をすることはなくなった。１９５２年、アメリカ陸軍工兵隊は高さ60ｍのコンクリート重力式のザ・ダルズ・ダムの建設に着手した。１９５７年3月10日、数百人の観客が見守る中、セリロ滝の島や岩や滝が一つずつ消えていく姿を見つめながら、多くのネイティブアメリカンは涙を流した。やがて、複雑な地形と荒々しい流れは巨大な水たまりとなって静まりかえった。セリロ湖の誕生である。商業用のはしけのためのゲートが建設され、ザ・ダルズは国際的な商業港となった。２年後、リチャード・ニクソン副大統領が発電機起動のセレモニーに訪れた時、オレゴン州の上院議員リチャード・ニューバーガーは、「我々はインディアンの友人たちに、心からの深い感謝の意を表さないとならない。彼らの多くは、これまでの唯一の生活様式を放棄して、このダムを私たちに寄付してくれたのだ」という異様な発表をした。

＊＊＊

21世紀に入ると、ダムはクリーンなエネルギー施設として喧伝され始めた。各州から報告される「再生可能なエネルギー生産量」には、水力発電用ダムからの生産量が含まれている。アメリカ北西部の州では「緑のダム、青い空」というキャンペーンが行われ、ダムが最もクリーンなエネルギーを生産していると胸を張った。遡上魚のための魚道設置を強制する裁判では、魚道によって失われてしまう分のエネルギーを、化石燃料を燃やした方法で代替しなければならない、とダム擁護側の弁護士が主張したが、実際に水路にはしけを浮かべているのは石油会社や鉱山会社だったという茶番劇であった。

　近年の研究では、水力発電は以前考えられていたほどクリーンではないことが示唆されている。ダムが作る貯水池から、気候変動の一因となるメタンガスが放出されるからだ。しかしながら、メタンガスがどれだけ発生しているかといった科学的なデータはなく、石炭や石油を燃料とする火力発電所から排出される二酸化炭素ほどの害がないことは明らかである。20世紀半ば、ダム反対派は、近い将来全てのダムは原子力発電所に取って代わられるだろうと主張した。現在、ダム反対派に、当時のように楽観している活動家はほとんどいないが、それでも、代替となる再生可能エネルギーは数多く存在する。

　スコットランドで計画されている洋上風力発電は、サーモンに害を与える可能性があるという調査結果が出ている。異常な音波がサーモンの捕食能力などに支障をきたすというのだ。しかし環境に優しい代替エネルギーで、現在消費しているエネルギーをそっくりそのまま代替するという考え方は、いたずらに代替を困難にするだけかもしれない。環境にやさしい代替エネルギーは、環境に優しい消費量と相まってこそ効果がでるはずで、つまるところ経済発展のあり方を根本的に見直さないことには、抜本的な解決ができないということではないだろうか。

パートⅢ

解決しない解決策

第9章　絶滅危惧？　じゃあ作ろうか

子供の頃、世界は人間のために作られたと教わったが、一体全体、どこにその根拠があるんだ？

――『ア・サウザンドマイル・ウォーク・トゥ・ザ・ガルフ（*A Thousand-Mile Walk to the Gulf*）』

ジョン・ミューア

自然を相手に何かをする場合、明確で単純なアイディアはほぼ間違いなく失敗する。自然の法則は一見単純に見えても実際はお互いが絡み合った複雑な織物のような構造をしているために、しばしば関連性を推測することさえ不可能となるからだ。

15世紀にフランスのレオム修道院のドム・ピンチョンという修道士が、魚の卵子を人工的に受精させる実験を行った。この修道士は、木製の箱の中に卵と白子を入れた籠を置き、蓋をして小川に浮かべて、卵が孵化するのを待ったのだ。世界初の魚の人工孵化が成功したにもかかわらず、彼のこの実験記録はほとんど注目されなかった。それから３００年近くが経った18世紀初頭に、ピンチョンの未発表原稿「魚の卵の人工授精と孵化」の存在に気付いたのは、ドイツ軍将校のステファン・ルドウィック・ヤコビだった。ヤコビはハノーファーにあった自分の所有地を流れているカレバッハ川の鱒が減ってきていることに気づき、何か方策はないかと調べた際に、ヤコビの原稿を発見したのだ。ヤコビはピンチョンのオリジナル・バージョンを改良して、深さ15㎝、長さ４ｍ、幅45㎝の木製孵化箱を作り、底に小砂利を敷き、長端側には真鍮製の網を取り付けて、水流が中を抜けるようにした。こうして世界初のマス類の孵化場がハノーファーに誕生した。

ヤコビの方法はその後の水産研究に大きな影響を与えた。１８２０年代には、ハンフリー・デイビーがヤコビの方法を基にした実験を始め、ジョージ・ホガースという博物学者は、サーモンを人工授精させたと発表した。最初にトラウトの飼育を始めたのは、イングランドのランカシャー州クリザーローの綿繰り職人、トーマス・ガーネットとされており、１８３０年のことだ。

当時から、トラウトの人工孵化は理論上可能と考えられてはいたが、サーモンに関しては検証期間の長さと移動距離から難しいとされていた。卵の状態のサーモン（アトランティック）をスモルトにまで育てるには2～3年かかる。パーマークが残る幼魚の期間は通常2年で、1年で終わることもあれば、3年以上川に留まる個体もいる。その後、1年から3年、場合によってはそれ以上の期間、海で生活し、機が熟すと産卵のために川を遡る。卵を受精させ、育て、海へ送りだし、戻ってきたサーモンが卵を産み、その卵が成長するかどうかを調べるためには最低6年が必要で、技術的にも困難な大仕事となるのだ。

19世紀初頭まで、科学者たちは卵から成魚産卵までのライフサイクル全体が1年だと考えていた。海から戻ってきたサーモンを、その年に生まれて川を下った魚と考えていたのだ。サーモンは稚魚もスモルトも体側にパーマークが並んでいる。パーマークは淡水生活の間に、天敵から身を守るためにまとうカモフラージュ・パターンなのだが、このパーマークをまとった魚を、科学者たちは別種の魚と考えていたのだ。見た目が違うのだから、科学的には当然の帰結であり、科学者の怠慢と指弾することはできない。サーモンの人工孵化はこのような基本的な事実さえ分からなかった時代に、文字通り暗中模索で行われていたのである。

したがってヤコビの研究は、熱心な信奉者に擁護されながらも、世紀を超えて多くの懐疑的な目にさらされてきた。王立ダブリン協会がヤコビの研究報告を出版したのは１８８０年のことだが、「この文章で主張されている事実の真偽は保証しない。真実を確認するにはさらに多くの実験が必要とされるはずである」というただし書き付きだった。

言い換えれば「面白い内容ではあるが、にわかには信じがたい」というわけだ。

　パーマーク付きの小型魚とパーマークのない大型魚が、同一種の魚であることを証明したのはスコットランドはニス川沿いのドラムランリグで狩猟管理官をしていたジョン・ショウである。彼は孵化場から放流された魚が、その同じ年に戻ってきたサーモンではないこと、そしてパーマークのある魚こそが、孵化場から放たれた魚であることを証明したのである。ヤコビの影響下にあった彼の研究ではあったが、ショウは孵化箱を使わず、直接、川や池の砂利の上に卵や白子を沈めた。このショウの研究結果に、スコットランドのアンドリュー・ヤングはパーマークのある魚は、わずか1年でスモルトになり、川には留まっていない、と異論を唱えた。

　同じ頃、フランスではヴォージュ地方の網漁師、ジョセフ・レミーとカフェのオーナーで釣り好きのアントニン・ゲーインが同様な取り組みを開始していた。彼らがドーバー海峡の向こう側で行われていた実験について何も知らなかったことは間違いないが、ヤコビの研究を知っていたかどうかは不明だ。いずれにしても、彼らの懸案事項はヴォージュ地方を源流とするモーゼル川の魚が減っていることであった。二人の目的は明確で、科学的であろうがなかろうが、何とかしてモーゼル川を復活させる方法を見付けだすことだったのだ。

　レミーとゲーインは科学者ではなかったが、自分たちが誰も知らない秘密を探す科学的な冒険をしていることは自覚していた。サーモンの受精そのものは科学的手順が必要とされる複雑さからはほど遠く、メスが排出した卵に、オスが精子をかけるだけの話で、途中に人間が介在することが可能な単純なプロセスだった。

　サーモンやトラウトが減った主な原因が、網漁による乱獲、ダムの建設、公害にあることが確定的になっていた当時のことで、網漁師だったレミーは自身の死活問題としてこの研究に取り組み、結果的に、二人の人工孵化成功は極めて良いニュースとしてフランス国内を駆け巡ることになった。

　レミーは、大統領府長官宛てに手紙を出した。

――数々の失敗と苦労の末、ついに膨大な量のトラウトの卵を孵化させたことを、ここに謹んでご報告させていただきます。

このニュースがどれほど当時の漁業関係者の未来を明るくしたかは想像に難くない。魚を捕って、産卵させて、川に戻して、成長させて、また捕る。無限の可能性がひらかれたのだ。そして、その技法は、現在の技法の基礎的な部分となった。

――産卵の季節である11月になると、メスのトラウトの腹が抱卵で膨らんできます。そこで魚を傷めないように注意しながら、親指で腹を優しくゆっくりと押すと、尻から卵が出てきます。水を張った容器に卵を溜めて、同じタイミングで捕まえたオスにメスと同じことをすると、今度は精子が出てくるので、卵が不透明になるまで精子をかけます。作業が終わると、卵が透明に戻るので、それを今度は粗い砂粒が敷かれた鉄の箱のなかに入れます。鉄の箱の底には千個ほどの穴が開いていて、水が淀まないようになっています。私たちはこの箱の１つを淡水の泉に、もう１つをブレス川の緩い流れのある場所に置きました。昨シーズンの干ばつで川から魚がほとんどいなくなってしまった今年、政府による何らかの施策のためにお役に立てないかと考え、ご報告差し上げている次第です。

レミーとゲーインのこの偉業に対して、科学者たちは銅メダルと１００フランを、フランス政府は一年分の年金とタバコ売上の分配権を与えた。こうして彼らは多少なりとも経済的な安定を得たが、パリのフランス科学アカデミーの主要科学者であり、ロンドン王立協会の名誉会員でもあったジーン・ルイ・アルマン・カトルファージュ・ブレオがいなければ、彼らの仕事は歴史の底に埋もれたままだっただろう。

カトルファージュは、イングランドにおけるいくつかのプロジェクトを研究し、１８４８年に魚卵の人工受精についての論文を発表した。しかしながら、パリの科学アカデミーは、この論文の信憑性について疑問を持ち、「単に理論上のアイデアでしかなく、現実的に実行することは不可能だ」という見解を出した。そこでカトルファージュは、ヴォージュ地方の漁師はすでに成功させている、と反論したのだ。アカデミーは科学者たちをヴォージュに派遣して真偽を調査し、結局カトルファージュの論文の真正が認められた。ルイ・ナポレオンとの公式会談の後、ゲーインは政府部門から孵化場の設立を依頼されたのである。

１８５６年、のブローニュの森に5万匹のブルックトラウトとレイクトラウトが放流された。フランス全土に広がった政府の孵化場は、期待通りにたくさんの魚を生産することに成功し、１８６２年までにフランス政府は１２００万匹の卵を孵化させ、年間４００万ドルの利益を得る国家事業となったのである。

孵化場という新しいアイディアは、瞬く間にヨーロッパに広がり、スコットランドでは１８５３年にテイ川にサーモンの孵化場が建設された。１８２８年に漁期が1カ月延長されて以来、テイ川の漁獲量は年々減少の一途をたどっていたのだ。漁期を元に戻すという選択には政治的なリスクがあるために、効果的な代替案が待ち望まれていた。もっと魚を作れないのか？　当時、孵化場で働いていた熱心な釣り人、ウィリアム・ブラウンはこう書いている。

――サーモンが遡上する川の規模に見合ったサイズの孵化場をたくさん作って、しっかりと川を保護管理すれば、網などによる乱獲にさえ、十分対抗できるだけのサーモンの数を確保できるだろう。

しかしながら、孵化場育ちのサーモンには決定的な問題点があって、それは大半が川に戻ってこないことだ。この点についてはブラウンも認めており、川へ戻ってきたサーモンのうち、どれだけの数が人工飼育されたものなのかは不明だと言っていた。

１８５３年以来、テイ川にはたくさんの孵化場が作られていったが、興奮と共に開設され、失意のうちに閉鎖されるのが常だった。現在も、この川には小規模な実験的孵化場があるが、サーモンが１８２８年以前の生息数を取り戻したことはない。

アイルランド西部ではコリブ川に孵化場が建設された。コリブ川は中世ノルマン様式の町ゴールウェイを流れる川幅の広い川で、この漁場のオーナー、トーマス・アッシュワースは、孵化場で育てた稚魚で資源を20倍に増やしたと主張している。コリブ川が全長の短い川だったことが成功につながったのかもしれない。やがてスコットランドのパース近郊に商業的な孵化場が作られた。フランス人は孵化場というアイディアは自分たちの発明であるという自負があり、アルザスに孵化場を設立してフランスの全域の河川に放流する魚を飼育した。アルザス地方が１８７１年の普仏戦争でプロイセンの領土となってしまった後、ドイツ政府はこの孵化場を使って自国の川を整備した。

19世紀も後半になると、魚類資源の減少を解決するために積極的に孵化場が利用されるようになり、人間が自然を改良したのだ、という産業革命時代らしい考え方が広まった。孵化場の利点は、生まれたばかりのサーモンの最も脆弱な時期に、外敵や自然災害の影響を一切受けないことである。野生のサーモンは成長過程での死亡率が高く、海にたどり着けるのは、全体のほんの数%だ。そんな野生の状態に比べて孵化場は、はるかに多くのスモルトを海へ送り出して、川の生産性を大幅に向上させることができる。イングランド、スコットランド、ウェールズ、アイルランド、カナダ、アメリカで、孵化場が次々と作られていった。さらにはオーストラリアやニュージーランドなど、これまでサーモンやトラウトが生息していなかった地域にも孵化場が作られ、南半球の川や海をトラウトやサーモンが泳ぐようになった。イギリス人は孵化場で生産した卵を他国に大量に供給し、一時的に利益を上げるビジネスとしたが、各国での事業のほとんどは失敗に終わった。孵化場は希望と夢が先行し過ぎて、科学的根拠が薄弱だった。イングランド、カンバーランド郡トラウトデールの最初の孵化場は１８６８年に開設され、１８８３年に閉鎖された大失敗作であり、20世紀になるとイングランドは孵化場に対して批判的になっていった。

時代が進むと、生物学における地道な研究が成果を上げて、孵化場はより安全な方法で確実に卵をスモルトにすることができるようになったが、この成功が逆にほんとうの問題にスポットライトを当てることになった。孵化場にはダムを取り除くためのバズーカ砲はなく、産卵床からおがくずを取り除くための巨大バキューム装置もなく、工場が垂れ流す化学物質を濾過する無敵フィルター機能もないのである。川をサーモンの生存に適したものにしない限り、そもそもムリな相談なのだ。また、同時に人の手を介して生産されたスモルトが、野生魚よりも自然環境に対して脆弱であることも分かってきた。放流魚は数で野生魚を圧倒しており、いたずらに野生魚の競争相手を増やしているという側面も無視できなかった。というようなネガティブな要件を抱えながらも、なお、孵化場はサーモンの資源を復活させるためのホープであり続けた。

　アイルランドにおける最初の魚道は、それまでサーモンが生息してこなかった川にサーモンを誘導するために作られた。スライゴ郡のバリソダレ川では、大きな滝がサーモンの行く手を阻んでいたために、他の生育環境が整っているにもかかわらず、歴史的にサーモンが遡ることはなかった。ディーンストンのスコットランド人が魚道を発明した時、バリソダレ川を有していたクーパー家は、自然の滝に阻まれている自分たちの川へ、この発明を取り入れたらどうかと考えた。１８３７年、エドワード・ジョシュア・クーパーは滝に階段状の段差を作ったが、天然のサーモンには人気薄で、息子たちは次なる手として孵化場を作った。この孵化場と魚道の組み合わせの成功によって、バリソデア川はヨーロッパで初めて成功した「人工漁場」として名が知られるようになった。このニュースはヨーロッパ中に広がり、アイルランドは先進的な魚類管理で評判となり、孵化場による人工漁業の可能性が残されたのだ。

＊＊＊

１８５５年、Ｅ・Ｃ・ケロッグとＤ・Ｗ・チャップマンはコネチカット州シムズベリーに小さなブルックトラウトの孵化場を設立し、１８６０年には、年間４０００匹の稚魚を生産する規模になった。ヨーロッパの孵化場に関する考え方や技術に精通していたセオドタス・ガーリックは、１８５３年にオハイオ州クリーブランド近郊でブルックトラウトの孵化場を開設し、１８５８年にはその手法に関する本を出版して、魚類資源の激減に悩んでいたニューイングランドの水産資源関係者に大きな希望を与えた。彼は、ヴォージュ地方の二人のフランス人が「正真正銘の魚工場を設立した」ことに注目し、こう書いている。

――我が国の河川が置かれている現状を考えると、孵化場というアイディアがニューイングランドを魅了するのは当たり前のことだ。この手法を使えば無数のサーモンやトラウトを生み出す可能性があり、もはや天然魚の遡上は問題とはならなくなるのだ。

　さらにガーリックは、「クリーク（小川）を保有している釣り人ならば、自分の楽しみのために魚をストックすることができる。河川への放流は公益事業と見なされるべきで、そのサービスは国がやるべき仕事だ」と言い切った。以来、ニューイングランドでは孵化場の建設が盛んになった。孵化場の設置はシンプルに河川の救済と考えられていたのだ。ダムを撤去したり、汚染を食い止めることができなくても、魚を増やせばいいのだ、というように。１８８８年、ジェニオ・C・スコットは『フィッシング』という事典の中で、こう書いている。

――ニューイングランド漁業委員会の最近の報告書によれば、一帯の水域は急速な復活を遂げており、ペンシルバニア州以北の川が、文字通りサーモンであふれかえるまでに5年もかからないだろう。

　しかし、この計画は完全に失敗した。ニューイングランドには孵化場で使う卵の生産技術がなく、卵のほとんどはカナダから持ち込まれた。カナダはアメリカの孵化場にとって卵の主要供給国となったのだ。１８７０年にはニューイングランド6州全てと、ニューヨーク、ニュージャージー、ペンシルベニア、アラバマの各州で孵化場が稼動を開始し、結果的には19の州とコロラド準州に１００余りの孵化場が作られた。

　１８７１年、ユリシーズ・Ｓ・グラント大統領の元、孵化場は連邦政府の政策となった。グラント大統領はスミソニアン博物館の初代学芸員スペンサー・フラトン・ベアードに白羽の矢を立て、初代の魚類水産長官に任命した。魚類資源の増加が頭打ちになり、孵化場に対する熱意を失いつつあったイングランドやアイルランドを横目に見ながら、孵化場の熱心な提唱者であったベアードは孵化場の設立を継続し、次々と成功させていった。

　パシフィックサーモンの最初の孵化場は、１８７２年、問題の多かったサクラメント川の支流、マクラウド川で開始された。当初、東海岸の孵化場からアトランティックサーモンの卵を移送したのだが、これは大失敗に終わった。アトランティックサーモンとパシフィックサーモンは属が違うため、交配せずに競争してしまうのだ。孵化場産の魚は生存能力が低く、ことに孵化したばかりの魚は脆弱で、太平洋産の魚に対抗することはできなかったのだ。それに、そもそも太平洋側でのアトランティックサーモンの繁殖を疑問視する関係者も多く、孵化場の運営を指揮したリビングストン・ストーンは、より資源に恵まれているサケ属（オンコリンクス）の使用を推奨した。

　マクラウド川の孵化場は、サクラメント川の在来種であるキングサーモンを11年間で６７００万匹生産した世界最大のものとなり、ストーンは世界で最も有名な孵化場専門家となった(チェスのチャンピオンとしても知られていた)。彼は、大西洋の漁業用に卵を提供することを第一の使命と考え、魚と卵を輸送するための２０００ガロンの水槽を備えた鉄道車両さえ作った。開発された卵はアメリカ国内はもとより、カナダ、イギリス、フランス、ベルギー、オランダ、ドイツ、デンマーク、ロシアに流通した。１８７４年、ストーンは蒸気船を使って、ライン川への再繁殖を試み、オーストラリア、ニュージーランド、ハワイにも卵が供給された。大西洋に渡った卵による再生産は失敗に終わったが、太平洋では成功した。在来種のサーモンがいなかったニュージーランドとオーストラリアでは、ある程度成功したといえるだろう。

１８９５年、ストーンはニューヨーク州ケープ・ビンセントにある政府所有の孵化場を引き継いだ。オンタリオ湖がセントローレンス川に流れ出す地点にある施設である。ストーンはレイクトラウト、ホワイトフィッシュ、陸封型のサーモン、ブルックトラウトなど、各地から集めた魚の株を使い、その卵を別な地域へと分配し、１９０５年には、孵化場は年間２８００万匹を生産するようになった。

やがて孵化場はシャッド、貝類、甲殻類、さらにはタラなど、非サケ科の魚貝類にも転用されるようになった。ベアードの発案で発足した専門の委員会は１８７０年代に16の州で８４００万匹以上のサーモンの稚魚を放流したが、稚魚を受け入れた州の多くは大西洋岸の州でありながら、アトランティックサーモンはそのうちわずか６００万匹だけで、残りはパシフィックサーモンであった。運搬手段も改善され、当初、卵は蒸気機関車の給水車で輸送されていたが、19世紀末には卵や稚魚を輸送する専用の「フィッシュ・カー」が使われるようになった。

連邦の委員会だけでなく、各州に設置された漁業委員会も同様に孵化場を設立するようになった。州が管理した初のサーモン孵化場は、１８７０年にメイン州ペノブスコット川に設置された。１８７２年、コネチカット州とマサチューセッツ州の委員会は、減り続ける魚の補充に躍起になり、９４００万匹もの稚魚を放流したが、州の孵化場がコネチカット川、メリマック川、ペノブスコット川などの河川にサーモンを戻すことはなかった。

アメリカほど熱心ではなかったとしても、大西洋における漁獲量の減少に直面していたカナダも、孵化場には関心を持っていた。最初の孵化場はケベックのセント・チャールズ川に設立された。先駆的な養魚学者であるサミュエル・ウィルモットは、瀕死の状態にあった小さな川を再生させた。孵化場が川を復活させたニュースは、北米中で大きな注目を浴びたが、ウィルモットの成功の土台となった「一切の漁獲を禁止する」措置を真似しようとした関係者は少なかった。

カナダの漁業委員会は当初は孵化場に対して熱心に投資を行い、１８６８年から１８８８年の間に、八つのサーモン孵化場を設立したが、一方で公害、鉱山、製材、乱獲に対しては何の措置も講じなかった。当初、ニューブランズウィック州とノバスコシア州の河川ではサーモンの生息数が2倍、3倍と増加したが、生息地の自然環境が破壊されるにしたがって、孵化場が作り出した魚と、ほぼ同数の魚が死ぬようになった。さらに悪いことに、強い生存能力を持たない放流魚が、野生のサーモンと混ざり合うことによって、次世代のサーモンは野生を失い、適応能力の低い個体が増えてしまった。

１９３４年、カナダの水産漁場省は、ブリティッシュ・コロンビア州の商業漁業においては孵化場の貢献度が非常に低く、運営コストが浪費されているだけだと結論付け、１９３７年までに全ての孵化場が閉鎖された。しかしながら１９７０年代に入って、ブリティッシュ・コロンビア州のサーモン資源が激減すると、同州は再び孵化場を積極的に導入するようになった。

アメリカほど孵化場に対して投資した国は世界に他に類がない。１８９１年、アメリカ政府は32万４０００ドルを支出したが、これは第2位のカナダの8倍に当たる。この年、世界には４９６の孵化場があり、そのうち66がアメリカにあった。１９６０年代にペノブスコット川に孵化場が建設されたが失敗に終わり、その後、汚染された川を浄化する取り組みが成功した後に、１９７４年、より進化した孵化場が再度設立された。その結果、数千匹ではなかったとしても、数百匹単位でサーモンは川へ戻り始めた。一方で、河川環境に対する取り組みが十分ではなかったコネチカット川は、設置された孵化場がサーモンを川に戻すことはなかった。現在、ペノブスコット川におけるサーモンの個体数は、最盛期の水準をはるかに下回ってはいるものの、近年のダム撤去を経て劇的に改善しつつある。

イギリスに目を転じて、タイン川でのケースを紹介しよう。タイン川はスコットランドとイングランドの境に源を発し、東に向かって流れ、ニューカッスルを経て北海に注ぐサーモンの川である。エリザベス・クレランドは１７５５年に出版したスコットランドの料理本の中で、この川で捕れたサーモンの料理を紹介している。

＜ニューカッスル流のサーモン＞

鱗を取って、洗わずにきれいに拭き取る。よく塩をまぶし、塩が溶けて水気がなくなるまで寝かせ、コショウ、クローブ、メースで味付けする。それをバターと一緒に鍋に入れて焼く。十分冷めたらバターをかける。

ニューカッスルの石炭産業と産業革命時代に始まった工場の乱立によって、タイン川はグレートブリテン島で最も汚染された川の一つとなり、20世紀の初めにほとんどのサーモンが死んでしまった。ところが20世紀後半になると、今度はあれほど隆盛を誇っていた石炭を始めとするニューカッスルの産業が死に絶えた。この経済構造の再編が、結果的に川の浄化を可能にし、サーモンを川に戻す機運に背中を押されるように孵化場が設立された。27年間にわたってその孵化場を管理したのは地元のサーモン・フライフィッシャー、ピーター・グレイでスコットランドのギリー(ghillie：ゲール語で狩猟ガイドを指す）の孫である。グレイは年間１２５万匹の幼魚を放流し続け、今日、タイン川はグレートブリテン島において、最もサーモンが豊富な川とされている。

グレイは自らが水産業界における革新者となるべく、孵化のプロセスをより自然な状態に近づけようと努力した。その結果、タイン川にサーモンが戻り、その成功で彼は孵化場を代表する第一人者のような存在となったのだ。川を保護し、孵化場を適切に運営すれば、ヨーロッパや北米のアトランティックサーモン資源を増やすことができると説いたグレイは、アメリカ、ニューイングランドの水産業界にも大きな影響を与えた。彼は、孵化場が真価を発揮するのはサーモン資源が大きく枯渇している河川に限られていて、同時に幼魚を長く飼育して保護するよりも、早めに放流した方が成功する確率が高いと主張した。

とはいうものの、タイン川が元に戻ったわけではない。１８７３年にタイン川で捕獲されたサーモンは12万９０００匹。一方、21世紀になって、孵化場で復活させた捕獲量は４０００匹。かつて10万匹以上のサーモンが捕れた川で、４０００匹が捕れたと喜ぶことを、生物学者は「ベースラインを変化させた」と言う。つまり最悪の瞬間と比較することによって、小さな改善が大きく見えてしまうのだ。果たしてタイン川のサーモンが１８７３年の水準に近づく日があるのだろうか？　この数千匹という小さな改善が孵化場の運営方法によるものなのか、単に川がきれいになったからなのか、あるいはその両方なのかという点を判断するには、科学的データが不足している。グレイはこの疑問を承知していて、「タイン川はまだ回復し始めたばかりだと思う」と言っている。

＊＊＊

　日本は政治的な包囲網によって、ロシア、アメリカ、カナダの海域から締め出され、結果的にシロザケに関しては孵化場に頼ることになった。日本には、食用のコイや金魚のようなエキゾチックな観賞魚を人工的に繁殖させてきた長い歴史がある。１９３７年に発表された岡本かの子の小説『金魚繚乱』の中に、こんな文章がある。

――絵だの彫刻だの建築だのと違って、とにかく、生きものという生命を材料にして、美麗な創造を水の中へ生み出そうとする事はいかに恍惚とした素晴しい芸術的な神技であろう、と真佐子は口を極めて復一のこれから向おうとする進路について推賞するのであった。

　日本がサーモンの孵化事業を開始した当初は、大成功として報じられた。１９８０年代に入って、北海道のシロザケの遡上が大幅に増加したのだ。しかしながら２０１２年以降、サーモンの遡上は減少の一途をたどっている。国立研究開発法人　水産研究・教育機構　北海道区水産研究所の福若雅章所長は、「なぜ減っているのか原因ははっきりとはわかりません。気候変動による可能性も考えられます。北海道では冬の気温は低くても、夏の気温は以前とは比較にならないほど高くて、稚魚が暖かい水温の中で生き延びるのは大変なんです」と語った。確かに最大の問題が気候変動である可能性は極めて高いと思われる。しかし、日本のシロザケのほぼ全個体が孵化場育ちであるのに対し、ピンクサーモン（カラフトマス）は20％程度しか孵化場生まれではないが、減少している傾向は同様だ。サクラマスの孵化場生まれは非常に少なく、これも減少している。あるいは三種の魚の減少には、それぞれ別の原因があるのかもしれない。

北海道区水産研究所によれば、問題は、卵の分配（出荷）先に注意を払わない民間の孵化場と放流団体、個人（釣り人）にあるかもしれない、と言う。つまりある川のサーモンを捕って卵を採取し、全く別の地域に幼魚が放流されることが問題である可能性をいっているのだ。また、孵化場産の魚と野生魚は全く別物だと指摘する研究者もいる。これは日本のサーモンの95％以上に孵化場の血が流れている事実を考える時、極めて重要な問題になる。野生のサーモンは日本から消えつつあり、孵化場産の子孫がもたらすことになる今後の影響を正確に把握している人はいない。たとえ孵化場産の魚が生存可能であるとしても、長期的にどうなるかは明らかではない。日本には孵化場を中心に回っている現在の漁業を疑問視する生物学者が少なくないが、政治とうまく連携が取れているとは言い難い。福若は「北海道では多くの孵化場を立ち上げることを優先事項としてしまったため、野生のサーモンにとっての大切な環境を守ることが後回しにされてしまいました。今後は野生のサーモンが産卵する姿をより多く見ることのできる環境を整備しなければならないと考えています」と言う。

＊＊＊

昨今では漁業とは別に、遊漁における水産資源の価値が高まっている。イギリスのタイン川からアラスカのプリンスウィリアム湾にいたるまで、フライフィッシャーが釣る魚を生産する目的で孵化場が設立されてきているのだ。アイダホ州のサーモン川には、遊漁専用のスチールヘッドの孵化場があり、北カリフォルニアのように、州の釣魚狩猟部門と釣り人団体の連合で孵化場が作られることもままある。

オーストラリアにサーモンとトラウトを導入する長期的なプロジェクトは、フライフィッシングに熱心なイギリス人たちによって１８６０年代から１８７０年代にかけて各地で始まった。イギリス人は当初、グレートブリテン島産のアトランティックサーモンを移植しようと長い間奮闘したが成果が得られず、ようやくオーストラリアが太平洋にあるという当たり前の事実に気付いた。ニュージーランドでも同様で、１９０５年にカリフォルニア産のキングサーモンが導入されるまでは、アトランティックサーモンの移植で苦戦を強いられていたのである。

河川での漁業権が売買されるスコットランドでは、サーモンの遡上を促進することはそのまま経済へと結び付くが、河川を監督する機関の多くは、孵化場の利用についての慎重な姿勢を崩していない。テイ川は水量においてはスコットランド最大の河川であり、かつては世界有数のサーモンの川と考えられていた。しかし一連の水力発電用ダム群が川を遮断したため、サーモンの遡上は途絶え、その後の孵化場の試みも失敗に終わった。しかし２００３年、第二次世界大戦で放棄された飛行機の格納庫で、新たな試みが始まった。この実験では、それまで一般的だった産卵間近の魚から卵を採取し、管理された環境で孵化させるという方法を採らず、すでに産卵を終えて、死が時間の問題となった魚（ホッチャレ）を捕獲し、健康な状態に戻してから再び産卵させている。産卵で体を赤く染めていた魚が再び銀色になるまで育てられ、卵が育つと再び赤くなる。魚は死ぬことはなく、何度でも卵を産むことができる。この孵化場の最高齢魚はなんと15歳で、世界一長寿のアトランティックサーモンではないかという。

同じく北部のヘルムズデール川を管理するマイケル・ウィガン氏は、彼らの小さな孵化場が、まだ卵黄を保持している段階の稚魚を放流することによって（餌を与えないで済むために）経済的な面で社会に貢献していると主張している。

イースト・アングリア大学でサーモンの繁殖と遺伝を研究する進化生物学者マシュー・ゲイジは、孵化場が劣勢の魚を生産している可能性については懐疑的な意見を持っている。同じ川から採取した卵であれば、遺伝的には野生のものと同じはずで、孵化場生まれの魚には野生で生き残るスキルがないという主張に対して、生き残るスキルは遺伝子の中にない、と反論するのだ。さらに、孵化場産の魚が野生魚と交配しても劣等種ができるわけではなく、子孫は野生のサーモンになるとゲイジ氏は考えている。このゲイジの主張には賛否両論があり、しばしば議論が白熱するトピックだ。ツイード川の生物学者ロナルド・キャンベルは、ゲイジの意見に反対の立場を取る。

一方、スコットランド西部のロヒー川は、孵化場がうまく魚を管理し、釣り人に魚を供給している良い例だ。「私は西海岸最大の釣り場を管理している」と、地区マネージャーのジョン・ギブは言いつつも、「私たちは科学を神様にしてはならない」と警告する。道路や住宅から離れたトレイルをトレッキングしないとたどり着けないロヒー川は、アメリカ西部の川に似ている。砂利の砂州が広がり、静かな深い淵があり、流れは速い。背後には、スコットランド最高峰、ベン・ネヴィス山がそびえ立つ。孵化場がこの釣り場を存続させているように見えるが、かつて釣り人はここで年間５００匹のサーモンを釣り上げていた。今よりもはるかに釣れていたのだ。釣り人のギリー・ビリー・ニールは、赤ら顔に真っ青な瞳、ウールのスコットランド製ハンティングキャップ、タータンチェックのシャツとネクタイを身に付けた、スコットランド人を絵に描いたような痩せた男で、１９５０年来、ロヒー川で釣りをしている。「養殖が始まった１９７５年まで、川は魚であふれかえっていたんだよ」と彼は言う。養殖が始まったのは１９７５年で、問題は「孵化場」ではなく、「養殖場」にあるという。「今では良い年と悪い年の差が激しくて、悪い年の翌年は、きっと釣り人の数が減る」。

世界中の多くの生物学者を怒らせているのは、環境破壊や遡上の阻害要因に目をつぶって、孵化場に全ての責任を負わせる問題のすり替えだ。ツイード川は、アメリカでいえば繊維産業に潰されたニューイングランドの川のようなものだ。ダムで流れがせき止められた支流の中には、1世紀以上魚が生息していない所もある。「孵化場の推進派は、サーモンの繁殖方法に問題があると主張するが、それよりも、人間がやっていることに焦点を当てるべきなんだ。自然破壊を止めないことには何も始まらない。サーモンは私たちの問題ではなく、私たちがサーモンの問題なのだ」、とキャンベルは言う。

＊＊＊

１８８０年、ブリティッシュ・コロンビア州の漁業監督官アレックス・C・アンダーソンは「魚は遺伝的に特定の川に適しており、ほとんどの魚は生まれた川でしか生き残れず、他の川では生きることができない」と主張した。この主張が正しいとなると、受精卵を世界中の川へ移送することをビジネスにしているリビングストン・ストーンが作ったような孵化場は、失敗を輸出していることになる。ストーンはこの主張を一笑に付し、科学界もそれを支持した。魚類学の第一人者でスタンフォード大学の学長を務めたデビッド・スター・ジョーダンは、１９０２年に出版した魚類学の百科事典の中で次のように書いている。

――サーモンには特別な本能があり、産まれた川の同じ場所に産卵に戻ると信じられているが、パシフィックサーモンの場合、そのような証拠は見当たらず、それが真実であるとは考えにくい。

ジョーダンは、サーモンは降海すると65㎞程度沖に出るだけで、産卵の際も適当な川を選んで遡ると考えていた。ちなみに彼が間違っていたのはサーモンに関してだけではない。彼は優生学の擁護者でもあり、繁殖する人間をコントロールすることで人間の遺伝子を改善できると信じていたのだ。人種差別的な思想は常に民族の対立を生む。ところがジョーダンの場合、意外なことにはその人種差別思想が彼を反戦活動へと導いた。彼は戦争が人類存続のために必要な優生タイプを殺してしまうから、やめるべきだと主張したのだ。

リビングストン・ストーンにとってサーモンの孵化場とは、何百万もの受精卵を世界中に販売するための大規模な産業施設であった。仮にアンダーソンの主張が正しければ、孵化場は各河川用にそれぞれの川から独自に卵を採取しなくてはならなくなり、事業は極めて限定的になってしまったはずだ。

　太平洋岸北西部における乱獲は留まるところを知らず、アメリカ政府は大規模な孵化場ネットワークの構築を優先する計画を立てた。１９００年までに、ワシントン州、オレゴン州、アイダホ州のコロンビア川水系で五つの孵化場が稼動した。孵化場が資源回復のための切り札となると当時の関係者は確信していたのだ。ワシントン州の孵化場担当者は、「乱獲や文明の進歩（ダムや工場の建設）がサーモンを枯渇させることはない」と言った。この発言の最も重要な点は、相も変わらず、サーモンの生息地の破壊を「文明の進歩」と同一視している点だろう。

　１９１３年、コロンビア川を遡上するサーモンが顕著に増加したという報を受け、ワシントン州はコロンビア川の「回復」を宣言した。しかしながら、この増加は単なる天候の影響だったらしく長続きせず、たちまち遡上は減少に転じた。それでもワシントン州は孵化場こそが解決策になると信じて、ボンネビルに作った大規模孵化場から、コロンビア川の全流域に大量の受精卵を供給しはじめた。しかしながらその後、遡上するサーモンが増加することはなかったのである。コロンビア川流域では、巨大な水力発電ダム、灌漑、森林伐採といった現実的な問題は完全に無視され、孵化場にサーモンの将来を委ねた。１９８０年代、コロンビア川水系では何百万匹もの孵化場産のスモルトが追加されたが、魚の数が増えることはなかった。さらに悪いことには大量に放たれた孵化場産の魚の影響で、野生の魚は減少の一途をたどり、やがてサーモンの生存の基盤となる遺伝的多様性が完全に破壊されてしまった。

　現在、コロンビア川流域には、完全に野生のサーモンはほとんどいない。総個体数は19世紀初頭の10％に過ぎず、さらにそのうち純粋な野生魚は10％に満たないと推定されている。大量の孵化場魚が放流される度に、野生魚の生存確率は下がっていく。ほんの少数のみが生き延びる孵化場魚の生産には、一匹あたり最低でも10ドル、時には１００ドル以上のコストがかかる。

　魚市場ではしばしば検査が行われるが、「天然」として販売されているサーモンの大半が、孵化場産まれのものか、少なくとも孵化場のＤＮＡを持っている。消費者にとっては、天然魚として売られている魚に孵化場の血が混ざっていることは意外かもしれないが、コロンビア川で天然とされる魚の大半は孵化場の遺伝子を持っているのが現実なのだ。そのため、近年では「Wild Caught（川や海で捕られた）」という言葉が一般的になってきた。これはいってみれば、一種の免責事項だ。このサーモンが野生環境下で捕獲されたことは保証するが、遺伝的に野生かどうかは保証しないということだ。孵化場産の魚は、野生の狩猟動物が家畜になった過程をたどるという研究結果もある。保護された孵化場での生活に適した特性を好むようになり、野生での生存に適さなくなるのだ。さらに悪いことには、多くの場合、野生種と交配した際には、野生に適さない特性を受け継ぐことが分かっている。

　アイダホ州のサーモンとスチールヘッドの80％は孵化場産である。「これは恐らく持続不可能なシステムだろう」、とアイダホ州の生物学者リチャード・ウィリアムズは言う。野生のサーモンと交配させようとしているが、このままでは野生のサーモンを使い切ってしまう。健全な資源を維持するためには、野生魚は他の野生魚と繁殖しなければならない。「野生魚と孵化場魚を混在させると、やがて野生魚がいなくなるのだ」とウィリアムズは警告する。

　今日、多くのネイティブアメリカンは孵化場が漁業を救うと考えている。ネズ・パース族、ヤキマ族、ユマティラ族、ウォームスプリングス族などの主要部族は、居留地内に孵化場を建設し、州や連邦政府機関と共同で孵化場を運営している。ニミプース族は居留地のワロワ川、イムナハ川、グランドロンド川、そしてルイス＆クラークがたどったクリアウォーター川、サーモン川、スネーク川で孵化場を運営している。つまり、現在はネイティブアメリカンと連邦政府、そして環境保護主義者による、かつてない不思議な同盟関係が成り立っているのだ。さらに奇妙なことには、これらの利害関係者のほとんどが、河川の生息環境を改善することによって、自立した野生種を育成することが望ましい（または最も効果的な）道であること、つまり孵化場が必要悪であることを、認めているのである。

＊＊＊

アラスカにおいては、１９６０年代から１９７０年代にかけてサーモンの出荷量が著しく減少したため、民間及び公共の孵化場が数多く設立されたが、近年、科学者たちはこの先のアラスカにおける孵化場計画に疑問を投げかけている。ピンクサーモンは確かに劇的に増加したが、孵化場がない漁場でも同様の増加を見せているのだ。そんな自然増の真っ只中にある河川にさえ孵化場が建設され続けている。その典型的な例が、プリンスウィリアム湾のバルディーズで、遡上は健全、生息地環境も良好でほとんど原始的な状態をキープしているこの漁場に、なぜか孵化場が建造されている。１９８２年に稼働を開始したこのバルディーズ孵化場は、ピンクサーモン５０００万匹、シロザケ１８００万匹、ギンザケ１００万匹を生産し、スポーツフィッシャーだけでなく商業漁師にも供給できるように設計されている。ピンクサーモン漁業における重要かつ競争力のある地引き網漁業が誕生し、現在では年間2億５０００万匹のピンクサーモンが孵化場で生産されるようになった。刺し網を利用したギンザケ漁業も積極的に行われている。バルディーズ孵化場の年間予算は４５０万ドルで、活動は成功と報告されている。孵化場の管理者は、同孵化場のピンクサーモンは人工飼育期間がわずか2カ月足らずであるため、他の孵化場魚よりも野生魚に近く、そのおかげで生存率が高くなっていると主張している。

プリンスウィリアム湾科学センターの調査では、コパー川を含むプリンスウィリアム湾漁場における漁獲の25～30%に、一部孵化場の遺伝子が入っていることが判明している。２０１３年から２０１６年にかけて、彼らは毎週調査を繰り返し、この事実を突き止めた。孵化場が野生の資源を劣化させるかどうかを見極めたいと考えた研究者たちは、アラスカ州が運営する遺伝学研究所の協力を得て、ＤＮＡを調べ、野生魚、孵化場魚、混合魚の相対的な適性を評価している。また、コロンビア川流域でも、ギンザケとスチールヘッドに関する調査が行われ、孵化場魚が適合性の低い混合系統を生み出していることが判明している。コロンビア川流域の孵化場の存在が、結果的に野生種を弱らせ、野生の餌を消費することで野生魚を餓死させていることは、今や明白な事実なのである。２００８年にオレゴン州立大学で行われた研究では以下のように結論付けられている。

――サケ科魚類においては、飼育下における体力の低下が顕著に現れる。体力低下は野生魚と交配することで、ある程度緩和されるが、完全に回避できるという証拠はほとんど見つからなかった。今後、漁業管理者は、孵化場魚の環境適応度が低いという事実、孵化場魚群と野生個体群の間に広範な負の相関関係があるという事実を勘案した上で、孵化場という保護ツールを選択肢にするべきかどうかを検討しなければならない。

スネーク川のキングサーモンに関する25年間の研究では、「絶滅への道は、善意で舗装されている」という痛烈なタイトルで、孵化場による野生資源の破壊を記録している。しかしながら、この原則がアラスカのサーモンに当てはまるのかどうかはまだ証明されていない。ちなみに、皆が回答を求めているこの調査を実施しているのはアラスカの科学センターで、その研究には、アラスカ州議会、この地域の水産会社、孵化場の所有者が資金を提供している。

＊＊＊

アラスカに孵化場が存在する理由は、大多数の人にとっては大きな謎である。木材産業が河川にダメージを与えたケチカン（アラスカ州最南部）のように、生息環境の悪化が問題となった場所なら分かるが、そういった河川はアラスカに限ってはごくわずかなのだ。アラスカに孵化場を設置する最大の動機は、どうやら自然を超えた爆発的な遡上を実現することにあるらしい。ここで問題となるのが、環境収容力（生態系が維持できる魚の数）である。ダムや灌漑事業によって魚が通常の環境収容力を下回るようになった場合、そのダムや灌漑ポンプを撤去すれば、魚は通常の環境収容力に戻る。しかし、生息地の損傷や移動障壁がない場合は個体数が定員に達していると判断するのが普通で、ここに魚を追加することは潜在的に危険である。魚の数が川の収容範囲を超えた場合、生態系が持続可能なレベルに戻るまで余分な魚がすっかり死滅してしまうことはないだろう。しかし生存競争に巻き込まれて魚が小さくなったり、地域全体の生態系の崩壊を招く可能性はある。

　アラスカ州当局が環境収容力を調査することなく孵化場を認可したという事実は、孵化場の運営方法について多くのことを示唆している。今になってようやく、同州はこの問題を研究しようとしている。前述したように、ワシントン州、オレゴン州、アイダホ州の漁獲量の大半が孵化場産だ。アラスカ、太平洋岸北西部、日本（魚の95パーセントが少なくとも部分的に孵化場産）、ロシアの間で、毎年約50億匹の孵化場産サーモンが太平洋に追加されている（60億匹という別な推計データもある）。孵化場擁護派が主張するように、これらの魚がたとえ劣悪な魚ではないとしても、数十億匹という数は、野生魚にとって過度の競争相手といえるはずだ。

　孵化場は天然資源の損失を補うことができるという期待のもとに運営されてきた。しかし、海にはもはや歴史的な魚の数を収容できるようなキャパシティはない。ブリストル湾のベニザケが小型化しているのは、その兆候の一つであると思われる。アジアでの孵化場魚の放流が原因だとする研究もあるし、アラスカ州の研究では、気候変動が原因だとされているが、いずれにしても海洋の容量が減少しているため、大量の孵化場産の魚を追加できる環境ではないことだけは確かなのである。最近まで、サーモンの個体数復活は、孵化場というシンプルな方法で解決された過去の宿題と考えられてきた。卵と白子を採取し、魚を育てて川に放流すれば、サーモンは無限に増えるはずだったのだ。19世紀、孵化場の成功と拡大に関係者たちは安堵のため息を漏らし、やがてもたらされた利益は将来のビジネスに明るい未来を約束したかのように見えた。芸術家であり魚類学者でもあるアメリカ人ジェニオ・C・スコットは、１８７５年に「魚の養殖は成功した。これまで使い物にならなかった水域が、同じ広さの土地の１００倍もの利益を生み出し、しかも労力はタダ同然なのだ」と絶賛している。自然の摂理に手を加えることが、いかに難しく、不確実で、危険なことであるかを知らない時代の無知ゆえの明るさだったのである。

第10章　海の家畜

無知は、しばしば自信に満ちあふれている

――『人間の由来（*The Descent of Man*）』チャールズ・ダーウィン

養殖場と孵化場は似て非なるもので、歴史的に見ると全く異なる発想から始まった事業である。孵化場は産業革命の産物であり、産業が自然を征服することができるという信念に基づいて作られた。一方、養殖場は、はるか1万年前の農業革命を起源に持ち、自然の産物を人工的に設計し直し、人間が管理すれば、食糧として利用できるという信念に基づいている。商業的な孵化場は卵を販売したいと考えるが、収益を目的とするなら成魚を売る養殖場に分がある。しかしながら養殖場は問題の洪水を生み出している。

野生の草は栽培用の穀物になり、野生の赤い麦は小麦に変わった。野生の果物は、より大きく、より甘く、より収穫しやすいように栽培された。野生の羊やカモシカは家畜のヤギに、イノシシは豚に、オーロックスという巨大で凶暴な野生動物は、おとなしい牛になったのである。

魚の家畜化、つまり養殖は約５０００年前に中国で始まり、豚や牛と同じようになった。長い間、狩猟肉は何の変哲もないただの肉であり、逆に家畜肉は珍しい特産品であった。アメリカでは19世紀まで、ほとんどの肉が狩猟肉で、家畜肉が安価で入手しやすくなるにつれて、徐々にその立場が逆転していったのだ。野生の群れが激減し、狩猟に規制が設けられて、家畜の肉が一般的になると人の嗜好も変わってきた。狩猟肉は味にクセがあるため、多くの消費者がマイルドな家畜肉を嗜好するようになり、ジビエは希少品として高価なグルメの選択肢となったのである。

　サーモンは今、まさにその過渡期に当たっている。天然のサーモンは高価で、入手が難しくなる一方で、養殖のサーモンはいつでも手に入るようになった。養殖サーモンは天然サーモンよりはるかに数が多い。食通は天然サーモンの優位性を主張し、環境保護論者は養殖を非難するが、多くの消費者は養殖魚の味に慣れつつある。中には養殖であることに気付かない人さえいる。あるマンハッタンのおしゃれなマーケットで、スコットランド産サーモンとノルウェー産サーモンについての議論を耳にする機会があったが、どちらのサーモンも養殖であり、同じノルウェー企業によるものである可能性が高いことには気付いていないようだった。消費者の間では、養殖サーモンの方が、脂が乗っていてまろやかだから好きだという声が増えてきている。

＊＊＊

　中国で養殖が始まったのは紀元前３０００年頃とされている。モンスーンによる洪水の後にコイが捕獲され、池で飼われるようになったのが始まりといわれているが、これは養殖ではないというもっともな意見もあり、そうなると時計の針は１０００年ほど現在に近づく。

　エジプトではナイル川の灌漑によって作られた池でテラピアを養殖していた。いつ頃から養殖を始めたかは不明だが、紀元前２５００年頃のアクティヘプの墓にはテラピアの養殖を描いたレリーフが彫られている。

　ナポリでカキの養殖と販売で大成功したセルギウス・オラータは、その養殖した牡蠣をタイに食べさせ、今度はタイの養殖を始めた。イタリア語でタイのことをオラータと呼ぶのはこのためである。養殖により巨大化させたボラは食されずに大宴会のディスプレイ用に使われたが、プリニウスによれば、ボラは聴覚に優れ、呼べば寄ってきたという。ローマ人の別荘には装飾目的で淡水魚の養殖水槽が置かれ、それは主に立派な養殖魚を誇示するためのものでもあった。

ハワイでは、13世紀にはゲート付きの運河で魚の養殖が行われていた。大規模な養殖場は首長のステイタスシンボルであり、やはりその地位を示すものであった。

中世ヨーロッパでは、修道院や城にシチューと呼ばれる池があり、コイの養殖が行われていた。主な目的は、聖なる日に食べる魚を確保するためであったが、アジアでよく見られるように池は観賞用としても使われていた。

18世紀初頭、中国研究の第一人者にイエズス会のジャン・バティスト・デュハルドという人物がいて、布教活動で中国に赴いたイエズス会の宣教師たちの回顧録をまとめた（デュハルド自身は中国に行ったことはなかった）。その中に記された一人の神父の経験談は興味深い。

——長江にはある特定の時期になると、魚の卵を運び出すための船が大量に集まる。卵商人は卵を受精させるのではなく、すでに受精した卵を網ですくい上げ、その濁った卵を瓶に入れて、小川や池で魚を飼っている客に売る。しかし卵は数日で孵化して魚になってしまうので、結果的に商人は卵と孵化した魚の両方を売ることになるわけだ。

デュハルドによると、この魚はほとんどが草食系で、魚食系の魚よりも繁殖させやすいと考えられていたという。また「海ウサギ」と呼ばれる魚の記述があるが、これは英語で「Sea hare」と呼ばれる「アメフラシ（藻類を食べる軟体動物）」と関係があるかもしれない。

デュハルドはこういった一連の魚類販売ビジネスは、途方もなく儲かるビジネスであると考えていた。

＊＊＊

サーモンの養殖を近代的な方法で始めたのは、サーモン漁の歴史が長いノルウェーである。１９７０年代、ノルウェー人はサーモンの養殖をスコットランドに持ち込み、主に経済的に落ち込んでいたウェスタン・ハイランド地方などでビジネスを開始した。１９８０年代、スコットランドの養殖サーモンの成功を見て取ったシェトランド人はノルウェーに渡って技術を学んだ。やがてノルウェーのアクヴァフォースクからサーモンの卵巣がフェロー諸島に持ち込まれ、現在のような巨大なサーモン養殖業が始まったのだ。

ノルウェー発の養殖魚ビジネスは、元々トラウトの養殖の伝統があったスコットランドでは極めて自然に受け入れられた。サーモンの養殖は雇用を生み、伝統的な食文化であるサーモンを貴重な輸出品として出荷できることから、政府も積極的に支援した。同時に希少な野生のサーモン漁は禁じられ、スポーツフィッシングもキャッチ&リリース（釣った魚を川に戻す）に限定されたため、ほとんどのスコットランド人は養殖サーモン以外を口にすることがなくなった。魚市場とレストランから天然のサーモンが消えたのだ。

北米大陸においては、１９８０年代にノルウェー産サーモンの養殖がアメリカのメイン州で始まり、ノバスコシア州、ニューブランズウィック州などのカナダ沿海州とファンディ湾が後に続き、太平洋岸北西部やブリティッシュ・コロンビア州にも広がっていった。ノルウェー人はブリティッシュ・コロンビアの海岸沿いにアトランティックサーモン養殖用のいけすを設置し、やがてサーモンの自然生息域を超えて南半球に向かい、南アフリカ、オーストラリア、ニュージーランド、チリに進出した。この養殖は、太平洋側であっても、当初ほとんどがアトランティックサーモンで行われていたが、例外もあり、チリではギンザケやスチールヘッドも養殖されている。

１９９７年には世界の養殖サーモンとトラウトの生産量が初めて天然物の総漁獲量を上回った。現在、市場に出回るサーモンの約60%が養殖魚である。ノルウェー、チリ、イギリスが主要な生産国で、カナダ、アメリカ、アイルランド、アイスランド、デンマークも重要なサーモンの養殖国だが、養殖サーモンを生産している業者の多くは、ノルウェーに拠点のある多国籍企業だ。サーモンとトラウトに関しては、もはや養殖が主流になりつつあるが、それをネガティブな展開だと捉えている人は少ない。消費者が養殖のサーモンを食べることに満足すれば、危機に瀕している天然資源を守ることが可能となるのだ。同時にこのような楽観的な認識は、問題を最小化し、本当の解決策を見つけだす意欲を失わせる。世界最大の養殖サーモンの輸入国である日本では、在来種のシロザケが、チリ産の養殖ギンザケ、さらには養殖アトランティックサーモンにシェアを奪われつつある。

＊＊＊

1854年に、アイルランド、ティペラリー州のウイリアム・ジョシュア・フェンネルは、海に設置したいけすでサーモンの養殖を始めたのは自分であると主張した。しかしながら、いけすはサーモンの生育上の理想環境とはほど遠く、養殖に反対する人たちの批判対象となっている。

ノルウェー人は問題解決に関して誇りと自信を持っている国民である。ヨーロッパの産業がもたらした酸性雨のために、50もの川がサーモンの生息不可能な場所になったが、ノルウェー人は石灰で酸を中和する方法を開発し、最大の問題となっていた農業の改革も進めた。しかしながらノルウェー自然研究所のエヴァ・トルスタッドによれば、現在ノルウェーの野生サーモンの敵は4億匹もいる養殖サーモンであるという。この4億匹という数字は、ノルウェーに存在している他の養殖魚の4倍に当たる。

ノルウェーの切り立ったフィヨルドや島々の連なる河口、あるいはスコットランドの山間の湖を訪れる観光客は、養殖場の存在に気付かないかもしれない。水面から3mほど突き出た金属製のポールと、木製の浮き輪の上に張られた網が目に入るだけで、目立った構造物はない。しかしながら、水面下では100万匹ものサーモンが泳いでいる。あるいは遠目にじっと目をこらせば、数匹のサーモンがジャンプしているのが見えるかもしれない。養殖場の大部分は水面下にあるため、周囲からはほとんど見えないのだ。また、いけすは水底に置くこともできない。いけすの下には30m以上の空間が必要で、かつ速い海流の中に設置しなくてはならないのだ。いけすには約20万匹の魚が収容されているが、反対派からは「ぎゅうぎゅう詰めにされている」と指摘されている。魚は一般的に身の保全のために群れるもので、どれだけサーモンが過密ぶりを気にしているかは分からない。密集したいけすの中にも、不思議と開けた水域と密集した水域ができるのだ。

養殖が盛んなノルウェーでは、一つの養殖場に8～10個のいけすがあり、入っているサーモンを全部を合わせると全世界の野生のアトランティックサーモンの全数よりも多い。元々ノルウェーの養殖場はここまで大きくはなかった。当初サーモンの養殖は、漁業ではなく農業の延長線上にあったのだ。農家がライセンスを取得して、できるだけ近い海に一つのいけすを設置することから始まった。しかしながら、養殖には莫大な運転資金が必要であり、ほとんどの農家は経済的に大きな負担となるいけすを放棄して、養殖をやめた。逆に、資本があり、大規模な養殖ができれば、莫大な利益が得られる事実に目を付けたのが大企業で、農家から破綻した養殖場のライセンスを買い取るようになり、それが結果的に国を代表する大規模な産業となったのである。現在も数軒の独立した養殖場があるものの、ほとんどのサーモン養殖場が世界に進出しているノルウェーの大企業に所有されている。

サーモンの養殖に関する第一の問題点は公害である。20万匹の魚がひしめいているいけすは、膨大な量の廃棄物を出す。自然界においては、動物の排泄物は有害ではなく、むしろ有益であることが多い。しかし排泄物が大量になると話は違ってくる。元々そこにあるはずがないものは、自然環境の循環機能を破壊する。つまり野生の魚の排泄物は害にならないが、養殖魚の排泄物はそのまま公害となってしまうのだ。

そこで大企業は考えた。海流がゴミを運び、拡散してくれるような場所はどこかにないだろうか？　その結果、潮流の強いファンディ湾が理想の場所として選定されたのだ。しかし、浅瀬や潮流の緩やかな所でも、依然として少数の養殖場は稼働していて、問題は顕在化している。中でもチリは、グリーンピースなどの環境保護団体から、政府の規制そのものが緩く、養殖場の立地も悪いと指摘されている。

養殖業者にとって最も厄介な問題は、逃亡魚である。大西洋であれば、逃げた養殖魚（アトランティックサーモン）は野生魚と混じる。養殖魚のオスは産卵、放精というほとんど暴力的なプロセスにおいて、野生のオスと張り合う力はない。したがって脱走したオスはほとんど生殖行動に移る前に死んでしまう。しかし、養殖魚のメスは卵を産み、野生のオスがその卵を受精させる。サーモンの脱走は頻繁に起こるため、野生のアトランティックサーモンが生息する水域で養殖されている魚は、どこでも混ざり合ってしまう。養殖サーモンのゲノム（多くはノルウェー産）は、ヨーロッパではノルウェー、スコットランド、イングランド、アイルランドの河川、そして北米ではカナダのノバスコシア州、ニューブランズウィック州、アメリカのメイン州の野生のサーモンの中にも出現し始めている。フェロー諸島で捕れるサーモンの3分の1以上に、実は逃亡した養殖魚の血が流れている。ウソをつくつもりのない業者が「天然」とした魚も、ＤＮＡ検査すると養殖魚であることが判明するのもこうした事情がある。

養殖サーモンはいけすごとに個性があるわけではない。野生のサーモンのような個別的な能力や、特殊な生存能力を持っているわけでもない。ただ養殖サーモン全体の特性というのはあって、それは成長の速さだ。成長が速いといっても、短期間しか成長する時間がないので、ゆっくりと成長する野生のサーモンのような大きさにはならない。このことが、養殖サーモンが大型の野生魚のような強い繁殖力を持たない理由の一つである。養殖魚の血が混ざっている野生のサーモンは、海で生き残る可能性が低く、現実的に養殖場のある水域での生存率は低下していて、養殖業者さえもが「心配だ」と口をそろえる。ノルウェーには約4億匹の養殖魚と50万匹の天然魚が生息しているが、ノルウェーの大手養殖会社グリーグ・シーフードの飼料、栄養担当ディレクターのトーア・エイリク・ホム氏は、「ある程度は事実だと思う」と言う。つまり大西洋におけるサーモンの養殖の大きな問題は生存能力がないということなのだ。

養殖のアトランティックサーモンが、太平洋に逃げ出した場合のリスクは完全には解明されてはいない。ただし、アトランティックサーモンはパシフィックサーモンと交配することはできない。

２０１７年の夏、ワシントン州にある八つのアトランティックサーモン養殖場の一つが事故によって破壊された。

カナダの会社が所有するいけすがバラバラになり、25万匹の養殖アトランティックサーモンが海に放たれたのだ。くびきを解かれたサーモンたちはピュージェット湾を泳ぎ、身に覚えのない帰巣本能らしきものにしたがって川を遡った。このような外来魚が野生にどのような被害をもたらすかは定かでない。もしこの事故が大西洋で起こっていたら、野生魚に対して大きな影響を与えただろう。しかし太平洋で起きたこの事故で、逃げたサーモンのほとんどが数ヵ月間で姿を消した。死んでしまったと考えられている。しかし、パシフィックサーモンの生存に壊滅的な影響を与えかねなかったこの事故は、関係者に大きな恐怖を与え、同州ではサーモンの新規養殖事業そのものが禁止され、２０２５年までに全てのサーモンの養殖が廃止される予定である。

ワシントン州で起こった前述の事故では、メンテナンスが不十分だったためにムール貝やその他の海洋生物が繁殖して、いけすが崩壊しやすくなっていた。また、機材が網を破ってしまうこともあるし、事故や人為的なミスがなかったとしても、サーモンは養殖場から逃げ出すものなのだ。その大きな原因の一つに、網を破ってサーモンを食べようとするアザラシの存在がある。また、暴風雨による被害で魚が逃げ出すこともある。気候変動の影響で暴風雨が多くなる時代だけに、今後さらに大きな問題になる可能性が高い。養殖業者は丈夫なケブラーの網を使ったいけすを作っており、改良が続けられている。

養殖業界はこれまで、この問題に関しては後手後手の応急処置に終始してきた。今後はいけすを廃止して密閉型にしたり、あるいは海での養殖そのものを見直すことになるかもしれない。しかし、それよりもやっかいなのは「ウオジラミ」問題である。

ウオジラミは海水に生息する甲殻類で、指の爪よりも小さいが、はっきりと目に見える大きさだ。ウオジラミには37の属があり全てが寄生虫だが、そのうち2種がサーモンに寄生する。海を徘徊しているこのウオジラミに取り付かれたサーモンは、海で生活している間中、この寄生虫と一緒に暮らすことになる。ところがこのウオジラミは淡水では長生きできない。したがってサーモンが川を遡り始めると、死んでしまう。漁師たちは、ウオジラミが魚体に付着しているサーモンを捕ると喜ぶ。つまりそれは魚が川に入ったばかりで、まだ産卵のための体力を消耗していない証拠だからだ。養殖場ができるまでは、ウオジラミが漁業上の大きな問題になることはなかった。

　ウオジラミはサーモンが養殖されるようになるまでは、淡水に戻らないサーモンの存在を知ることはなかった。ところが今や、海には何十万匹、時には百万匹以上のサーモンが一カ所に閉じ込められた場所があるのだ。養殖場を見付けたウオジラミたちはきっと、「さあ、パーティーの始まりだ！」と大喜びするに違いない。

　ウオジラミたちはサーモンの皮を食べる。硬い鱗を食い破るのは難しいから、頭や首や目の周りを襲う。ウオジラミに取り付かれた頭の皮は完全に剥がれてしまい、サーモンは絶命する。養殖場の水底には、頭の皮を剥がされた魚の死骸が落ちているのが常で、いけすの魚の1／4が失われることも珍しくない。また、スモルトを襲うこともある。成魚を殺すには50匹以上のウオジラミの大隊が必要だが、スモルトを殺すには10匹程度の小隊、ピンクサーモンのスモルトなら3匹程度の殺し屋を派遣すれば事足りる。言うまでもなく養殖業者にとって、ウオジラミは大きな経済的損失である。

　また、養殖場の近くに野生のサーモンが生息している場合、とばっちりを受けた野生のサーモンもウオジラミに悩まされることになる。太平洋側では、まだ天然魚の数が養殖魚の数を大きく上回っているため、この問題はさほど深刻ではないが、養殖場に近い西海岸の野生のサーモン漁場の一部で、ウオジラミに圧倒されそうになっているという報告もある。大西洋では、サーモンが自分の体に取り付いたウオジラミを殺すために、以前よりも早い時期に川に入っていると生物学者は考えている。これはサーモンにとっては危険な戦略だ。1週間早く海を離れて川へ入るということは、産卵のために必要な高栄養の海洋食が1週間分少なくなることを意味するからだ。

　河川管理者、生物学者、自然保護論者、環境保護論者はウオジラミ対策として、養殖場を野生の遡上魚がいる地域から遠ざけるか、密閉型にするか、あるいは海ではなく内陸に設置するべきだと主張している。これらの対処方法は同時にサーモンが養殖場から逃げ出さないという点でも効果的であるだろう。

内陸には現在でもいくつかのサーモンの養殖場が設置されている。内陸で牛を飼育せずに、サーモンを養殖することの意義はどこにあるのだろうか？　海水を循環させる自然の力を使わず、電力を消費して水を汲み上げることで環境に大きなインパクトを与えているはずだ。現実的に、この方法は生産コストが高くなるために、養殖サーモンが低価格の商品ではなくなってしまうというマイナスの側面もある。海中のいけすは、建設費も運営費も低コストで済ませることができる。マリン・ハーベスト・スコットランド社の役員であるベン・ハットフィールドは、内陸における養殖場運営を「炭素排出量を増やしているだけのことだ」と批判的だ。

内陸での密閉型養殖場は魚の排泄物を抽出して独自のエネルギーを生産できる可能性があるという。実際にこの技術は利用可能であり、密閉型養殖をより現実的な選択肢にするかもしれない。しかし、グリーグ・シーフード社のオム氏は、「陸上でのサーモン養殖には広大な土地が必要となる。コストは跳ね上がるし、そもそも海の生物を陸で生産するなんてバカげている。海でやればスペースの問題なんてないわけだし」と語る。

このように内陸での養殖に懐疑的な業者たちは、全く別な手段でウオジラミの問題を解決しようとしている。長期的には養殖魚をウオジラミに強い魚に改良しつつ、当面は魚を生きたまま洗って、丁寧にブラシをかけ、水を20秒間だけ温めることでウオジラミを退治するという手作業がそれだ。ただしこのような手のかかる対策を施してみても、一定数の魚は死んでしまう。そこで養殖業者たちは、ウオジラミを化学的に退治するために抗甲殻類用の毒物を使った。確かにウオジラミを駆除することができるのだが、同時にエビやロブスターも殺してしまう。今世紀初頭、ファンディ湾のロブスター漁師たちが、サーモンの養殖業者が使用するこの化学薬品がロブスターを殺したとして、大反発を起こしたことがある。大型の甲殻類だけではなく、この化学物質が、サーモンを始めとする多くの魚の食物として重要なオキアミに広がれば、漁場全体が壊滅的な打撃を受けることになる。同時にこういった化学物質で処理されたサーモンを食べることについても疑問が呈されてきたが、ウオジラミが化学物質に対する免疫を獲得することができる事実が分かって以来、養殖業者はこの方法に興味を失ってしまった。

化学的な解決方法の次に養殖業者が目を付けたのは、いわゆる生物的防除と呼ばれるもので、不要な害虫を駆除してくれる動物を見付けるという農業的な手法である。そこで脚光を浴び始めたのが、ウオジラミの天敵であるノルウェー原産のベラとダンゴウオだ。

ダンゴウオは小さな球状の魚で、サーモンが入ったいけすの周りを、羽虫のようにブンブンと泳ぎ回り、獲物を見付けると腹にある吸盤で魚に吸い付く。ベラはウオジラミ退治にはダンゴウオよりも効率的なのだが、ノルウェー北部の海域はベラの生息域としては北限に近い。そのため実際にはダンゴウオが使われることが多い。ダンゴウオもベラもウオジラミだけを食べて生きることはできないが、餌を与えてよく世話をしていれば、サーモンのウオジラミをおやつ代わりに食べてくれるのである。

ただしノルウェー獣医学研究所の魚類衛生担当副所長ブリット・ヒートネスによれば、養殖魚と共生することになった野生魚には、未知の病気がもたらされる危険性があり、これらの魚を養殖場に置くことは非常に危険な行為であると言う。

しかしながら、そんな未知なるリスク以前に、別問題が発生した。毎度おなじみの乱獲である。サーモンを守るためにウオジラミの天敵を捕獲した結果、ダンゴウオとベラの資源が枯渇してしまったのだ。ダンゴウオは寿命が25年と非常に長く、性成熟期も遅いため、捕獲されやすい。そこで養殖業者たちはまたまた考えた。いなくなったら作ればいいじゃないか、と。何しろ魚を増やすことを仕事にしている人たちなのである。

２００９年、養殖サーモン大手のマリン・ハーベスト社は、それまでに養殖に成功していたダンゴウオよりも難易度の高いベラの養殖を始めた。ベラというのは不人気な魚で、ノルウェーやスペインでこそシチューやスープに入れられることはあるが、世界中で最も食されていない魚の一つである。ヨーロッパ各地に分布しているが、冷たい水を嫌い、冬は水底で冬眠さえする。養殖場では、電気を消すと底に沈んで寝てしまうという怠惰ぶりだ。ウオジラミを好んで食べるというのは意外かもしれないが、ベラ類は偏食家として知られている。体格に比べてその卵は非常に小さく、大半が死んでしまう。ベラ類は全てメスとして生まれるが、産卵期になるとオスに性転換する個体がいる。

マリン・ハーベスト社のベルゲンの施設では、２０１８年に１００万匹のベラを生産する予定で、その後の最終目標は４５０万匹としている。ベラは、ノルウェー、イギリス、カナダ（大西洋側）、チリで利用されている。しかし、マリン・ハーベスト社のベラ養殖場のプロジェクトリーダーであるエスパン・グローテンは、これを一時的な措置であると考えている。「私自身は（サーモンの養殖は）、今後密閉型の生産方式に移行していくと思います。古い養殖場の人々の意識を変えるには時間がかかるでしょうが」と彼は言う。

海中のいけすの代わりに密閉型の施設でサーモンを養殖すれば、確かにいくつかの問題が生じるかもしれないが、サーモンの逃走やウオジラミの問題と共に、病気の蔓延（まんえん）を防ぐことができる可能性がある。いけすの中で発生する病気の蔓延で苦しんでいる養殖業者は少なくないのだ。

大量の生物を密に飼育することは、シャーレ（ペトリ皿）の中で危険な病原菌を増殖させているようなものである。そこで養殖業者は、人間が伝染病から身を守るのと同じように、魚にワクチンを接種して、病原体から魚を守ろうとしている。稚魚のうちに水槽で麻酔をかけ、腹に注射をする。基本的なワクチンは7種類だが、新しい病原体が発見されると、追加でワクチンが開発される。細菌に対してはかなり成功しているが、新たなウイルスの発見が増えつつある。これらの病原菌の拡散をいけすの中で押さえ込まなければ、野生の個体群に広がる可能性がある。

しかしながら抗菌剤（バクテリア、ウイルス、カビを殺すための薬）の使用は、牛肉や牛乳などの農畜産物などと同様に、消費者にとっては不安要素の一つでもある。実際、あらゆる薬に耐性、あるいは免疫を持つ危険な真菌、細菌、ウイルスが出現し、急速に蔓延している。危険な菌の一つであるカンジダ・アウリスは日本で発見されて以降、10年のうちにアメリカを含む30カ国に広がった。このような「スーパーバグ」と呼ばれる菌は大きな問題となっており、科学者たちは、人間がサーモンなどの養殖魚や家畜を通して、抗菌剤を過剰に摂取することによって発生すると考えている。

また、養殖場で蔓延した病気が原因で、近隣に生息する野生魚が死んでいるのではないかという疑いについては、死んだ野生魚のほとんどが捕食者に食べられてしまうために、実態を知ることが難しい。ピュージェット湾に逃亡した養殖サーモンを捕獲して調べたところ、多数のウイルスが検出されたが、地元の野生魚の脅威となるようなウイルスは発見されなかった。ただ証拠がなくても、養殖場による病気の蔓延リスクが大きな問題であることは間違いない。

養殖サーモンビジネスが急成長したカナダのブリティッシュ・コロンビア州では１９８４年に10ケ所だった養殖場が、１９８６年には40ケ所になった。その後も養殖場は増え続け、２００３年にはブリティッシュ・コロンビア州に１２１カ所、一方で隣のアメリカのワシントン州ではわずか9カ所となった。ブリティッシュ・コロンビア州では、輸入したノルウェー産の卵を徹底的に検査してきた。養殖場として選ばれてきたのは、野生魚の多いフレーザー川に近い場所である。その立地と養殖場の数が、国民の大きな関心を呼んだ。21世紀の最初の10年間、野生のサーモン、特にブリティッシュ・コロンビア州で最も有名なフレーザー川のベニザケの資源が、説明の付かないまま劇的に減少していたのである。２０１１年、カナダ政府の科学者クリスティ・ミラーが『サイエンス』誌に、養殖場からのウイルスがフレーザー種のベニザケを死滅させたとする論文を発表した。保守的なカナダ政府がこの論文を封じ込めようとしたため、一時期は大問題になったが、この論文に決定的な証拠が不足していた。

サーモンの養殖場がもたらす問題は他にもたくさんある。例えば、太平洋岸北西部では、網を破ってサーモンを逃がしてしまうアザラシを追い払うための音響装置によって、クジラまでもが追い払われてしまっている。

養殖場に対するそもそもの不満は、地球環境的な目で見た場合に持続可能なビジネスではないという点である。持続可能な方法で、手頃な価格の魚を供給していると考える業界にとっては、難癖を付けられているような気分だろう。ベン・ハットフィールドは、「我々のこのビジネスには二つの大きな懸案事項がある。一つはウオジラミ問題で、もう一つは現在の方法が本当に持続可能な正しい方法なのかどうかという懸念です」と言ってはいるが、一方で彼が運営するマリン・ハーベスト社は、スコットランドでの事業だけで、好調な四半期には7500万ドルもの莫大な利益をあげてもいるのだ。

サーモンは肉食で、他の魚を捕食する。養殖が開始された初期には、小魚を粉にしてドッグフードのようなペレットにしていた。養殖業者の計算式では、1ポンドの餌で養殖サーモンは1ポンド成長する。つまり、10ポンドの養殖魚を作るには、10ポンドの天然魚が必要なのである。しかもこの餌となる魚を捕るにはトロール船による漁獲が必要となるため、魚粉のコストは高騰する。これを持続可能なビジネスと呼ぶことができるのだろうか。養殖魚の飼育コストの4割は餌だ。だから業者はコスト削減のために餌に植物を混ぜて、サーモンをベジタリアンに仕立て上げようとしている。しかしながらサーモンの腸は肉を消化するのには適しているが、植物を消化するようにはできていない。昔のように、魚だけを使った餌で養殖魚を育てようとすると、現在ではとてつもない金額になる。現在、養殖サーモン用の餌には通常は37%、時にはそれ以上の割合で魚粉が入れられている。現在使われている魚粉には大豆が多く含まれていて、元々は生の大豆が使われていたが、今では濃縮タンパク質がその代わりとなっている。アメリカの多国籍食品大手カーギル社は、価格に応じてさまざまな飼料を作っている。魚の成分率が高ければ高いほど価格も高くなる。サーモンを市場サイズに早く成長させるためには、長い目で見れば高価格の餌の方が安いという試算もある。

目標は、より少ない魚粉で、より多くのタンパク質を得ることだから、高タンパク質の植物を使いたいところだが、希少で高価な場合が多い。世界の養殖サーモンの23%を生産するマリン・ハーベスト社は、魚粉14%、魚油8%、ナタネ油20%、大豆、トウモロコシ、小麦グルテンが半分以上の餌を使用して養殖魚を育てている。しかし、牛の餌のために穀物を栽培すると牛肉が持続不可能になるのと同じ理由で、魚の生産のための大豆の栽培も持続不可能であると認識されており、大豆の役割が減少することが望まれている。そこで、植物を発酵させて育てた藻類からタンパク質を生産する研究や、一部の昆虫が炭水化物をタンパク質に変換する能力に関する研究、また海藻をクロバエに食べさせてタンパク質を生産する、といった研究が進んでいる。アメリカミズアブの幼虫（フェニックスワーム）は、すでに一部の動物用飼料のタンパク質として利用されている。

養殖魚に魚粉を与えない方が、有害な菌を撒き散らす可能性が低くなる。というのは、北方の海で捕られている餌用の小魚の多くが、海に漂う汚染物質を吸い込んでいる可能性が高いからだ。逆に養殖サーモンがより多くの植物を食べれば、重金属やＰＣＢによる健康被害のリスクは減るが、逆に農薬による被害リスクが増える。人間が介在することによって、すべては複雑化してしまうのだ。

「養殖サーモンは赤く染められている」というのは、養殖反対派の大いなる誤解だ。赤い食品着色料で染めているという人さえいる。リチャード・クラーク著『魂の糧（*Food for the Soul*）』の中で、ニューヨークのハーレムにあるアビシニアン・バプティスト教会の「アラバマ・サーモン（サーモン・マリネ）」のレシピが紹介されているが、そこには、「養殖サーモンには、一般的に食用色素が添加されているから避けたほうがいい」というアドバイスがある。サーモンの身はなぜ赤みを帯びているのか？　逆に産卵後、死を待つばかりのサーモンはなぜ青白い身をしているのか？　アルコールで抽出される色素油によるものだと結論付けたのはハンフリー・デイヴィーだったが、彼の推測は大きく外れてはいなかった。天然のサーモンも養殖のサーモンも、身の色はカロテノイドと呼ばれるグループの天然色素に由来している。自然界には６００種類ものカロテノイドが存在しており、ニンジンをオレンジ色にするのも、鮮やかな鳥の羽の色も、このカロテノイドの一種によるものだ。実は、17世紀のオランダ人がカロテノイドを組み込む方法を発見するまでニンジンは白かったが、今では誰もニンジンを「染めている」とは言わない。サーモンに含まれるカロテノイドはアスタキサンチンと呼ばれるもので、元は甲殻類に含まれているものだ。サーモンの身が赤くなるのは甲殻類を食べるからで、川を遡った産卵前後のサーモンが青白いのは、長期間の断食によってアスタキサンチンの色が抜けてしまうからなのである。養殖サーモンの餌に甲殻類は含まれていない。だからそのままだと、身は白いままだ。実際、ノルウェーでサーモンの養殖が始まり、市場に養殖魚が出回り始めた時、魚は「アイボリーサーモン」という名で売られていた。

人が食べ物を選ぶ時、色が重要な要素となることは、多くの研究により証明されている。アイボリーサーモンはサーモンではない、と言われると、養殖業者のビジネスは立ちゆかなくなる。そこで彼らは酵母やバクテリアからアスタキサンチンを抽出する方法を研究し、やがて工業的に製造する方法を開発した。アスタキサンチンは養殖サーモンの餌に含まれる成分の中で最も高価なものだ。

その後「オーガニック・サーモン」と呼ばれるカテゴリーが作り出されたが、最終的に最も高価な養殖魚となった。オーガニックをうたう限り、飼料は全て有機、色素は自然界から取り入れないとならない。化学者であれば「化合物は化合物だ」と言って何も気にしないだろう。自然界から不純物のない正しい元素を抽出し、正しく組み合わせたものと、工業的に作られた化合物は何ら変わりのないものだから。オーガニック・サーモンの問題は、海洋生物の養殖が、陸上の農業同様の論争に巻き込まれることを示す一例である。サーモンの養殖では、家畜に与える牧草同様、餌が遺伝子組み換え作物（GMO）であるかどうかが問題になる。ことにヨーロッパには根強い反遺伝子組み換え感情があるため、ノルウェーの農家は世界中を探し回り、その結果ブラジルで珍しい非遺伝子組み換え大豆を見付けた。これらのコストが全て「オーガニック・サーモン」の価格に乗っかってくるわけだ。

世界で養殖されている魚はもちろんサーモンだけではない。テラピア、エビ、コイなどのそれぞれの生産量はサーモンよりも多い。国連食糧農業機関（FAO）が提起しているように、増加する世界人口を維持するためには、より多くのタンパク質を生産する必要がある。FAOは、地表における農業用の耕作地はこれ以上拡大できないレベルに達していて、より多くのタンパク質を得るには海洋を利用する必要があると考えている。しかし天然の魚だけでは明らかに絶対量が不足している。したがって、養殖が生産性を上げる一つの方法として注目されてきた。そのためにはこれまで記してきたような、養殖における様々な問題を解決することが必要なのである。

アイスランドの環境保護主義者オルリ・ヴィグフソンは、１９８０年代に、「商業漁業のない北大西洋を目指す」という壮大な計画を打ち出した。その計画達成のために必要な要素の一つに「養殖サーモン」があった。

世界には雇用や利益、あるいは魚を求める人がたくさんいるため、サーモン養殖ビジネスは生き残る可能性が高い。ただし前途は多難である。２０１５年11月19日、米国食品医薬品局（ＦＤＡ）は、遺伝子操作されたサーモンは人間が摂取する食物として適していると発表した。その後、同局はさらにもう一歩踏み込んで、遺伝子操作サーモンは、遺伝子操作された食品としてラベルを貼る必要はないという判断を示した。こうしてサーモンは我々の知らない未知の領域へ向かって泳ぎ進み、遺伝子操作された生物として、初めて店頭に並ぶことになったのである。アクアバウンティ・テクノロジーズ社は、今のところマサチューセッツ州の小さな会社だが、この認可を得るために20年近くを費やした。フランケン・フィッシュと呼ばれるこのサーモンが、万が一、野生のサーモンと混ざった場合、従来の養殖サーモンが及ぼす影響に比べて、はるかに重大な結果を招くかもしれない。そんな危惧を抱く人々によるＦＤＡに対する法的な挑戦はすでに始まっている。

遺伝子組み換えサーモンは、通常の養殖サーモンの約半分の時間で市場サイズに成長するよう操作された魚である。これが未来の養殖サーモンなのだろうか。このサーモンは、野生生物との接触を最小限にするために、内陸の水槽で飼育される予定である。もし、この遺伝子組み換えサーモンの生産に成功すれば、他の養殖サーモンに振り向く業者はいなくなるかもしれない。あるいは、天然サーモンがありがたがられるように、逆に古いタイプの養殖サーモンが希少価値を持つようになるかもしれない。遺伝子組み換えサーモンが、内陸で、しかも二酸化炭素排出量の少ない施設で大規模に生産され、海の養殖サーモンと違って野生魚に害を与えないとなれば、サーモンの養殖産業全体が海岸から遠ざかる可能性は十分にある。

第11章　フライフィッシングに正義はあるか

この世には、他人に知られずに、ひっそりと自分だけで達成感を味わうことができることが二つある。徹夜で仕事をすることがその一つで、もう一つはサーモンを釣り上げることだ。

――アントニー・トロロープ

西洋では、歴史的に釣り人と漁師は反目し合ってきた。ことに釣り人がフライフィッシャーの場合は、その対立の根は深い。フライフィッシングは貴族を始めとする上流階級の人々に愛されてきたスポーツで、第一次産業に従事している漁師にとっては、自分たちの生活の糧を遊びに使われているような不快感があったのだ。労働者階級である漁師が少しでもラクに多くの魚を捕ろうするのに対し、フライフィッシャーはわざわざ意図的に、釣りそのものを難しくしている。釣った魚を必要としない、金持ちの遊びなのだ。釣りで使われるさまざまな餌の中で、手作りのフライ（毛針）ほど、非効率的なものはないし、いざ魚がかかった時に、自分が有利になり過ぎないように、使用する道具を制限したりもする。漁師からすると、実にいけ好かないインテリ野郎なのだ。

最近では、釣った魚を食べないで逃がす「キャッチ&リリース」が主流である。せっかく釣ったのになぜ？　というありがちな質問はもっともだが、そもそものスタート地点が違うのである。食べるためではなく、ゲームのために釣っているのである。

キャッチ&リリースに対しては、さまざまな見方や反応がある。政府は、ライセンス、ロッジ、ガイドサービスなどで生計を立てる観光業者が収益を得るための有効な手段と見なしているし、動物愛護活動家は魚に対する不必要な残虐行為として非難している。また漁業管理者や多くの自然保護主義者、環境保護主義者はキャッチ＆リリースを資源保護に役立っていると考えている。

　リリースはともかく、釣り針が魚にどれほどの痛みをもたらすかについての議論は絶えない。生物学者によれば、魚の口の周りの神経は他の部位よりも敏感だというが、たとえ、魚が痛みを感じていなかったとしても、釣り上げられることによって猛烈なストレスを感じていることだけは間違いない。

　で、あなたはどう思うだろうか？　殺して食べるより、逃がしてあげた方が魚が幸福だと思うか、それとも、いっそ、ひと思いに殺してあげた方がいい、と思うか？

　バイロン卿は「ドン・ファン」という詩の中で、釣りをスポーツとして広めた功労者であるアイザック・ウォルトンを揶揄《やゆ》している。

釣りという名の
孤独な悪徳行為
ウォルトンの
残酷な毛針
自分のくちびるにぶら下げて
鱒に引っ張ってもらえばいい

　釣り針で傷ついてしまった魚を逃がしても生き延びることはできない、という批判に対して、バーブレスフックを使用する釣り人も少なくない。バーブとは、釣り針先端の内側に逆向きについている返し針のことで、一旦かかった魚が釣り針から外れないようにするためのものだ。この返し針のない釣り針をバーブレスフックといい、魚から釣り針を外す時に、魚の口を傷つけにくくなる。同時にその外れやすさから、一旦かかった魚を逃しやすく、釣り人側にとっては不利な仕掛けとなる。つまり釣り人側に、より高度な技術が求められるのだ。釣りをより難しくすることは、フライフィッシングのコンセプトと伝統に沿ったものであり、今やバーブ付きのフックを使ってフライフィッシングをする釣り人は、時代遅れの釣り人であるという認識が定着しつつある。釣りにおける新しいアイディアが、しばしば時代を逆行することはよくあることで、紀元前１９００年前後にエジプト人がバーブ付きの銅製フックを使い始めるまで、漁師たちは何千年にもわたって、バーブレスフックを使っていた。

ネイティブアメリカンの多くは、キャッチ&リリース、ひいてはフライフィッシングという遊びについて否定的で、自然を冒涜していると感じる人が少なくないようだ。魚を食べないのであれば、釣るべきではない。そして、魚を釣る必要があるならば、最も早く、最も効果的な方法を使うべきだ、魚はおもちゃではない、と考える。一方で、フライフィッシングガイドという職業は、伝統的な漁法の知識を身につけて、天候や魚の習性について熟知している若いネイティブアメリカンがマスターするのに適した、高収入の職業でもある。

ダニエル・スティックマンは、アラスカ州ブリストル湾のノンダルトンに住む女性で、サーモンを生活の糧にしているデナイナ族の出身だ。デナイナ族の人々はヨーロッパ人が北米にやって来るずっと以前から、彼らや他の多くの部族がそうしてきたように、遡上の季節になるとサーモンを捕らえ、産卵期が終わると捕った魚を乾燥させる。「祖父母は、魚は売ってはいけないと言っていた。自然に対して失礼なことをすると、翌年に魚は戻ってこなくなる」と教えられたという。スティックマンは長い間フライフィッシングを知らなかった。「私は網でサーモンを捕るように育てられた。網で１００匹捕れるのに、釣り竿で何時間もかけて1匹釣るなんて意味がないと思ってきた」という。そんな彼女がフライフィッシングのガイドに興味を持ったのは、この地域では数少ない高収入の仕事だったからだ。「ガイドになることで、貧困から抜け出せて、ペブルマインのために働かなくてすむから」と言う。ペブルマインとは、本書冒頭で紹介したブリストル湾でサーモンの遡上の存続を脅かしている鉱山の計画である。デナイナ族をはじめ、アラスカのほとんどの先住民は、この鉱山開発に反対している。

　フライフィッシングのガイド学校に通ったスティックマンは、2週間経っても1匹のサーモンも釣り上げることができなかった。フライフィッシングではよくあることだが、しかし、スティックマンはフライロッドを投げ出して、結局網に戻った。

＊＊＊

　多くの地域で、サーモン漁師たちは政府の漁業規制当局を信用していなかった。当局の真の狙いは、漁場から貧しい漁師を締め出して、その代わりに富裕層のフライフィッシャーたちに解放しようとしている、と常に疑惑の目で見てきたのだ。タラ、ハドック、ヘイク、ヒラメ、オヒョウなどの底魚を捕って生計を立てているニューイングランドの漁師たちにとっては、考え過ぎの偏執的なシナリオにしか思えなかっただろう。というのもスポーツフィッシャーは地魚には全く興味がないからだ。スポーツフィッシャーの代表格であるフライフィッシャーの目には、長い間サーモンとトラウトしか見えていなかった。現在のアトランティックサーモンの漁獲の大半はスポーツフィッシングによるもので、中でもフライフィッシングで捕られている割合が高い。同様にカナダ、アイスランド、アイルランド、スコットランド、イングランド、ウェールズ、ノルウェーでも、漁師の網よりもスポーツフィッシャーの釣り竿で釣り上げられるサーモンの方が多い。

＊＊＊

フライフィッシングは、昆虫に似せた毛針を使って魚を釣る方法だ。どこで、どのように始まったのかは正確には分からないが、古代の文献にはいくつかそれらしい釣法が記されている。フライフィッシングについて最初に言及したのは、熱心な釣り人であり、機知に富んだ短い詩で知られる1世紀のローマ人、マルティアルだと主張する人もいる。彼の詩の中に、次のような一節があるからだ。

魚が跳ね
毛針に騙されて
殺される

２世紀に記された、ローマ人のクラウディオス・アイリアノスの『諸史（*Various Histories*）』の中に、毛針を使って魚を釣っているマケドニアの漁師のことが記されており、一般的にはこれがフライフィッシングに関する最初の文献だといわれている。「釣り針に赤いウールを巻き、その上に薄茶色をした雄鶏の毛をグルグルと巻き付ける。竿の長さは１８０㎝くらいで、糸も同じ長さである。魚は赤い色の毛針に誘われて口を開き、釣り人の餌食となる」とある。

その後、フライフィッシングをする釣り人は中世ヨーロッパのあちこちで記録されたが、意外なことにはドイツにおける記述が目立つ。フライフィッシングは、後にイギリス人に最も愛されるスポーツとなったが、１４８６年に『釣りの方法（*A Treatyse of Fysshynge wyth an Angle*）』という本が出版されるまで、イギリスにはほとんどその記録が残っていない。また、この本の初版には作者が記されていないが、後の版ではデイム・ジュリアナ・バーナーズとされ、さらに後の版ではジュリアナ・バーナーズとある。すなわち、フライフィッシングに関する世界初の本は女性によって書かれた、ということになっているのだ。彼女は貴族出身で、修道女になったとされている。16世紀の教会伝記作家ジョン・ベイルは彼女を絶賛している。ベイルによれば、「彼女は輝かしい女性であり、精神的にも個人的にも優れた資質を備えていた」。ベイルは、彼女がアウトドアスポーツを愛好していたことを賞賛しているのだ。

ところが、多くの歴史家が詳細に調べた結果、そのような人物は実際には存在していないことがわかった。本当の著者が誰なのか、なぜ作者を修道女、それも肩書きのある修道女にしたのかというヒントさえ見つかっていない。この神話を最初に広めたのは教会の代弁者ベイルだったわけだが、１５５９年に発令されたヘンリー8世による修道院、尼僧の廃止令への反発だったという可能性も指摘されている。この本の意義は、ハンティングに関する書物こそ数多く存在していた当時にあって、スポーツフィッシングに関して初めて著された書籍であったことだ（文章の記述スタイルはハンティング本にならっている）。バーナーズは「釣りという遊びは、時に釣り人に利益をもたらす」と言ってはいるが、この本は内容的に明らかに上流階級の人物を読者の対象としており、利益を得るための釣りを薦めているわけではない。「釣りは物質的な利益のためではなく、心身の安らぎと健康のためにすべきだ」と教えているのだ。「魚は取り過ぎないこと」という、とても重要なアドバイスさえ添えて。

この本では、「淡水魚中で最も素晴らしい魚」として、サーモンに最大限の敬意を表し、エサ、特にミミズを使って釣る方法が紹介されている。川へ入ると、捕食をやめてしまうサーモンにはあまり効果がない手段と思われるが、なぜかこの本にはそう書かれている。実のところ、サーモンがなぜ餌や毛針（フライ）に食い付くかは分かってはいないのだ。サーモンがジャンプしている状況であれば、毛針が効くという説もあるが、これはサーモンとトラウトを混同していると思われる。ジャンプしているトラウトは昆虫を食べていることが多いが（訳注：フライフィッシングの世界では、このジャンプのことをライズと呼んでいる）、サーモンの場合は何かを食べているわけではない。

この本には、特定の月に使うべき、特定の毛針さえ紹介されている。いくつもあるフライの中で、例えばストーンフライ（カワゲラ）はタイン川の川岸にストーンフライが出現する４月に使うフライだ。

＜ストーンフライ＞

ボディは黒いウール、ウイングの下、及び尻尾は黄色。5月に入ったら、赤いウールのボディに黒いシルクを巻き付け、ウイングには赤茶の雄鶏の毛を巻き付けて使う。

バーナーズが著した史上初のフライフィッシング書籍から、アイザック・ウォルトンの『ザ・コンプリート・アングラー』（1653年）までの間に、イギリスでは5冊の釣りに関する本が出版された。しばしばフライフィッシングに関する最初の本と勘違いされる『ザ・コンプリート・アングラー（*The Compleat Angler*）』は、サーモンにかなりのページ数が割かれており、この魚が生まれた川に戻るということを多くの人に知らしめた点で重要な貢献をしている。この本はジュリアナ・バーナーズ同様に、その文体は、後に「魚釣りエクローグ」と呼ばれるようになる釣り人同士の対話で成り立っている。これはハンティング本における羊飼い同士の対話形式を模倣したものである。この本は、実は釣りの指南書というよりも、ウォルトンの文学者としての野心を満たすために書かれたものだった。

うちなる熱情が、人を饒舌《じょうぜつ》にするように
ある者は猟犬を、ある者は鷹を、褒めたたえる
テニスの喜びについて語りたがる者もいれば
恋人について熱く語る者もいる
しかし私は彼らの喜びには興味がない
釣りをしている私に、うらやむべき人などいやしない

ウォルトンは詩人ジョン・ドーンと親交があり、彼のような文学者を志していた。ウォルトンが著した5冊の著書のうち、生前に最も読まれていたのはドーンの伝記だ。他の作品も伝記だったが、一方で、釣りに関する文章は文学的な傾向が強かった。詩や物語で味付けされたウォルトンの著作を読んで、読者は彼が釣りそのものには興味がなかっ

たのではないかとさえ思うかもしれないが、少なくとも人生の後半には釣りをしていた、と歴史家は断言している。フライフィッシングのセクションは友人のトーマス・バーカーが執筆し、後の版で追加されたフライの巻き方については、別の友人チャールズ・コットンが執筆している。この本は世界の釣り文学の古典とされてきたが、かといって、フライフィッシングの愛好家たちが、この本を高く評価しているかといえば、そうでもない。作家のディーン・セイジは、ニューブランズウィックのレスティグーシュ川でのフライフィッシングに関する本（１８８８年）の中で、こう書いている。

———釣り人なら誰でも、ウォルトンとコットンの名は聞いたことがあるだろう。『ザ・コンプリート・アングラー』は良い本であり、釣り人が読むべき本だと考えられてきた。それはつまり紳士が持つべき1冊であり、チョーサーやサー・トマス・モアやヒュームの著作同様、読むというよりは、むしろ本棚に置いて他人に見せるためのものとしてである。

　トーマス・バーカーの『ジ・アート・オブ・アングリング（*The Art of Angling*）』（１６５７）では、さらに詳細にフライフィッシングが説明されている。同時期にフライフィッシングに関する本が矢継ぎ早に出版されていることから、イギリスでフライフィッシングが流行し始めたのがこの頃だったと推察できる。そんな中の1冊にロバート・ベナブルズの『経験豊富なアングラーのために（*The Experienced Angler or Angling Improved*）』（１６６２年）があり、フライキャスティングの難しさについて、多くのページが割かれている。クロムウェル軍に所属していたリチャード・フランクが著した『ノーザン・メモリー（*Northern Memoir*）』は、彼が１６５５年にスコットランドへ釣りの旅をした時のことが記されているのだが、サーモンフィッシングだけについて書かれた世界で最初の本である。出版されたのは、旅行から39年も後のことで、ウォルトンの本から41年後の１６９４年になってからのことだ。

ウォルトンの『ザ・コンプリート・アングラー』は、今日の私たちが読むと、やや珍妙で、ばかばかしいと感じられる部分が少なくないが、発行からおよそ2世紀にわたって、フライフィッシングの関連書籍に強い影響を与えた。18世紀の詩人であり劇作家でもあるジョン・ゲイは、1713年に彼の最初期の作品の一つ『自然の中でのスポーツ（*Rural Sports*）』の中でフライフィッシングについて以下のように記している。

虫が水面に落下してきたら
彼は渦巻く流れの中から、そっと虫をつまみ上げるだろう
注意深く目を凝らし、色、大きさ、形を観察する
そして彼は毛針を巻く
背にはまだら模様の羽を
全てを本物そっくりにするために
神が虫を作ったように、彼は毛針を作る

サーモン・フライフィッシングに熱中していたハンフリー・デービー卿（アルカリ金属を発見した化学者であり、炭鉱用のランプを発明した発明家でもある）は、サーモン・フライフィッシングに関する『サーモニア（*Salmonia*）』を書くために、自分の化学的探求を中断しさえした。デービーはこの本を、バーナーズやウォルトンと同じような叙事詩スタイルで書いた。それまでに出た、どの釣りの本よりも、はるかに優れた洞察力によって書かれたこの本が、もしも科学者らしいストレートな文章で書かれていれば、フライフィッシングの真の古典となり得たはずだ。

真性フライフィッシャーであるデービーは、餌釣り師を一刀両断にした。また、カエルを餌にしてその体に針を通すという『ザ・コンプリート・アングラー』の記述に、ウォルトンは残酷だという批判の目を向けた。

フライフィッシャーの多くは、餌釣り師のやり方がイージー過ぎると批判しがちだ。デービーも、釣り人は魚、昆虫、天候、自然一般について深い知識を身に付ける必要があり、中でもフライフィッシャーは、人工的なフライでサーモンやトラウトを釣る、想像力に富んだ高次元かつ知的な人間でなければならない、と書いている。

そもそもサーモンフィッシングは、トラウトを相手にするフライフィッシングとは明らかに違う。しばしば、トラウトフィッシングが上手な人は、サーモンフィッシングがヘタだと言われる。トラウトのフライフィッシングでは、川でどんな水生昆虫が孵化しているか、魚が何を食べているかを観察し、その昆虫に似せたフライを選んで釣ることが重要になるが、サーモンでは少々趣が異なるのだ。

海から川に入ったサーモンは一切食べ物を口にしないはずなのに、なぜ釣り人のフライには食いつくのか？　この古くからの疑問に対して、未だ誰一人として満足のいく答えを出した者はいない。またトラウトは水面から飛び出して虫を捕まえるが、サーモンは必要もないのに、なぜジャンプするのか？　科学者がサーモンの胃を開けてみても、いつも空っぽだ。サーモンがジャンプするのは、それがサーモンらしいから、と考えるしかないのか？　滝や障害物を飛び越えるために練習しているという説もある。アトランティックサーモンもパシフィックサーモンも、その生涯のどの段階でもジャンプする。孵化場では、水槽の中にペレットが浮いていても、虫が飛んでいてもいなくても、稚魚たちはジャンプを怠らない。

サーモンがフライを口にするのも同じ理由で、「三つ子の魂百まで」というように、一生捨てられない習性なのだと考える人もいる。アイルランドのコーク州ブラックウォーター川の名ガイドとして知られるグレンダ・パウエルは、温厚で丸々とした女性で、大きなクマのようなハグで挨拶する愛らしい人物だが、彼女は、「私も時々チョコレートを口に放り込んで、ああ、こんなはずじゃなかったのに、って思うんだけど、きっとサーモンも同じ気持ちじゃないのかしら」と言った。

実際、サーモンは様々なものを口に入れるらしい。昆虫をつまんだり、葉を口にすることもあるという。「ボマー」

と名付けられている有名なサーモンフライは、水に浮いたハマキのようなデザインだが、考案されたきっかけはサーモンがハマキを飲み込む姿が目撃されたことにあるという。このフライはリスの尻尾やシカの毛を束ねて作られている。最近はハマキの吸殻が川に流されることも少なくなったが、だからといってハマキがサーモンの興味を引かないということはないはずだ。

対象魚がトラウトの場合、フライフィッシャーは魚が食べている本物の虫に似せたフライを使うが、サーモンに対しては戦略を変える必要がある。食欲がないのだから、注意を引いたり、刺激するためのフライを使うのだ。どんなフライが効果的かという点については、意見が分かれる。これだけ長い歴史があり、無数のフライフィッシャーが釣り続けていながら、トラウト相手のフライとちがって確固とした定説がない。決まった法則はなく、無数の例外ばかりがあるのだ。このことから、やはりサーモンは気まぐれにフライに食いついていると考えるのが妥当かもしれない。大きさが決め手という人もいる。一般的には水温が低い時には大きなフライを、高い時には小さなフライが効果的といわれているが、しかし、その逆のサーモンもいる。大きなサーモンを大きなフライで釣る釣り人は多いが、大きなサーモンが必ずしも大きなフライを好むとは限らない。いや、色だ、と言う人もいる。透明度の高い水中では明るい色（イエローやグリーン）、暗い水中では暗い色（ブラウン、クラレット、マゼンタなど）が効くというが、色なんて全く関係ない、と言う名人もいる。またある人は、何よりも肝心なのはサーモンのやる気で、その気になっていさえすれば、フライなんて何でもいいし、その気になっていない時には何をやってもダメだと言う。

過去数世紀にわたって、サーモン用のフライは大きく変遷してきている。どの時代のフライが特別に効くということはない。サーモンがフライの好みを変えているわけではなく、好みを変えてきているのは釣り人の方なのだ。

18世紀から19世紀にかけて、大英帝国は世界中から集めたエキゾチックな鳥の羽毛や動物の毛をフライフィッシャーたちに供給することができた。サーモンフライはトラウト用のフライとは異なり、しばしば大きなサイズの釣り針に巻かれる。巨大でゴージャスなものが多く、色彩も豊かで、さまざまな素材（主に鳥の羽根）を必要とし、デザインも複雑で製作が難しい。数日間かけて製作した美しい1本のフライを水に濡らすのがもったいなくなるのか、その多くはフレームに収められて壁に飾られてきた。現在では実際に釣りで使うサーモンフライとアート的なサーモンフライは二手に分かれて、別々の道を歩んでいる。

　アイルランドのサーモンフライで最も有名なものの一つに、１８２０年に作られたバリーシャノン(Ballyshannon)がある。製作に必要な素材は以下の通りだ。

楕円形の断面をしたシルバーのワイヤーとブルーの絹糸
ゴールデンフェザントの頭部
インディアン・クロウ
黒いダチョウの毛
ホットオレンジの絹糸
マゼンタのおんどりの羽根
ターコイズブルーのおんどりの羽根
白っぽい灰色の七面鳥の尾
ノガンの羽根
赤、黄、青の白鳥の毛
ゴールデンフェザントの尻尾
マガモの毛
ジャングルコックの首の部分の毛

これらの素材を、ボディ、テール、バット、ハックル、スロート、アンダーウイング、ウイング、サイド、チーク、トッピング、ホーンと呼ばれる部分にたった1本の糸で巻き止めるには、相当の技術が必要となる。サーモンが何を欲しているかは分からないが、フライタイヤー（フライ製作者）は想像力と技術を駆使して一本のフライを巻くのだ。優れたフライタイヤーは、古くからの定番パターンに自分なりのテイストを加えて個性的に仕上げる。20世紀を代表するスコットランドのフライタイヤー、メーガン・ボイドは、スコットランドのハイランド地方にある古びたコテージで生涯を過ごし、美しい中型のサーモンフライを製作し続けた。彼女は一切、釣りをしたことがない。したがってフライを作る必要はなかった。なぜフライを巻くのかと聞かれ、「美しいから」と答えた逸話は有名だ。２００１年に86歳で逝った彼女のフライは、今では1本３００ドル以上の価格で取引されていて、このフライを使って釣りをしようとする人はいない。

　トラウトとサーモンではフライに食いつく理由が違うために、アタリの出方に違いがある。トラウトがフライに食いつくとゴツンという衝撃があることが多く（そうでないケースもままあるが）、針をしっかりと魚の口に引っかけるために竿をあおる（合わせを入れる）。しかし、サーモンは獲物に食いついているわけではない。そっとフライをくわえるだけのことが多く、釣り人には何が水中で起こっているのかが分からないのだ。トラウトを釣り慣れている人なら、アタリを感じるとすぐに強く合わせてしまうだろうが、そうするとフライがサーモンの口からするりと抜けてしまう。だからすぐに合わせずに、しばし待たないとならない。しかし多くの釣り人は、今まさに魚がフライをくわえていると思うと、待ち切れないものなのだ。アイルランドとイギリスでは、魚のアタリを感じたら、すぐに合わせずに「ゴッド・セイブ・ザ・クイーン（God save the queen)」と呟けと言われている。そして、竿をあおらずに、可能であれば魚が泳いでいる方向と反対に強く引っ張るのだ。この時の感覚は、野生動物に綱をくくり付けて、逃げないようにしている感じだ。釣り針にしっかりサーモンがかかったなら、焦らずにしっかりとサーモンを疲れさせてから、手元に引き寄せないとならない。サーモンは体力が続く限り、フライをどこまでも引っ張っていくから、あらかじめリールには十分な長さのバッキングラインを巻いておかなければならない。魚が疲れてきたと感じたら、今度は魚を休めさせないように、リールを巻いて、魚に休む時間を与えないようにする。その際も油断は禁物だ。疲れ切っていたはずのサーモンがいきなり水面から空中に飛び出したり、流れを横切って反対岸に突進したりと、釣り人の技量を試すように、ありとあらゆる方法で逃走を試みる。

＊＊＊

20世紀まで、フライフィッシングの道具は重くてかさばるものだった。フライロッド（フライフィッシング用の釣り竿）は木製で、全長を長くすればするほど手元の重さが増して一日中キャストを繰り返すことが大変な代物だった。ジュリアナ・バーナーズは本の中で、当時一般的だった3本継のフライロッドの手元側の素材に、ヘーゼル、アッシュ、ウィローを、小さめのヘーゼルをミドルセクションに、ティップにはブラックソーン、クラブツリー、セイヨウカリン、ジャニパーを推奨している。時代が進むと、ティップにはやや重めながらも強度に秀でた熱帯産の広葉樹グリーンハートが使われるようになった。三つのセクションをつなぐための継ぎ手（フェルール）には、強度上の必要から真鍮の金具が使われたため、さらに重量が増した。フライライン（フライを投げるための太い道糸）は馬素（馬の尻尾の毛を編んだもの）で、風が強い日にはキャストすることができないほど扱いにくいものだった。

19世紀になるとフライラインは、馬素の代わりに絹を編んだものへと変わった。フライフィッシングにとって、フライラインは綿毛のように軽いフライ（毛針）を水面に投げるための重要な道具だ。先細りにしたり、先太にしたりと、ラインにテーパーを付けることができるようになったシルクラインの登場でフライフィッシングの歴史はターニングポイントを迎えた。またリーダー（テグス）は羊の腸を加工したガットが使われていた（だから昔はテニスラケット同様、リーダーはガットと呼ばれていた）。

サーモンを釣り上げるための重量級のフライロッドは、キャスティングに両手を必要とするツーハンドロッドが使われてきた。ツーハンドロッドは長らくサーモンを釣るためだけのロッドであり続けたが、現在ではその長さの利点から、トラウトフィッシングでも利用されるようになっている。下半身を濡らさないで川へ入るためのウェーダーは１８３８年にアメリカのホッジマン社によって発明された。画期的な道具だったが、いささか重過ぎたし、かさばり過ぎた。20世紀になってゴムが軽量化され、柔軟性が増すまでは現実的な利用が難しく、長い間、フライフィッシングは川へ入らずに、岸からキャストするスタイルが主流だった。

当初、イギリスでは、フライフィッシングは貴族を始めとする上流階級のスポーツとして広まったが、産業革命によって裕福な企業家（銀行家、実業家）が誕生すると、その人気は彼らの中にも広がっていった。またスコットランドにおけるサーモンフィッシングの流行は、王室の熱狂が周囲に伝染するように広がった（訳注：戦後日本でテニスがブームになったように）。１９１０年に誕生したジョージ5世は、熱心なフライフィッシングの愛好家で、ことに、ディー川を好んだ。以来、スコットランドでのフライフィッシングは王室の伝統となった。チャールズ皇太子はメーガン・ボイドの大ファンであり、定期的に彼女のコテージを訪れるような親密な関係だった。

＊＊＊

スコットランドのハイランド地方には落ち着いた石造りの家が並んでいる町が多い。禁欲的な町並みから、陽気な遊びを想像するのは難しいが、ウィスキー文化の発祥地が遊びと無縁であるはずはない。反乱と戦乱に明け暮れたスコットランドでは、長らく封建的な世界が続いた。そんな時代に始まったフライフィッシングが特権階級のスポーツであるという評判は、おそらくハイランド地方に発している。川で釣りをする権利は売買可能な財産そのものであり、イングランドとは異なり、川岸の土地の所有権とは全く別物だ。下流部がスコットランドとイングランドの境界となっているツイード川では、スコットランドのルールが適用される。したがって、土地の所有者ではなく、川の権利を所有している人物が川を管理し、環境を維持している。川によっては10人以上の権利者がいることもあれば、一人しかいないこともある。

ダンビース川は、魚が死に絶えた川として長い間、釣り人から忘れられていた釣り場だった。そこに地元の実業家、ターティウス・マレイ・スレイプランドが現れて、当時所有していたアメリカ人から権利を安値で買い取った。

スレイプランドは地元のパブでは、気さくでフレンドリーな人物として知られていた釣り人で、孵化場の助けを借りるなどの努力の結果、川は復活を遂げた。そして自分の川を裕福な友人のためではなく、地元の人々に開放している。スコットランドの川は三つのクラスに分類されていて、３級河川のダンビーズ川は所有者が自由にルールを決めることができるのだ。

釣ったサーモンを全て持ち帰ることを許可している川もあれば、全てをリリースしなければならない川もある。野生のアトランティックサーモンを食べたければ、魚をキープできる川を選ばないとならない。運良く魚を釣り上げることができたなら、じっくり味わって食べないと、次がいつになるかわかったものではない。

＊＊＊

富裕層のフライフィッシングをバックアップすれば、商業漁業に匹敵する収入源になる。その事実にいち早く気づいた国がノルウェーだった。ノルウェーは農業に適した土地とは言い難く、工業が発達する以前は漁業が経済の中心で、中世にはサーモン漁に課した税金が政府の有力な収入源となっていたほどだ。１８２０年代にはサーモン漁が国の主要産業となり、以降20世紀を迎えるまで、サーモンとタラの商業捕獲はノルウェー経済の両輪であり続けた。

イギリス人のハイド・パーカー卿は、１８２８年にスウェーデンで釣りをした後にノルウェーへと回り、アルタ川でサーモンを釣った。そのめざましい釣果がイギリスの上流階級世界で噂となり、裕福なフライフィッシャーたちは、こぞってアルタ川、ターナ川、ナムセン川といったノルウェーの川を訪れた。これらの川は「大きな川には大きな魚がいる」という言葉を裏付けるように川幅が広く、長く、そして魚は巨大だった。23kgを超えるサーモンが水揚げされることも珍しくなく、世界最大のアトランティックサーモンを釣り上げることも決して夢ではなかった。こういった外国人アングラーはよその国の自然保護には興味がなく、キャッチ&リリースを実行する釣り人はほとんどいなかった。１８３７年、ウィリアム・ベルトンは、パーカーが以前に釣りをしたナムセン川で、30日間で合計５３０kgのサーモンを釣っている。自分が所有するヨットでノルウェーにやって来る釣り人はロードと呼ばれ、自分用の馬具を持参し、時には現地で馬車さえ購入した。彼らはノルウェー語はほとんど話せず、逆に現地ガイドは英語を話せなかったが、それでもお互いがお互いを必要としており、コミュニケーションは成り立った。

やがて川沿いの地元民たちは、自分たちの川でサーモンを捕って売るよりも、外国からやって来たフライフィッシャーに魚を釣らせた方が儲かることを理解し始めた。裕福な外国人フライフィッシャーは、フィッシングガイドやライセンスに多額のお金を払うだけでなく、春や夏の数週間、自分たちが快適に過ごせるように、自分専用の大邸宅を建てたのだ。ほの暗い部屋には豪華なビクトリア調の家具が置かれ、壁には釣ったサーモンの絵が飾られた。釣り人が本国に留まっている長い期間、地元の管理者は自由にこの邸宅を使うことができた。これらの屋敷の中には、現在もノルウェー人によって受け継がれて使われているものもあり、釣りに関する古い写真や昔の道具が展示されている。長い年月の間に、放棄され、崩壊している屋敷も多い。

イギリス人は基本的には川岸から釣りをしていたが、ナムセン川のように川幅が広過ぎる場合はボートを使った。地面を引きずるようなドレスを着用しなければならなかった当時の女性が、釣りをするようになったのはこのボート・フィッシングが盛んになってからのことで、それがきっかけで、やがて岸に立って釣りをするようにもなった。１８６３年、パーシバル・ハンボとアンガスタス・スチュアートはそれぞれの妻を連れてスティヨルダル川で釣りした。これは恐らくノルウェーの川で女性が釣りをした最初のケースだろう。着飾った女性たちがシラカバやニワトコに覆われた土手の斜面に立って、トロフィーサイズのサーモンを釣り上げたのである。それまで男性ばかりの釣りの世界に、こうして女性が入ってきたのだ。

　イギリス人は川幅が広く、蛇行するナムセン川では主にハーリングと呼ばれる釣りをしていた。これはフライを使った流し釣りで、船尾が低くて船首が高い小さな木造船を使用する釣法で、純粋なフライフィッシングとはいえない。船尾が低いために、現地ガイドが操りやすく、旋頭しやすい。この釣法がイギリス人の発明によるものなのか、先住民サーミ人の発案なのかはよく分かっていない。ナムセン川には水面がピタリと静まり返った大きな淵が多いが、淵と淵をつなぐ瀬の流れは非常に速い。したがって、日がな流れを横切ったり、逆らったりと、良いポイントに近づくには、フィッシングガイドが屈強でなければならなかった。船尾に座る釣り人は、３本の竿にフライか、地元で手作りされたバルサ材のルアーを付けて流し、サーモンがかかると、釣り糸が絡まないように残りの2本の釣り糸を素早く巻き取った。時には2本、あるいは3本の竿に同時にサーモンがかかることもあったらしいが、魚が大き過ぎるため、手元まで寄せるのは1匹が限界だったという。今でもナムセン川では船尾の低いボートで、昔ながらに淵を静かに漕いでハーリングをするガイド・サービスがある。

　同じ頃、アイスランドにもイギリスの釣り人が現れた。時代が進み、１９４４年にデンマークから独立すると、アイスランド政府は漁業管理と利益を最大化するためにサーモンフィッシングの観光産業化を積極的に推進した。

　戦後、アイスランドとノルウェーにおける主要カストマーは、イギリス人からアメリカ人に取って代わった。１９６４年、ある裕福なアメリカのフライフィッシャーがアルタ川を、１カ月間３万５０００ドル（現在の28万ドル相当）で借り切った時はニュースにさえなった。

　北欧ではフライフィッシングが盛んで、ライセンスを買って、川沿いの部屋を借りてのんびり過ごす休暇に人気がある。ノルウェーの釣り人にとって5月31日は大切な休日で、友人と集って川原でキャンプをして、解禁日の６月１

日を迎える。日付が変わった真夜中に、まだ体力が残っている釣り人、もっと正確に言うなら、酔っ払っていない釣り人はフライロッドを握りしめて川に立ち、その年のファーストキャストをするのである。

＊＊＊

アメリカでは19世紀後半まで、サーモンフィッシングの人気は今一つ盛り上がりに欠けていた。その背景にはレクリエーション・フィッシングを認めないピューリタニズムがあったといわれている。釣りは食料を得るためにするべき活動とされていたのだ。しかし時代が進むにつれて、まずはトラウトのフライフィッシングに人気がで始め、１８３０年代になるとニューイングランドの川が多くのトラウト・フライフィッシャーでにぎわうようになった。しかしながら、サーモンがフライフィッシャーの興味を引き始めたのは、それから半世紀も後のことだ。１８８５年、バンゴー在住のフレッド・W・エアーが、ペノブスコット川のバンゴープール（バンゴー・ダムを飛び越えるためにサーモンが集結している場所）で6匹のサーモンを釣り上げたことが話題となり、スポーツ雑誌にペノブスコット川でのフライフィッシングに関する記事が掲載されるようになって初めて、サーモンのフライフィッシングが認知されるようになったのだ。また同時にゲーム性の高いスポーツフィッシングについての理解も進み、ペノブスコット川に、ボストンやニューヨークから大勢の男女がやってきては、フライフィッシングを楽しむようになった。出遅れていた地元の人々も次々と参入し、メイン州はサーモンフライフィッシングのメッカとなったのだ。ビジネススーツを着た男性がランチタイムに釣りをして、子供たちは放課後に釣りをする。さらにはロングスカートの女性たちが、キャスティングの邪魔にならないようにと、当時はやっていた羽根飾りのついた、つばの広い帽子を脱いでフライフィッシングに夢中になった。ところがまさにこのアメリカ初のフライフィッシングブームが到来するのと時を同じくして、乱獲、公害などの様々な問題がサーモンの遡上を阻害するようになっていたのだ。

北方のイングランド領アメリカ植民地はアメリカよりもはるかにイギリスの影響が強かったため、フライフィッシングが浸透するのも早く、カナダには18世紀に描かれたフライフィッシングの図版や、フライに関する記述が数多く残されている。アメリカでフライフィッシングが流行し始めた頃には、すでにニューイングランドのサーモンが激減していた。したがって、サーモンを釣りたいアメリカ人フライフィッシャーの目は、おのずとカナダに向けられた。とはいっても、19世紀のニューイングランド人がカナダまで行ってサーモンフィッシングをするには、列車や船を乗り継ぎ、さらにはカヌーを使って釣り場に近づく必要があり、たとえ裕福であったとしても、とても現実的な旅とはいえなかった。結果的にカナダにおけるサーモンフィッシングは、長い間エキゾチックな理想郷として、アメリカ人フライフィッシャーの憧れであり続けた。その後、20世紀初頭のイギリスのフライフィッシャーの間で、ブリティッシュ・コロンビア州での釣りが評判になった。

＊＊＊

カナダでは、フライフィッシングとカヌーは切っても切れない特別な関係にある。ディーン・セイジによると、ネイティブアメリカンは、カヌー作りの技術を神からの贈り物と考えて、次世代へと伝承してきた。セイジ自身、史上初のカヌーを正確にコピーしたものを製作しようと努力しているという。ミックマック族などにはカヌーでサーモンを釣ってきた歴史があり、シラカバで作った彼らのカヌーの優美さは別格である。

フィッシングライターのアンソニー・ネットボーイは、１９５０年代、カナダにはフライフィッシングが可能なサーモン・リバーが２２２あったと推定している。現在でもレスティグーシュ川やグランドカスカペディア川は、フライフィッシングに最適な世界最高のサーモン・リバーとしての評判を保っており、州の経済を支える最も貴重な資源となっている。

＊＊＊

19世紀後半、メイン州での流行を端緒に、フライフィッシングはアメリカ全体に浸透していったが、その当初からフライフィッシングがエリートスポーツであるというイギリス的伝統は否定されてきた。著名なフィッシングライターであるジョン・ブラウンは、１８５１年に出版した『アングラーズ・アルマナック（*Angler's Almanac*）』で次のように書いている。

——4月から5月にかけて、デラウェア州のいかだ師や材木師たちが、ニューヨークの釣具店に行って、真剣な目つきでフライを選んで購入し、ペンシルベニアの川で驚くほどの効果を上げている。

しかし、この記述はトラウトのフライフィッシングについてであり、サーモンのフライフィッシングについては、まだまだ確固たる手法が確立されておらず、釣り人による試行錯誤が続いていた。水生昆虫との密接な関係性が明らかで、そのことがフライフィッシングの楽しみを倍加させているトラウトフィッシングと比較すると、サーモンはライフサイクルはおろか、生息地さえもほとんど分かっていなかったのだ。ジョン・ブラウンは、サーモンがミシシッピ川にも生息していると主張したが、これは真実ではなかった。19世紀半ばのカリフォルニアで、フライでサーモンを釣ったという記録は数知れない。多くはイギリス人が残したレポートで、フライフィッシングでサーモンを釣るのは主にイギリス人だったのである。

フライフィッシングの世界で、目立たない存在だったアメリカ人が、突然メジャープレーヤーになったのは、フライフィッシング用の釣り竿に竹が使われ始めてからのことだ。18世紀、インドに出兵していたイギリス兵が土産に竹を持ち帰るようになった。その竹はトンキン湾に注ぐ川の流域に自生し、トンキン湾から出荷されていたために、トンキンケーンと名付けられていた（訳注：日本には自生していない）。フライロッド（フライフィッシング用の釣り竿）の素材として、最初に誰がこの竹に目を付けたのかは分かっていないが、トンキンケーンではなく、カルカッタケーンを使った初期型のフライロッドは、イギリスで開発されたといわれている。しかしながらその後、アメリカ人がトンキンケーンを使って開発した竹竿は、製作方法、性能、品質のどれをとっても革命的で、ここに初めて現代フライロッドの原型が誕生したのである。

竹を使ったフライロッドは、一般にバンブーロッドと呼ばれているが（訳注：イギリスでは「スプリットケーンロッド」という呼称が一般的）、製造過程における最大の特徴は、丸竹を1本そのまま釣り竿として使うのではなく、1本の竹を短冊状に縦に細く切り、内角を60度に削った6片を貼り合わせて1本の釣り竿にした点である。切り出された細長い竹片をカンナで削り出すことによって、長さと太さが自在、かつ微妙に調整できることが画期的だった。フライロッドに限らず、釣り竿は先端に行くにしたがって細くなる構造をしている。この先細りのデザインと製作精度によって竿の性能が決まるのだが、何といってもバンブーロッド最大の利点は軽さだった。同じ比重の樹木に比べると、竹ははるかに軽量で、しかも柔軟かつ強靭な反発力を持っていたのである。

フライフィッシングの歴史の中で、バンブーロッドが果たした役割は極めて大きく、トラウトのフライフィッシングはトンキンケーンという素材によって完成されたと言っても過言ではない。その後、竹はグラスファイバーやカーボンファイバーといった人工素材の登場によって表舞台から姿を消すが、今でもごく一握りの竹竿職人がバンブーロッドにこだわるフライフィッシャーのために製作を続けており、また教本片手に自作しているアマチュア製作者も少なくない。

最初に誰が竹を切って貼り合わせたのか？　はっきりとした証拠はないが、ペンシルバニア州イーストンのサミュエル・フィリップだというのが定説である。少なくとも１８７０年代初頭、フィリップは五つの竹片を使った5角ロッド（5片のそれぞれの内角は72度）を製作していた。その後主流となった6角ロッド（内角60度）を作ったのはハイラム・レナードといわれているが異説もある。レナードがまだグリーンハート、アッシュ、ランスウッドを加工してフライロッドを作っていた１８７１年に、ニュージャージーのロッドビルダー、エベネザ・グリーンとチャールズ・マーフィーの二人が、すでに六つの竹片を貼り合わせてロッドを製作していたというのだ。真相はどうであれ、レナードはメイン州のバンゴーに職人を集め、高品質の6角フライロッドを製造する工場を設立した。バーモント州のチャールズ・オービスはレナードに対抗して、低価格のバンブーロッドの生産を始め、以来オービス社はフライフィッシング用品のトップブランドの地位を維持している。

　ノーマン・マクリーンの自伝的小説『マクリーンの川（*A River Runs Through It*）』（集英社刊）で主人公の父親が「フライフィッシングはアートである」と言っているように、フライロッド、リール、フライライン、リーダー、フライの全てが精巧にできていないと、フライフィッシングは成り立たない。19世紀にリールやシルクラインなどの改良が進んだフライフィッシングは、こうして20世紀にアメリカで大輪の花を咲かせたのだ。１９７６年に発表されたこの小説は、20世紀初頭のフライフィッシング一家の物語であり、貴族ではなく、モンタナの小さな町に住む中流階級のアメリカ人の話であることが、アメリカにおけるフライフィッシングの歩みを物語っている。

　誰が最初にパシフィックサーモンをフライで釣ったのかは定かではない。初期のパシフィックサーモン・フィッシングに関しても、いろいろな伝説がある。１８４９年のゴールドラッシュでカリフォルニアに移住していた探鉱者が、サーモンフィッシングに狂って金探しを放りだしたとか、さらに可能性が低い話として語り継がれているのが、独立後のアメリカがイングランドと領土交渉した際の話だ。１８４５年、オレゴン準州の帰属が米英間の交渉案件となり、イギリス代表として派遣されたジョン・ゴードンがブリティッシュ・コロンビア州のビクトリア砦に立ち寄り、地元のサーモンを食べながら「釣りをしたい」と言ったという。長い間、アメリカ北西部のサーモンはフライでは釣れないとされていたため、ゴードンは地元の釣り人の薦めにしたがって、サーモンを餌で釣った。そしてイギリスに帰ると領土問題調査委員会に「フライでサーモンが釣れない地域には何の価値もない」と報告し、そのためイギリス人はアメリカ人にオレゴン準州を与えたとされるのだ。この話は一時期もっともらしく語られた伝説だが、いかにも釣り人が語りたがるホラ話の典型と思われる。

ニューイングランドからアメリカ西部にフライフィッシングが伝搬したのは、19世紀半ばから後半にかけてのことだ。１８７９年、アメリカ海軍大佐レスリー・Ａ・ベアズリーは、ＵＳＳジェームズタウンでアラスカへ航海し、シトカ港に長逗留した。フライフィッシング狂のベアズリーは、任務はさておき、フライフィッシングのタックルを大量に持ち込み（大半がオービス製品だったらしい）、その後の2年間、可能な限りの時間をアラスカのフライフィッシングに費やした。海軍士官にとって、日誌や記録は極めて重要な任務の一つだが、ゴードンはそのフライフィッシングバージョンを必要以上に詳細に記し、アメリカ人のフライフィッシャーにアラスカの存在を知らしめたのだった。

ヨーロッパにおける経緯同様、アメリカ西部でフライフィッシングを広めたのは地元の人々ではなく、都市から移住してきた人々だ。20世紀になると、衰退しつつある商業漁業よりもスポーツ・ツーリズムが経済的に重要視されるようになり、フライフィッシング愛好者とその組織、業界関係者が政治力を持つようになった。都市の釣りクラブが河川を管理するようになり、時にはフライフィッシング専用に指定されたために、餌釣りが禁止されるような川も出てきた。

ニジマスの降海型であるスチールヘッドを、サーモンの仲間とする考え方が現代では主流だが、当初、釣り人はスチールヘッドはトラウトだと主張していた。トラウトはスポーツフィッシングの対象魚種であり、商業種ではない。だから商業用の漁獲を禁止すべきだ、という釣り人都合の屁理屈で、１９２５年、釣り人たちはワシントン州議会にスチールヘッドの食用販売を禁止するよう働きかけたが、不成功に終わった。その3年後、今度はオレゴン州議会に同様の議案が持ち込まれ、販売を制限するところまではいったが、販売禁止とまではいかなかった。同州におけるスチールヘッドの完全な販売禁止は１９７５年からのことである。

こうしてスチールヘッド・フライフィッシングは、太平洋岸北西部の重要な観光資源となった。サーモンフライが小型化して、「ライトドレッシング」と呼ばれる地味な方向に進んでいるのとは逆に、スチールヘッドでは逆の方向に進んでいる。フライショップのフライボックスに、大きくて、派手なフライが置かれてあったら、恐らくそれはスチールヘッド用のフライである。未だにサーモンと降海型のトラウトに対して決定的なフライはなく、時代時代で変遷してきたサーモンフライ同様、スチールヘッド用のフライも変遷している真っ最中だ。

アラスカを除くアメリカ国内における最も有名なスチールヘッド・リバーはローグ川だろう。オレゴン州を流れるローグ川は、険しいカスケード山脈から太平洋までの３２０㎞以上の急流だ。ベストセラーの冒険小説家ゼイン・グレイは熱心な釣り人だったが、１９２０年代にローグ川でスチールヘッドを釣り、ローグ川の名を全米に広めた。ワシントン州では、スカジット川、スティラガミッシュ川、そして特にスカイコミッシュ川（スチールヘッド・フライフィッシャーの間では「スカイ」の名で親しまれている）が、スチールヘッド・フィッシングの人気河川だ。アイダホ州ならばサーモン川だろう。

サーモンの商業漁が廃れる一方、フライフィッシングは地方の人々の娯楽となり、同時にサーモン・フライフィッシングを目的に西部の州を訪れる観光客も増え、地域全体での収益は増加した。主な収益源は、フィッシングロッジ、フィッシングガイド、タックルショップなど、他地域からやって来た釣り人への各種サービスだ。「州魚類狩猟局（State Fish and Game Agency）」という存在もまた、この釣り経済の一翼を担ってきた。最初の魚類狩猟局は、１８６５年にマサチューセッツ州で設立され、その後、各州が次々とこの機関を設立し、主に野生生物の保護に取り組んできた。その運営予算のほとんどは、狩猟免許や漁業免許の販売によるものだ。したがって、良くも悪くもハンティングやフィッシングを奨励し、ことに州外からハンターや釣り人を呼び込むことに積極的に取り組んできた歴史がある。ライセンスは、地元の人には安く、ビジターには高い価格設定をするように法律で義務付けられた。１９０９年、オレゴン州で最初の釣りライセンスは、住民が1ドル、州外からの旅行者が5ドルだった。女性も男性もオレゴンに釣りにやって来たが、オレゴン州では１９２３年まで女性の釣り人はフィッシングライセンスを必要としなかった。州魚類狩猟局は、そもそもの成り立ちから商業漁業者に対抗する宿命を持って生まれたため、必然的にスポーツフィッシャーと同盟を結ぶことになった。その典型的なケースが１９２０年代のクラマス川におけるスポーツフィッシャーとカリフォルニア州魚類狩猟局の関係で、地域における強力な政治的勢力となったのである。

＊＊＊

アメリカ大統領の中にもサーモン・フライフィッシャーが数人いた。チェスター・アーサー（第21代大統領）がケベックのグランドカスカペディア川で釣り上げたアトランティックサーモンは51ポンドあり、当時の世界記録となった。熱心なアウトドア派として知られるグローバー・クリーブランド（第22代及び24代大統領）は新婚旅行にフライロッドを持参したといわれている。ハーバート・フーバー（第31代大統領）は１９２８年の大統領選挙の休暇を利用して、ローグ川とクラマス川でフライフィッシングをして、スチールヘッドを釣った。サーモンフィッシングをするならカナダ東部がベストだというのがフーバーの口癖だった。

歴代大統領の中で、最も熱心なフライフィッシャーがジミー・カーター（第39代大統領）であることに異論を唱える人はいないだろう。ただし、カーターはホワイトハウスを出るまではサーモンを釣ったことがなかった。南部ジョージアの田舎で少年らしい釣りをして育ったカーターがフライフィッシングを始めたのは、州知事になるためにアトランタに移ってからのことだ。その後、カーターはどこに行ってもフライフィッシングをした（訳注：１９８１年に来日した際、山梨県忍野で釣りをしたことは日本のフライフィッシャーによく知られている事実だ）。ペンシルベニア州やキャンプ・デイビッドへのフライフィッシング旅行は、彼の大統領就任以来のトップ・シークレットとされた。その後、アラスカでスチールヘッド・フィッシングの面白さを知り、ケベックのコサスカル川で29・5ポンドのアトランティックサーモンを生まれて初めて釣り上げた。

1960年代になると太平洋岸北西部では、商業漁業者が水揚げするよりも多くのサーモンをスポーツフィッシャーたちが釣り上げるようになった。漁師たちが魚を捕り、スポーツフィッシャーが魚を守るという構図が逆転したのだ。漁師たちにとって不幸だったのは、そんな漁獲量の逆転事実が判明したのは、すでに商業漁業が衰退した後だったことだ。

キャッチ&リリースという発想が生まれたのは、釣り人が捕り過ぎているために魚が減っているという事実が、明るみになり始めたことがきっかけである。自然保護に熱心なスポーツフィッシャーたちが、「魚を釣っても、リリースすれば減らない」というアイディアを考え出したのである。20世紀を代表するフライフィッシング・ライターであり、キャッチ&リリースの強力な推進者だったリー・ウルフは、「同じ魚を一度しか釣らないなんて、もったいなさ過ぎる」と書いている。

一方で、釣り人たちがどれほど熱心に政治的な力を使って環境保護を進めたところで、トラウトは救われても、サーモンは救われなかった。というのは漁船のエンジンが大幅に改良され、川での漁獲を諦めた漁師たちが、海でより多くのサーモンを捕ることができるようになったからだ。海で捕れるサーモンは、どこの川で生まれ育ったのかを特定することができないため、河川ごとの漁獲量をコントロールすることが不可能で、漁獲マネジメントが一層困難になった。優れたエンジンと舟を手に入れて、海でサーモンを捕るようになった漁師たちは、釣り人の視界から消えた。ホッとした釣り人が見えない悲劇に気付いた時、すでにサーモンは川から完全に消滅してしまっていた。沿岸での網漁がサーモンの最大の敵であることに、いち早く気づいたリー・ウルフは晩年（1991年に小型飛行機の事故で死亡した）、商業漁業者たちを次のような理論で追求した。

――釣り人が釣ったサーモンの全て、あるいはほとんどをリリースするのだから、漁師も一定量のサーモンをリリースするべきだ。もしそれができないというなら、少なくとも魚にハンディを与えなくてはフェアではない。

ウルフは、サーモンの大きなエラが引っかからない大きさで、魚が自由に向きを変えて逃げることができる網を使う、という具体的な提案をした。しかし、商業漁業者には、もしもこの提案を受け入れると、「それだけでは済まない。結局のところ、釣り人の最終目的は、自分たち漁師を廃業に追い込んで、魚を独り占めすることなんだ」と考える者がいて、実現はしなかった。

ロシアは、現在フライフィッシングに大きな商業的価値を見出している国の一つである。北極圏の大部分を占めるコラ半島は、かつてソビエト海軍の核配備基地だった土地だ。核廃棄物による環境問題が山積しているものの、長い間、軍が人々を遠ざけてきたため、サーモンフィッシングのための広大な土地が残されている。ロシア人はフライフィッシングを貴族のスポーツに戻そうとしているらしく、1万5000ドル以上、時には2万ドル以上という非常に高い料金で、フライフィッシャーに豪華なロッジを提供し、連日ヘリコプターやジェットボートで条件の良い川へ移動して釣りをさせる。カムチャツカ半島ではパシフィックサーモンやニジマスのフライフィッシングが、大陸よりはやや安価に提供されている。

南半球に目を転じると、ニュージーランド、オーストラリア、アルゼンチン、チリで、元々存在しなかったトラウトとサーモンを移植することにより、経済規模の大きなフライフィッシング観光産業が誕生した。外来種、特にサーモンやトラウトのような魚食性を持つ種を持ち込むことは、自然の秩序を不安定にして、多くの在来種を脅かすことになるが、今のところ、これらの国々では経済を優先させているようである。サーモンが食べる魚から、遊ぶ魚へと変わりつつあるのだ。

パートⅣ

危険な未来

第12章　大西洋エレジー

このように、自然は決して使い果たされてはいない
何ごとであれ、その奥底にこそ、大切な新鮮さが息づいているのだ
――『ゴッズ・グランドール（*God's Grandeur*）』ジェラルド・マンリー・ホプキンス

科学者の推測によれば、アトランティックサーモンは世界に１５０万匹程度は残っているという。１５０万匹という数字を科学的な見地からいえば、かなり悲劇的な数字だ。ブリストル湾に遡上するベニザケが、例年４０００万匹以上であることから考えても、１５０万匹しかいない種が今後生き残れるかどうかは大いなる疑問で、ダーウィンの言葉を思いださないわけにはいかない。

――同じ種の個体が、天敵に比べて大量に存在することが、種の保存には絶対必要な要件である。

これは自然界の基本法則の一つである。ではアトランティックサーモンの天敵とは何か？　クマだろうか、鳥だろうか、それともサメだろうか？　違う。最大にして最強の敵は人間なのだ。つまりアトランティックサーモンを増やすには、天敵である人間を排除すればいい。これはレトリックではなく、単純な論理的帰結である。だからといって、排除するのにわざわざ人間を殺す必要はない。手の届かない所に追いやってしまえばよくて、現実的にその排除活動

はまあまあうまくいっている。現在、アトランティックサーモンを捕ろうとする商業漁業者は多くないのだ。ところがアトランティックサーモンは一向に増える気配がない。それどころか減少している水域すらあるのだが、人間の排除はすでに手遅れだったのだろうか？

ヨーロッパでサーモンの商業網漁が禁止され始めたのは21世紀に入ってからのことで、ＥＵはアイルランド西岸でのサーモンの流し網漁を禁止し、スコットランド、イングランド、ノルウェーの網の総数を減らした。最後に残った最大の問題は、グリーンランド沖で操業するデンマークのサーモン漁業だった。グリーンランドにサーモンの遡上河川はほとんどない。北大西洋を泳ぐ大半のサーモンが、グリーンランド沖の豊かで冷たい海域で獲物を捕食しているが、これらの魚は主にアメリカ、カナダ、スコットランド生まれの魚である。

この問題の解決に向けた交渉と妥結は、オルリ・ヴィグフソンが成した最初の功績だ。それまで、漁業関係者との交渉に悪戦苦闘してきた政府関係者や環境保護主義者たちに決定的に不足していたのは、理屈でも真実でも愛国心でもなく、漁師との対話能力だったのだ。母国アイスランドで家族がニシン漁業を営んでいたヴィグフソンは、漁師との会話の仕方を知っていたのである。彼は、漁師たちが漁場の魚は自分たちのものであると信じて疑わないことを、心の底から理解していた。うわべだけで、「その考え方はもっともですが、しかし……」と言うような人物と違い、漁師たちにこそ権利があると信じて疑わなかったのだ。グリーンランドの漁師たちは、サーモンは自分たちの漁場で太ったのだから、育ての親は自分たちで、今さら生みの親が現れて親権を主張し始めるのはお門違いだと考えていた。ヴィグフソンがその極めて重要な一点に「実にもっともな話だ」と心から同調したことで、交渉が前に進み始めたのである。

またヴィグフソンにはもう一つの重要な才能があった。彼は資金調達能力に長けていて、グリーンランド人にサーモン漁を中止してもらうための、必要な資金をかき集めてきたのだ。そして調達された資金を、グリーンランドの漁師たちに「養育費」のような理由で支払うことで合意したのだ。

また、彼はサーモン漁場を失ったグリーンランド人に対して、代替漁業の支援も行った。陸に上がった漁師の末路を自分の目で見てきたからだろうが、結局のところ、そこまで真剣なヴィグフソンの姿に漁師たちの心が動いたというのが、交渉成功の真相ではないだろうか。１９９３年に締結されたその協定は、何度か再交渉を要しつつも、しっかりと維持され、その後、同様の協定がフェロー諸島の商業漁業者とも結ばれている。ヴィグフソンは小柄ながらも、無限のエネルギーを内にはらんでるような人物だった。北大西洋を船、飛行機、バス、ヘリコプターで絶え間なく移動して、地元の一漁師からロシアのプーチン大統領まで（会談後、プーチンは記者たちに向かって、フライキャスティングをしているポーズを取りさえした）、あらゆる人と面会した。レイキャビクにある質素な事務所で運営されていた彼のＮＡＳＦ（ノース・アトランティック・サーモン・ファンド）は北大西洋全域の漁業における拠点として最大限に機能してきたのだ。２０１７年にヴィグフソンが74歳で逝ってしまってからも、彼の作った組織は活動を続けている。彼の死後もＮＡＳＦは、グリーンランドにおける商業サーモン漁の終了と、フェロー諸島における協定の延長といった重要な交渉に成功してきた。

　しかしながら、残念なことにはヴィグフソンが掲げた「アトランティックサーモンを、かつてのレベルまで回復させる」という目標は未だに達成されていない。それどころか、商業漁業を事実上全廃することによって、絶滅をギリギリで回避しているというのが実態だ。１９９０年代以降、全網漁が中止されたにもかかわらず、海から川に戻ってくるアトランティックサーモンの総数は減少を続けており、誰もその理由を解明できていない。科学者たちは「海洋生存率の低下」と呼ばれる現象が、大西洋の両岸で起きているのではないかと想像している。どれだけサーモンが産卵に成功しても、どんなに多くのサーモンが降海しても、通常の割合で戻ってこない現象だ。北に行くほど生存率は高く、ヨーロッパ側はアメリカ側より生存率が高い。生存率が最悪なのはニューイングランドである。

　カラフトシシャモが魚体に有している栄養素が減少してきている、というのが最も有力な説ではあるが、現時点で、はっきりとした原因は解明できていない。カラフトシシャモは、サーモンの海洋食の中心をなす小魚だ。１匹のカラフトシシャモから得られるエネルギーが少なければ、サーモンは同じ量のエネルギーを得るために、より多くのカラフトシシャモを捕食しなければならず、サーモンのエネルギー消費へとつながる。サーモンが川に戻って来られないのは、カラフトシシャモのエネルギー不足に起因しているというのだ。タラの資源回復を遅らせているのもカラフトシシャモであると考える科学者もいて、同じく被捕食魚としての大西洋ニシンのエネルギー低下も注目されている。

なぜ小魚の体にこのような変化が起きているのだろうか。生物学者の中には、これまで歴史的に漁業を悩ませてきたＮＡＯ（北大西洋振動）と呼ばれる気象変動に起因しているのではないかと楽観している者もいる。ＮＡＯが活発な時期は小魚がいなくなるために不漁となり、ＮＡＯが不活発な時期は小魚が多くなるために、サーモンの漁獲が上がるという記録があるのだ。ニシンの豊富な地域が突然の大不漁に陥るのはこのためである。中世には、ニシンがいなくなるのは漁村における男女の不倫が原因だといわれていた。今はＮＡＯが活発でなければ、漁村の不倫とは関係なくニシンが捕れる。

21世紀初頭は確かにＮＡＯが高い時期ではあるものの、振動だけでは説明できないと考える生物学者もいる。マサチューセッツ州ウッズホールにある米国海洋大気庁（ＮＯＡＡ）の生物学者ティモシー・シーハンは、気候変動によって氷冠が溶け、海の塩分濃度が低下することによって動物プランクトンが減少し、小魚の体質が変わっているのではないかと考えている。シーハンはアトランティックサーモンだけではなく、パシフィックサーモンの海洋生存率も減少しつつあると考える多くの生物学者の一人だ。高エネルギーが必要な大型の動物プランクトンが不足し、小型で低エネルギーの動物プランクトンがそれに取って代わっているというのだ。

＊＊＊

バルト海では、スウェーデン、ロシア、フィンランドの漁獲が多く、次いでデンマークとドイツ、そしてポーランドと続くが、サーモンに関してはどの国も苦戦をしている。バルト海のアトランティックサーモンは亜種に近い別系統の魚で、長い間スウェーデンはその主要な漁獲者だった。しかしながら、20世紀のスウェーデンでは、環境に配慮したために、化石燃料や原子力による発電施設の操業が止められ、その代わりに水力発電用のダムが建設された。現在では２１００基の水力発電ダムが、スウェーデン全体の電力の40%をまかなっている。

　この数十年、より新しい再生可能エネルギーに関心を持つようになったスウェーデンは、ダムを解体するようになっている。当初は既存のダムに魚道を追加しようとしていたのだが、ダムを取り壊すよりも、かえってコストがかかることが分かってからは、もっぱら撤去にシフトしているのだ。小規模で生産性の低い古いダムが積極的に撤去され、サーモンは奪われた生息地を取り戻しつつある。ダムの撤去に伴って、サーモンが遡上するタイミングが早まり（本来の時期に戻り）、稚魚が捕食者に狙われにくくなったケースも報告されている。

　サーモンは現在に至るまで、スウェーデン料理の主役であり続けている。冷蔵庫が普及する前、北欧ではほとんどの魚（特にサーモンとタラ）を塩漬けにして、板のように硬く乾燥させていたが、この方法だと、極めて長期間の保存が利く。保存された魚は調理する前に、少なくとも24時間は流水に浸して脱塩し、水分を補給する必要があった。現在では、サーモンプディングを含め、ほとんどのサーモン料理に生の魚が使われているが、１９３９年に出版されたイング・ノルベルグの『スウェーデンのごちそう（*Good Food from Sweden*）』に載っている以下のレシピが、本来のスウェーデンのサーモンプディングに近いだろう

〈スウェーデン風サーモンプディング（8人分）〉

塩漬けサーモン　2カップ、牛乳　1カップ、ジャガイモ　3カップ、卵　3個、小麦粉　小さじ2、白コショウ
小さじ1、パセリのみじん切り　大さじ1、バター　大さじ1、パン粉　大さじ2

サーモンは一晩、水に浸けておく。水気をよく拭き取り、薄切りにする。ジャガイモはスライスする。耐熱皿にバターを塗り、ポテトとサーモンを交互に並べる。パン粉をまぶす。卵、小麦粉、牛乳を加えて混ぜる。コショウで味を調え、耐熱皿に流し込む。パセリを振りかけ、中温のオーブン（１９６℃）で約40分焼く。溶かしバターを添えて盛り付ける。

***

アトランティックサーモンの最も重要な生息地はノルウェーで、その資源は減少してはいるものの、他の場所ほど状況は悪くない。ノルウェーの川では毎年50万匹のサーモンが産卵しており、これは世界全体のアトランティックサーモンの3分の1に相当する。

ノルウェーは大西洋岸を中心とした細長い国土に、４５０ものサーモン・リバーがある。中でもフィンランドとロシアに接する北部のフィンマルク地方は、最も生産量が多い地域として知られている。ノルウェーの大半の川は滝や急流があり、かつ短い。川の多くは高山地帯の峡谷を切り刻むように流れていて、河口に形成されたフィヨルドはいくつもの険しい山塊で分断されている。サーモンは遡上、産卵のために十分な水深を必要とするため、雪解け水で川の水位が上がるまでフィヨルドで待機している。ノルウェー産のサーモンは5年も海で生活してから川に戻っていくので、産卵期の個体は大きく太っている。またノルウェーのサーモンは1日の総遊泳距離が約90㎞と報告されており、コラ半島近くのロシア産のサーモンのおよそ2倍だ。またロシアやスコットランドのサーモンがノルウェーの川に迷い込んだり、その逆も少なくはない。

他国に比べて優位な環境を維持しているノルウェーではあるが、やはり多くの問題があり、サーモンの減少に歯止めがかかっていない。ノルウェーでは１９８９年に流し網漁が禁止され、その後大半の商業漁業が停止された。しかしながら、世界で最も長いアトランティックサーモン・リバーの一つであるターナ川では、いまだ乱獲が続いている。これは残されている数少ない商業漁業の影響もあるが、先住民であるサーミ人の権利を尊重した結果でもある。100年前から、ノルウェーは商業的なサーモンの漁獲量を減らしてきた。1908年には、フィヨルドでの網漁が禁止された。フィヨルドは産卵河川の入り口であるため、これは極めて重要な措置だった。フィヨルドを泳いでいる魚を無秩序に捕ってしまうと、母川ごとのサーモン管理が難しくなる。流し網が禁止された後、その代わりに開口部が一つのバグネット（袋網）が許可され、一時期は流し網に代わってその使用量が増加した。

しかし、近年のノルウェーはバッグネット漁も減らしており、2018年には稼働しているバッグネットが800個になった。しかし、他の大西洋地域と同様に、海で生き残り、産卵に川に戻ってくるサーモンは年々少なくなっている。商業漁業がほとんど行われていないというのに、ノルウェーの天然サーモンは30年前の50％しかいなくなっているのだ。

＊＊＊

アトランティックサーモンの保護を推進している中で、当然のこととして新種の侵入者は歓迎されない。ヨーロッパの川には常に他国から迷い込んでくる魚がいるが、今、問題になっているのは、大西洋ではなく、太平洋から迷い込んでくるサーモンだ。ノルウェー、イギリス、スコットランドの川に、サケ属のパシフィックサーモンであるピンクサーモンが出現しているのだ。

この魚は同じサケ科であっても別属なので、アトランティックサーモンと交配することはない。しかし、当然、生息場所や食べ物をめぐって競合することになる。ピンクサーモンはサケ種の中で最も帰巣本能が弱い。生まれた川で過ごす時間が短いためか、頻繁に迷子になり、その結果として新しい川を遡り、勢力範囲を広げる。そのため移植には向いている。ただし問題はマネジメントが難しいことだ。魚たちは移植した川に留まらず、さらに新しい川に迷い込み、結果的に数世代で海域全体がピンクサーモン優勢の水域になってしまうのだ。

1960年代、ソビエト連邦はサーモンを増やそうと考えた。ロシアは太平洋岸から大西洋岸にまたがる広大な国土を持っている。だから単純にオホーツク海のマガダンから、ヨーロッパの北岸アルハンゲリスクにピンクサーモンを移動させようと考えたのである。やがてピンクサーモンはアイスランドに姿を現し、大西洋に到着し、その半世紀後、18のスコットランドの河川を始め、アイルランド、イングランド、ノルウェーでも目撃されるようになった。

モスクワの研究所長ミハイル・グルボコフスキー氏は、現在第2ラインを立ち上げたいと考えている。ピンクサーモンは隔年でしか産卵しないため、空いている年に第2ラインを作れば、毎年新しいピンクサーモンを供給することができる。この戦略は他のヨーロッパ諸国にとっては大いなる脅威となっている。というのも、アトランティックサーモンがサーモン同士の生存競争に勝てるかどうか、確信が持てないからだ。

スコットランドのネス川にあるネス地区サーモン漁業委員会のディレクター、クリス・コンロイは、このロシアのピンクサーモンによる侵略に抗議してビデオを作った。背中に大きなコブを隆起させた2匹のピンクサーモンが、ネス川でアトランティックサーモンのオスとメスを追い散らして産卵場所を奪い、自分たちの卵を産み付けている様子が映っている。ディー川の元ディレクター、マーク・ビルスビーもディー川でピンクサーモンを発見し、「彼らは本当に攻撃的な魚だ」と言っている。

一方でロシアの太平洋サーモン生物学者セルゲイ・コロステフ氏は、ヨーロッパ人は無用な心配をしていると述べている。「ピンクサーモンの稚魚は川で捕食活動を行わないため、アトランティックサーモンとは競合しないし、海には両方の餌が十分にある。だからピンクサーモンはアトランティックサーモンの脅威にはならない」と言う。しかし、大西洋を研究する生物学者によれば、海には両者どころかアトランティックサーモンだけにとってさえ、十分な餌があるかどうかは定かではないということだ。

＊＊＊

スコットランド、イングランド、ウェールズからなるグレートブリテン島は、歴史的にサーモンの一大漁場であったが、現在、商業漁業はほとんど行われていない。市場にも、レストランにも、天然のサーモンはほとんど出回っていない。スポーツフィッシングによってのみ、サーモンの捕獲が許可されており、釣った魚を売るのも違法である。

ウェールズ人はウェールズ語で「Mewn Llaeth」、ケルトの伝統では「Eog Teifi」と呼ばれる、バターを溶かし込んだサーモンのミルク煮が大好物だ。サーモンパイもウェールズ、スコットランド、イングランドで伝統的に食べられてきた。サーモンの調理法としては、単にゆでるだけでは手抜きで、クリンプにするのが正しいとされてきた。クリンプというのはかつて行われていた簡便的な魚の下処理で、冷水に浸しておいたサーモンを、塩と酢を加えて沸騰させた湯の中に入れて、素早く取り出して水気を切って冷まし、食べる時は熱湯に入れて温める、という方法だ。

イギリスでは現在でもこれがサーモンの最高の下処理法とされているが、今日では、ゆでてもクリンプでも、ミルクやバターで調理しても、パイにして焼いても、ほぼ間違いなくそのサーモンは養殖魚である。

オルリ・ヴィグフソンがグリーンランドでサーモン漁の禁止を主導したのは、天然サーモンを養殖サーモンで代替できると考えたからだった。人々はサーモンの出生事情に興味なく、魚がサーモンの形をしていて、それが食べられさえすれば満足であることを知っていたからである。環境保護論者による養殖ビジネスに対する反発の多くは、養殖業者の多くが外国人（多くがノルウェー人）であることに端を発しているケースが多い。またスコットランドの生物学者たちが地元の魚を調べたところ、ノルウェーの魚の遺伝子が多いことも判明している。そんな環境保護論者や生物学者の反発や不満を超えて、一般に養殖サーモンが受け入れられているのは、それが食卓の皿に乗せることができる唯一のサーモンだからであり、つべこべ文句を言っている場合ではないからだ。すでにイギリスでは市販のサーモンに「養殖」と表示されていないことが多く、というのも事実上、全て養殖だから表記の必要もないというわけである。

少し前までは、ロンドンのビリングズゲート魚市場に行って、運が良ければ天然のサーモンを見ることもできた。法的な規制、そして狩猟検査官により厳しく管理されていたが、それでも抜け穴をかいくぐる密漁者がいたのだ。また、政府の買収に応じない頑固な漁師も、わずかながら存在していた。そんな一人にイアン・パターソンがいた。１９８０年代、スコットランド北部のハイランド地方に暮らすウィリー・グラントは、カニやロブスターを捕って生計を立てていた。ある日、イアン・パターソンと出会って、「ロブスター漁より、金になる」と誘われた。かつてサーモン漁はハイランド地方の主要な漁業であったが、１９８０年代にはすでに衰退していた。しかしパターソンは、だからこそ残された者に勝機があると踏んでいて、許可されていた唯一の漁法である袋網漁のためにグラントを雇ったのだ。グラントにとって、パターソンの申し出は本格的な漁業に参入する絶好の機会となった。全長23フィートの平底舟には十分なデッキスペースが確保されていた。袋網漁とは、漏斗状の網のバッグエンドを岸側に固定して、どちら側からも通り抜けられる網で魚を捕る漁法である。網の両端に約90mほどのリーダーと呼ばれる網をつなぎ、海面にブイを並べて網に入ってくる魚を捕る。水深が３m以上ある時には、魚は網の中と外のどちら側でも泳ぐことができる。しかし、干潮時には網が壁となるため、網の外を泳ぐことはできず、魚は袋の中を泳ぐしかない。そのタイミングで網を引き上げてサーモンを捕るのだ。1日に2回、この袋を空にする作業に従事したグラントは、「最高の日は４００匹、でも1匹も捕れないこともあったし、５匹、10匹、50匹の日もあった」という。

捕ったサーモンはできるだけ丁寧に扱い、うろこを落とさないように気を付けた。コンディションが並の魚であれば養殖場から仕入れれば良いわけで、魚市場はピカピカの魚体をしているサーモンにしか興味がなかったのだ。魚は甲板で箱に入れ、氷室に運ぶ。パターソンは養殖場が多い西海岸を避けて漁をした。「ウオジラミが２、３匹程度なら売れるのですが、中にはたくさんのウオジラミに取り付かれて死にかけている魚もいました。10kgもある素晴らしい魚が、１００匹以上のウオジラミに覆われて、血まみれになっていた光景は忘れられません。ただ、袋網漁は漁師にとってハンディがあり過ぎると思います。サーモンは袋から出ようと思えば簡単に出られるし、魚が袋に向かっている時に風向きが変われば、泳ぐ方角を変えてしまう。ボートやジェットスキーが多くてもダメだし、カモメの鳴き声一つでさえ、サーモンは散ってしまうんです」とグラントは振り返る。

パターソンに雇われたグラントは、わずかな賃金ながらも、１００匹捕るごとに１００ポンドのボーナスを受け取っていた。結果的には1シーズンのボーナスが２００ポンド前後のことが多く、ロブスター漁より実入りが良かったのは事実だ。サーモン漁は夏の仕事ということもあって、他の船員の多くはアルバイトの大学生だった。学生ではなかったグラントは季節が過ぎるとロブスターやカニ漁に戻り、翌年の夏、再びパターソンの元に戻ることを繰り返した。

そんな中でオルリ・ヴィグフソンがＮＡＳＦ（北大西洋サーモン基金）の資金を携えてやって来たのだ。ヴィグフソンは、パターソンに会ってストレートに、「漁をやめるにはいくら必要なのか？」と尋ねた。しかし、パターソンは、19世紀からハイランド地方で漁をやっていた家系であることに誇りを持っており、「漁をやめるわけにはいかない」と答えた。これはヴィグフソンの数少ない失敗例であるが、最終的にスコットランド政府は２０１５年に全ての網漁を禁止した。網漁が禁止された後、ウィリー・グラントはロブスター漁に戻り、イアン・パターソンはハラデール川で河川管理人の職を見付けた。

しかしながら網漁の禁止によって、その後、逆に漁場は密漁者天国になってしまった、とグラントは言う。３日間あれば、８００匹前後のサーモンの水揚げにより、３０００ポンド程度を稼ぐことができたのだ。密漁天国が終わりを告げたのはビリングズゲートが密漁サーモンの買い取りをやめたためで、近年、密漁によるサーモンの水揚げはほぼ消滅した。

＊＊＊

ディー川は全長１４５㎞の川で、時にスコットランド全土の縮図と称される。標高３０００ｍのケアンゴーム山脈から流れ出し、平野や牧草地、ライチョウが生息するヒースの斜面、そしてシングルモルト・ウィスキーが蒸留される険しい渓谷を流れ、その後川幅を狭めて、オーク、バーチ、スコッツパイン、ワイルドチェリーなどの森林を縫って、アバディーン郊外へと流れ下る。ハイランド地方で最も美しい川の一つであり、スコットランドのエッセンスが流域に凝縮されているといえるだろう。河口は港町アバディーンにあるが、アバディーンという町の名の「ディー」はこの川の名に由来している。

１９９４年、ディー川はスコットランドの主要河川として、初めて釣り人にキャッチ＆リリースを義務付けた。キャッチ＆リリースそのものは、スコットランドではさほど目新しいことではなかったが、これほど大きな川での施行の例はなかった。

２００５年までディー川には孵化場があり、ダム湖に遡上するサーモンを増やそうと試みてきたがうまくいかなかった。当時この川には、木材産業が衰退した後に残された古いダムが30基あった。かつてアバディーンまで丸太を流すために建造されたものだが、すでに使われなくなっていた。一番大きかったダムでも高さは約４・５ｍしかなく、これら小さなダムに魚道を作ることは、望みの薄い孵化場にさらなる資金を投入するよりも有効であることは誰の目にも明らかだった。全てのダムに魚道ができた最初の年、魚は２５０年ぶりにダムを越えて上流域で繁殖を再開した。

５００年前、スコットランドは森林に覆われた土地だった。現在、ハイランド地方の大部分とディー川の土手に緑は少ない。少なくとも１７８０年代からずっとそうだ。暗い空の下に岩と砂ばかりの荒地が広がり、そこではピンク色のヒースやヘザーが咲き乱れ、緑やシャルトルーズ・カラーのコケが息づいている。それは絵はがきやカレンダーに使われる、いかにもハイランド地方的な風景だが、本来はそうではなかったのである。ヘザーの木は、元々森の中に生えていたのだ。今でも森林の所々に残っていて、暗い森の中に美しい色をにじませているが、元々ハイランド地方は、低地にオークやシラカバ、ワイルドチェリー、高地には、太くてまっすぐな幹と、ねじれた銅色の枝を持つスコッツパインに覆われた森だった。そんな森の大半が人間の手によって破壊されてしまった結果、今見るような荒地になってしまったのである。

かつて川沿いに森があった頃、木々は季節が巡る度に、葉や樹皮を川に落として、川に住む微生物たちへ栄養分を供給していた。その後、多くの地域で伐採が進んだ結果、川幅は広く、浅くなってしまった。サーモンは細くて深い川を好むため、ダムに魚道を作った現在は、川岸に在来種の木を植えて、鹿や羊に食べられないように川を柵で囲っている。20年後、川岸は緑に覆われるようになるだろう。だからといって50年後に自動的にかつての森林が復活するわけでもなく、やるべきことをやり続けなければ、一旦失った自然は戻ってはこない。

実はこの森林再生への取り組みが、ライチョウ関係者との対立を生んでいる。スコットランドのライチョウ狩りは、年間数百万ドル規模の産業で、ハンターはフライフィッシャーよりも地域経済を回す強い力を持っているのだ。というのも、ライチョウ狩りには、フライフィッシングよりもさらに貴族的なスポーツとしての伝統があって、複数の使用人を使って行うという前提がある。ハンターは旗を持った男たちがヒースを叩いて、ライチョウが茂みから追い出されるのを待って撃つ。助手が銃に弾を込め、ハンターに手渡し、飛び立った鳥を撃つ。ハンターが助手に銃を返すと、新たに弾が込められたもう一つの銃が手渡される、という手順で行われる。まさしく主人のために使用人が働くという貴族社会構造のスポーツなのだ。

ライチョウ狩りには開けた土地が必要で、そのためにハイランド地方の広大な土地が伐採されてきた。富裕層で成り立っているライチョウ狩りの組織が、その土地の多くを所有してきたが、元々そこにあった森の復活を求めるフライフィッシャーと、開けた土地を求めるライチョウハンターの間には現実的な妥協点があった。ライチョウハンターは川岸から上のフィールドにしか関心がなく、山の上に木が広がっていかない限り、河畔林の植林を気にすることはなかったのだ。ところが、ライチョウハンターたちは、自分たちのハンティング・フィールドが湿地とならないように、泥炭地に溜まった水を抜いてしまった。ライチョウは湿った場所ではなく、乾いた場所を好むと考えられていたのだ（ライチョウは標高の高い土地に生息するが、だからといって湿った土地を避けるという事実はない）。それまでディー川の泥炭湿地はゆっくりと溜まった有機物を川に送り込んで、緩やかな流れを作り出し、森林破壊地域でよく見られる洪水と干ばつのサイクルを断ち切る緩衝地帯として機能していた。ところが泥炭地の水が抜かれたことによって、「タグを付けた魚の70パーセントが河口にたどり着けず、川のどこかで死んでしまったのです」とビルスビーが言うような事態が出来《しゅったい》した。ディー川の水は澄んでおり、汚染されてはいないのだが、こういった緩衝地帯の減少が水温の上昇を招いている。この20年間で、ディー川の平均気温は2度上昇した。現在のハイランド地方では、以前ほどの雪は積もらない。かつては雪解け水が、冷たく新鮮な水を安定的に川に供給していたが、今では、夏の水温は摂氏23℃を超える。「27℃から30℃の水温が1週間も続けば、サーモンの数は半減します。水温が高いと冬に必要な脂肪を蓄えることができないのです」とビルスビーは言う。近年の調査によると、ディー川は２０８０年までにさらに６℃上昇するという。

＊＊＊

１９２２年、アイルランドはイギリスから独立した。アイルランド自由国（後のアイルランド共和国）の独立は、アイルランド国民にとっては喜ばしい歴史的イベントだったかもしれないが、アイルランドのサーモンにとっては苦難の始まりとなった。独立後のアイルランドは、国土全体に電力を供給するなど、貧困地帯の近代化を進めた。当時の電化は、すなわち水力発電用ダムの建設を意味し、最長の川であるシャノン川に3つの大きなダムが建設された（アイルランドには現在も水力発電用のダムは四つしかないが、これは大飢饉で飢餓と移住が始まった１８４０年代以前の約半分の現人口をまかなうには十分な量である）。

ダムが建設された１９２０年代、シャノン川のサーモンが著しく減少していることはすでに認識されていた。アイルランドは産業が巻き起こす環境問題には慣れておらず、アイルランド内水面漁業局の調査官パディ・ガーガンは、「イギリス人がこの土地の開発を許さなかったことが、アイルランドにはかえって幸運だった」と言う。電力会社は川の環境を維持する義務を負ったため、ダムに魚道を作り、商業漁業の自粛を呼びかけた。アイルランドにサーモンリバーは１４３本あって、昔も今も、川ごとに管理されたサーモンの網漁が行われている。少数の漁師に捕られたサーモンの多くは、燻製業者によって高額で買い取られる。そのため生の天然アイリッシュサーモンは滅多に市場には出回らない。あるいは自力で釣るという方法も残されていて、スポーツライセンスを取得すると、1年に10匹のサーモンを捕獲することができる。各河川には産卵魚の数に目標が設定されており、当初の目標数値が達成された河川でのみ釣りができるのだ。例えばブラックウォーター川では1万２０００匹のサーモンが産卵に遡上すれば、その後約７６００匹を釣ることができる。孵化場は自然破壊的と見なされたために存在せず、アイルランドにおけるサーモン資源は95%が野生とされている。水力発電用のダムがある四つの川を含めて、未だ解禁するための規程匹数に達しない川もあり、それらの川では釣りをすることができない。また、ほとんどのサーモンはリリースが義務付けられており、釣った魚を持ち帰ってもいい川は約60本ほどだ。

20世紀、アイルランドでは西海岸から6マイルという制限内で網漁業が行われており、サーモン保護を求める国内の人々からだけではなく、ＥＵ（欧州連合）からも漁業縮小の圧力がかけられた。欧州各国がサーモン・リバーを保護または回復しようと積極的に取り組み始めていたからだ。アイルランドの網漁に対する苦情は、最初、イギリスのエイボン川から寄せられた。エイボン川は、バーブレスフックを使用したフライフィッシングのみを許可することで、サーモン資源を保全しようとしていたが、エイボン川で生まれたサーモンが、アイルランドで捕られていることが判明したのだ。その後、同じく河川の再生に取り組んでいたフランスがサーモンにタグを付けたところ、フランスの魚もアイルランドの網にかかっていた。２００３年には、ヨーロッパ全体の半分以上のサーモンがアイルランドで捕獲されているという試算が出た。アイルランド政府は網漁が引き起こしている国際問題もさることながら、大量のサーモンを捕獲することで、貴重なフライフィッシングの観光事業を衰退させてしまうことを恐れた。こうしてＮＡＳＦ、ＥＵ、そしてアイルランド政府関係者が一堂に会して、アイルランドの網漁を抑制する方策が検討されたのだ。

＊＊＊

コリブ川はわずか６㎞しかない急流だが、アイルランドで最もサーモンが多いとされる川の一つである。川の両岸にはゴールウェイの町が広がっていて、川幅は広いものの水深が浅い所が多い。

元々ゴールウェイはノルマン人の町だが、中世には町の入り口にあるスパニッシュ・アーチと呼ばれる場所で、スペイン人がワイン、穀物、魚の交換をしていたという。ゴールウェイに漁場があったという記録は１２８３年まで遡り、後にブルクという英語風の姓を名乗るようになったアルスター伯ウォルター・デ・ブルコスが漁場を所有していた。

１４００年代には、リンチという市長の息子が、地元の女性をめぐる争いで、スペイン人の船乗りを殺害している。リンチ市長は極めて厳格な法治主義者で、一晩かけて息子を説得し、翌朝自宅の2階の窓から息子を吊して絞首刑にしたという。その窓は今でも観光客の目を集め、これが「リンチ」の語源にもなっている（訳注：英語のlynchは日本で使われているような集団暴行というよりも、絞首刑を指すことが多い。またlynchの語源にはこの他にも諸説ある）。

コリブ川の河口にクラダという漁村があって、村の魚市場は今ではロブスターやエビをメインに扱っているが、かつてはサーモンの水揚げが多かった。アイルランドの伝統的な漁法にドラフトネット漁と呼ばれるものがある。漁師は、まずは魚の群れの居場所を特定するために、岸際から水面を見渡してサーモンが跳ねるのを待つ。サーモンの群れが確認できたら、土手から静かに網を曳いた小舟を漕ぎ出し、外側から半円を描くように進み、群れを岸際に追い込んで網に入れるのだ。このドラフトネット漁は１９７８年に全面的に禁止された。

コリブの町には大きなやながある。中央に魚を誘導するための大きな開口部「クイーンズギャップ」がある。2月から8月まで操業していたこのやなの発祥は、12世紀から13世紀に遡るが、20世紀末にアイルランド政府は、こういったやなでの漁そのものを禁止し、漁師たちのために３０００万ユーロの基金を設立して、それまでの漁獲量に応じて補償金を支払った。アイルランドには、今でも、1シーズンに８０００匹から９０００匹のサーモンを捕る商業漁業者がいる。コリブ川では1日に6人のフライフィッシャーが釣りをすることが許可されており、短い川ながらも年間約９００匹のサーモンが釣り上げられている。

アイルランドのサーモンも、他の北大西洋地域と同様に、海洋での生存問題を抱えている。２０００年以前は、海に出たスモルトの15%が産卵のために母川に帰ってきていた。しかし、それ以降その数は減少し、２０１５年には5%にまで落ち込んでしまったのだ。２０１５年以降、改善の兆しはあるが、決定的とはいえない。パディ・ガーガンは、「漁を禁止して、生息環境を改善し、スポーツフィッシングをコントロールし、ともかくできることは全てやった。しかし彼らが一旦海に出てしまうと、私たちにはできることがない」と言っている。

＊＊＊

21世紀が始まって最初の10年間が終わる頃、長らく死滅状態にあったツイード川を始めとするヨーロッパのいくつかのサーモン・リバーに小さな希望の光が差してきた。汚染の浄化が進むにつれてサーモンが川に回帰し始めたのだ。著名な保守派マイケル・ヘセルティンは、かつてリバプール公害で有名なマージー川を「文明社会による、自然への冒涜そのものだ」と言ったことがある。そんなマージー川が劇的に改善され、魚だけでなく、アザラシやイルカさえ戻ってくる状況を、一体、誰が想像しただろうか。しかしマージー川のサーモンは、かつてのマージーリバー・サーモンではなく、再び美しく魅力的になったこの川に迷い込んで来た他の川のサーモンだ。２０１１年、再びその姿が確認されたテムズ川のサーモンも同様である。

英国政府はダムを減らしたいと考えてはいるが、水力発電がエネルギー計画の一部であることに変わりはない。未だに毎年30～40件の新規水力発電プロジェクトの申請があるという。ライン川ではスイス、ドイツ、フランスでの再生計画が進み、１９９０年からサーモンが戻り始めて、現在も増加傾向にある。２０１８年、オランダは稚魚が海に戻ることができるように水門を開き始めたし、その他のライン川にあるダムには魚道が作られている。それでもサーモンが生息できる水域は流域の１／５程度だ。代表的な支流のモーゼル川は、いまだにダムによって完全に閉ざされている。とはいうものの、最も重要な変化は、サーモンが生息できるほど川がきれいになったということだ。

＊＊＊

全体的に悲劇的なトーンに包まれているサーモン物語だが、個人的には私の故郷を流れるコネチカット川の話ほど悲哀に満ちたものはない。以下は１７２５年にコネチカット州で出版された最初の詩集からの抜粋だが、私が思い出せる最も古い記憶でさえ、ロジャー・ウォルコットが記した情景とは似ても似つかないものだった。

透き通った美しい水の中に
疲れ、傷付いた体が横たわり
しかし、そこには小さな子孫たち
無数の魚がひしめき合い
漁師は歌い、頭上には
鳥たちの声が響きわたる

白鳥たちが歌っているのは
大自然の賛美歌

ニューイングランドで最大かつ最も重要な川であるコネチカット川は、かつて北米最大のアトランティックサーモンの遡上量を誇り、植民地時代には年間5万匹が捕獲されたと推定されている。しかしながら、コネチカット川のサーモンは、すでに人々の記憶から消え去っている。ニューイングランドの海には、タラ、ハドック、ヘイク、ホワイティング、オヒョウ、カレイ、メカジキ、ブルーフィッシュ、ストライプトバス、マグロ、ニシンなど、極めて多くの種類の魚がいたが、サーモンは別格だった。少なくとも私が育った時代には、魚市場やレストランで目にすることはなかった。コネチカット川のサーモンが、かつてニューイングランドの名産であったことは、私が少年だった頃に、すでに忘れ去られていたのだ。

１９９０年代に入り、サーモンが魚市場やレストランに出回るようになると、コネチカット川が復活したという話がまことしやかに語られるようになった。実際に人々が目にしていたのは養殖のサーモンだったのだが、意外なことには、そんな誤解がきっかけとなり、川の回復についての真剣な議論が始まった。この時点ではまだまだ世間の注目度は低かったが、科学者たちが30年近く前から温めていたわずかな期待と共に１９６７年、数千匹の孵化場産サーモンがこの川に放流された。残念ながらこの時には大半が川にいる間に死んでしまい、海にたどり着いた少数のサーモンで、この川に戻ってきた個体は一匹もいなかった。

その後、孵化技術は向上し、メイン州のペノブスコット川など、近隣のサーモン・リバーの卵を使用することによって成功率が高まることがわかった。そしてついに１９７４年、成熟したサーモンがコネチカット川を遡上したことが確認された。その後の10年間、サーモンは毎年戻ってきた。最高の年であった１９８１年には５２９匹が遡上し、この間、合計９７７匹のサーモンが遡上したことが記録されている。戻ってきたサーモンの大半が孵化場産の魚で、数百万匹の稚魚と幼魚が放流され、２～３００匹の遡上があれば良い年とされた。

健全なサーモンの遡上には程遠いものの、１９９０年代初頭の状況は悪くなく、科学者たちの間でコネチカット州の「奇跡の回復」は大きな話題となった。ところが21世紀に入ると、ヨーロッパの河川と歩調を合わせるように、回帰率が急速に低下し始めてしまった。コネチカット川の場合、元々の絶対数が少なかったため、ヨーロッパの河川以上に事態は深刻だった。そんな折、追い打ちをかけるように、当時の政権が米国魚類野生生物局の予算を削減したために、資金的にも苦しくなってしまったのだ。２００１年にコネチカット川に戻ったサーモンはわずか40匹、翌年も44匹だった。縮小する予算の中で、魚類野生生物局がコネチカット川の再生に注ぎ込んだ予算は年間約２００万ドルで、さすがにこれを無駄遣いと判断しないわけにはいかなかった。２０１２年、コネチカット川に戻ってきたサーモンは54匹。この年をもって、米国魚類野生生物局はコネチカット川の再生計画から手を引いた。ニューハンプシャー、バーモント、マサチューセッツの各州は、連邦政府の資金援助を受けられなくなったことを機に、このプロジェクトを諦めた。唯一、コネチカット州だけが諦めきれずに、予算の少ない中で細々と事業を継続したのである。

悲劇なしには英雄は出現しない。これは古典を学んだ者が知っている歴史的事実である。コネチカット川に、英雄サーモンが忽然と姿を現したのは２０１５年のことである。コネチカット川の支流であるファーミントン川の下流で、５匹のサーモンが静かに尾びれを揺らしていたのだ。孵化の準備が整った卵でいっぱいの産卵床を横目に見ながら。

これらの英雄サーモンに孵化場のＤＮＡが混ざっていることは間違いないだろうが、コネチカット川で２００年ぶりに目撃された野生のサーモンの卵であった。国と州がコネチカット川の復興に約2億ドル以上を費やし、ほとんど進展がなかったというのに、諦めた途端に英雄が登場したのである。あるいは人間の援助は余計なお世話なのだろうか。科学者たちは、孵化場の有効性について再び疑問を持ち始めている。

＊＊＊

１９６３年、ニューハンプシャー州の魚類野生生物局は、ソローが１８４９年に瀕死の状態と宣告したメリマック川の復元可能性について最初の調査を行い、その5年後に今度はマサチューセッツ州魚類狩猟局が同河川の一部を調査した。その結果、少なくともマサチューセッツ州側にはサーモンが生息しておらず、その理由として河川の温度が上がり過ぎているということがわかった。この状態を改善すべく、1年後にニューハンプシャー州とマサチューセッツ州の両米国魚類野生生物局、国立海洋漁業局北東支部が、メリマック川の復元に力を合わせることに同意したのである。

１９７５年からサーモンの稚魚を川に放流し始め、１９８０年までに約80万匹の稚魚、幼魚、スモルトが放流された。１９８２年から１９８９年までの間に、８５６匹が川に戻ってきた。また、遡上しようとしたサーモンの約半数が、西グリーンランドとカナダで行われている商業漁業で捕獲された。遡上したサーモンのほとんどは、孵化場の繁殖用種苗として利用された。当初はトライアル的に認可されたスポーツフィッシングで、１９８２年から１９８４年の間に41匹のサーモンが釣り上げられたが、結局、持続不可能と判断され、その後スポーツフィッシングは厳しく制限されることになった

１９９０年時点では、状況はかなり楽観視されていたが、エールワイフやシャッドなど他の遡河性魚種に対するプログラムが一定の成功を収める一方で、海での生活サイクルがより長いサーモンの遡上は年を追って減少し始めた。２００５年にメリマック川に遡上したサーモンは34匹だった。翌２００６年にはわずか6匹、翌年は5匹と低迷を続けた後、このプログラムは２０１３年に中断された。やはり気候変動が失敗の主な原因とされた。

* * *

　こうして、コネチカット川、メリマック川と連敗を喫したニューイングランドのサーモン復活計画は、最後の希望であるメイン州第二の大河ペノブスコット川に託されることになった。古くは１８６４年、衰退しつつあった他のニューイングランドのサーモン復興に役立てるため、ペノブスコット川で捕られたサーモンの卵が利用されたこともある。当時ペノブスコット川はニューイングランドで最高のサーモン資源と見なされていたのだ。しかしながら時代が進み、川が製材所のおがくずや製紙工場のダイオキシンなどによって汚染されるようになると、水中の酸素が減少し、この豊穣な川からもサーモンの姿が消え始めた。その後も流域の環境破壊は続き、19世紀後半には、サーモン、チョウザメ、ストライプトバスなどの回遊魚はもちろんのこと、鳥や魚が生存するために不可欠な水生昆虫やメイン湾の小魚にも悪影響が及び始めた。流域に暮らすペノブスコット族は、1万年以上も前からこの川で暮らしてきた。サーモンは彼らが生計を立てるための重要な資源だったが、条約で保証された文化や活動を追求するのに十分な量のサーモンを捕ることは不可能となってしまったのだ。

　２００４年、全米科学アカデミーは、ペノブスコット川の再生は大量のダムによって阻まれており、実現不可能であるという見解を示した。それがきっかけで、メイン州の発電量を維持したままダムを撤去する「ペノブスコット・川再生プロジェクト」が立ち上げられた。このプロジェクトは、官公庁と民間の利害が一致した珍しいもので、主要なパートナーには、七つの環境保護団体、水力発電会社、連邦、州機関、ネイティブアメリカン部族が名を連ねる。

　ニューイングランドの多くのダムは、かつて工場に電力を供給するために建設されたものだ。現在、誰も必要としていないこれらのダムは、コネチカット州だけで４０００基も存在している。撤去が理想的ではあるものの、問題はコストだ。誰も必要としていないはずのダムにも所有者はいる。購入など、何らかの方法で所有権を取得する必要があるが、19世紀に建造された私設ダムの中には、種々の事情で所有権を確立するのが簡単ではないものもある。

　メイン州におけるダムの撤去事業は、ペノブスコット川に始まったわけではない。１８３７年以来ケネベック川をせき止めていたエドワーズ・ダムは１９９９年に撤去された。エドワーズ・ダムも、今はもう存在しない工場を動かすために建設され、ケネベック川のサーモン、シャッド、エールワイフを絶滅させる原因となった。建設当時、地元では「ダムが魚を駆逐してしまう」という抗議の声が上がったが、当然のように製材所や織物工場による地域の経済発展の方が重要だと判断された。その後、織物工場では８００人の雇用が生まれたが、１９８０年代になって工場が撤退し、ダムは誰のためにも、何の役にも立たなくなった。

１９９９年にエドワーズ・ダムが撤去された時、ブルース・バビット内務大臣は「私たちは、ダムがクリーンで汚染のないエネルギーを提供するという神話、水力発電が私たちの電力の主な供給源であるという神話、ダムはピラミッドのように永遠に存在するという神話、ダムを魚に優しくするためにはコストがかかり過ぎる、といった神話そのものを解体しているのです」と宣言した。

２０１２年、ペノブスコット再生プロジェクトはグレートワークス・ダムの買収に成功し、翌年に買い取ったビージー・ダム共々撤去した。この二つのダムはペノブスコット川の河口に最も近い場所に存在していた巨大な障壁で、撤去によってサーモンの生息地が大幅に拡大された。撤去されたダムの上流にはミルフォード・ダムがある。プロジェクトは、ミルフォード・ダムの撤去も計画していたが、十分な資金を集めることができず、代替手段として魚がダムの外周を通り抜けられるような水路を作った。この方式は、ダムの撤去に比べると問題の残る解決策だ。川の流れを人間の事情で勝手に変更すると、不測の事態が起こる危険性が高まるからである。現時点では問題は起こっておらず、短期的にはうまくいっている。この水路の誕生によって、次のハウランド・ダムに阻まれるまでの約64㎞を、サーモンが遡ることができるようになった。

ただしサーモンが遡るようになったからといって、川が完全な健康体になったかというとそうではなく、浄化された他の多くの汚染現場と同様に、残留しているダイオキシン、重金属、ＰＣＢの問題は残っている。ペノブスコットの多くのネイティブアメリカン関係者が、たとえ伝統的な漁業が復活したとしても、捕った魚を食べないようにと忠告している。現在、ペノブスコット川では毎年１０００匹程度のアトランティックサーモンが遡上しており、これはアメリカのどの川よりも規模が大きい。だからといって喜んでばかりはいられない。快挙とはいえ、産業革命以前に比べると、全く遡上していないも同然だ。商業漁業どころか、スポーツフィッシングでのキャッチ&リリースでさえも十分とはいえない。ペノブスコット川によるサーモンの復活は始まったばかりなのである。

ニューイングランドのフライフィッシャーが、この地域の固有種であるアトランティックサーモンを釣ろうと思えば、最も近い目的地はカナダのケベック、沿海州、ニューファンドランド、ラブラドールとなるだろう。カナダ東部の１０００以上の川で、アトランティックサーモンの遡上が確認されている。これらの地域では、産業が少なく、電力消費を必要とする人口も少ないため、サーモン資源は減少していながらも、破壊されてはいない。２０００年以降、これら全ての川で商業漁業が禁止されているのだ。

カナダでは、現在４７０の川で「保全限界」と呼ばれる値が設定されている。これは科学者が資源の持続可能性を保証するために必要な産卵数を計算し、その数が十分であれば、その川でフライフィッシングができるとする数値指標だ。釣りは、十分なサーモンがいるために制限する必要のないケベック州を除き、ほとんどがキャッチ&リリースが義務付けられている。ラブラドール州では、釣った魚を3匹まで持ち帰ることができるが、3匹目を釣り上げた後、ただちに釣りをやめなければならない。また、川で捕れたサーモンの販売は禁止されている。条約により、漁獲制限の例外として、ネイティブアメリカンだけは自分たちのためにサーモンを捕獲することを許されているが、彼らもまた販売することは禁じられている。

商業漁業がなければ、カナダのアトランティックサーモンは生き残ることができるかもしれない。カナダのサーモンは回帰産卵数が異常に多く、その率は11%と推定されている。ニューブランズウィック州のミラミチ川では、サーモンのほぼ1／3が産卵を終えても死なずに、川を下り、再び産卵にやって来るのだ。

第13章　太平洋バラード

問題は私たちの決意が、感情という長続きしにくいものによって生み出されていることだ

――マルセル・プルースト

19世紀半ば、ワシントン準州の知事だったアイザック・インガルス・スティーブンスが、ネイティブアメリカンの部族と取り交わした条約には強制力はなかった。先に書いたように、アメリカはネイティブアメリカンの部族を国家として認めていなかったから、本来、国家間の取り決めである「条約」を締結することはできなかったのだ。それにもかかわらず、条約には譲り渡した土地にアクセスできることや、伝統的な水域で釣りをする権利が記されていた。つまるところ口約束のメモ書きのようなものだ。土地の支配権、さらにはメモ書き同然の条約で所有権を得たヨーロッパ系アメリカ人は、ネイティブアメリカンに漁場のアクセス権を与えるつもりも、漁をさせるつもりもなかった。

少数のネイティブアメリカンは居留地を離れ、自分達の権利を主張するために武器を取ったが、これは失敗に終わった。チーフ・ジョセフがライフルを置いて「もう戦わない」と誓った時、条約に記されていた権利や保障は反故にされたのである。

さらに１８７０年代になると、弁護士たちは条約の抜け穴を突いて、すでにネイティブアメリカンに割譲したはずの土地を再び奪い取ることに成功し始めた。条約では、彼らがコロンビア川で釣りをするためのアクセスを保証していた。しかしながら、20世紀に入ってからのダム建設によって、セリロ滝やワシントン州のコルビル・インディアン

居留地の一部（グランドクーリー・ダムによって水没した地域）などの漁場が消滅してしまったのである。アクセスは保証していたが、ダムを作らないと約束はしなかったというわけだ。ネイティブアメリカンは金銭的な補償を提示されたが、交渉の余地はなく、その保証金を受けるか、拒絶するかのどちらかであった。州政府も連邦政府も、太平洋岸北西部の経済発展計画を彼らに止めさせるつもりなど、あるはずがなかったのだ。

ネイティブアメリカンのリーダーたちは、自分たちの運命を受け入れることなく精力的に闘った。セリロ滝のリーダー、トミー・トンプソンは、自分の生まれた年である１８５５年に締結されたワラワラ条約の全ての言葉を深く理解し、セリロ滝を水没させたダレス・ダムの建設計画に10年間抵抗し続けた。しかしながら、１０２歳になったトンプソンが見たのは、ダレス・ダムに飲み込まれて水没していくセリロ滝の悲しい最期だった。

先住民の漁業権問題は、コロンビア川産のサーモンの減少によって大きくクローズアップされることになった。１８８０年代に最盛期を迎えた漁獲高は、その後減少に転じ、第一次世界大戦中に一時的に復活したものの、その後は減少の一途をたどった。海での商業漁業による乱獲やダムの建設などが原因であったことは、これまで記してきたとおりだ。しかしながら行政は時代の波に逆らうことなく、当然のように産業発展を第一に考え、責任を川での漁獲に押し付けた。つまり、ネイティブアメリカンが川で漁をすることが大きな問題であるとしたのだ。条約で認められた漁場を閉鎖するという州の強引なやり方に対して、彼らは、「通常かつ慣れた場所」でサーモンを釣るという条約上の権利を理由に、州の条例を無視して、強引に漁をすることで対抗した。

１９５０年、ワシントン州漁業局は、マカ族が網で漁をしていたホコ川を閉鎖した。ところがネイティブアメリカンが去った後、ホコ川はスポーツフィッシャーに開放されたのだった。その事実を知ったマカ族は訴訟を起こし、裁判所はマカ族に勝訴を言い渡したのである。

それでもワシントン州は、ネイティブアメリカンがサーモンを乱獲しているがために、生産維持が困難になっているとして、サーモンの漁場の閉鎖を続けた。ネイティブアメリカンの漁獲量は全体の６％に過ぎず、スポーツフィッシャーマンが釣り上げる数の半分、白人の商業漁業による漁獲量のごくごく一部であるにもかかわらず。州は確かにその割合が少ないことを認めながらも、彼らの漁場の位置が悪く、産卵期に遡上するサーモンを減らし続けている原因になっていると主張した。１９６６年、下級裁判所がネイティブアメリカンの漁業権を却下したというニュースは米国民に注目され、評決に納得のいかないコメディアンのディック・グレゴリーや俳優のマーロン・ブランドがネイティブアメリカンと一緒に釣りをして逮捕されるという事態を引き起こし、その後、双方の支持者たちによる暴力沙汰にまで発展した。

この大きな対立に決着を付けたのは、リチャード・ニクソンが任命した連邦地裁判事ジョージ・ボールドで、３年間あらゆる証言に耳を傾け、全ての報告書を読み、ネイティブアメリカンに関する人類学やサーモンの生態学など、さまざまなテーマについて科学的、論理的に調査を進めた。そして1974年2月12日、「ボールド判決」として知られる著名な判決が下されたのである。ボールドは、ネイティブアメリカンによる無秩序な漁業がサーモンの減少を招いたという州側の主張を退けて、以下のように判決を言い渡した。

――この裁判のために、我々は3年にわたる徹底的かつ精力的な事前調査を行ったが、特定された原告部族のメンバーが、サーモンに対して有害な手段で、条約による権利に違反した例を示す、信頼できる証拠を発見することはできなかった。

法廷で、判決を読み上げたボールドは、その証拠が一切なかった事実を、驚きの口調で語りつつ、「通常の場所」への立ち入りに関する条約内の文言に着目したことを明らかにした。条約では、「インディアン」と「非インディアン」は、お互いにその「通常の場所」を共有する権利を有している、とされていたのだ。ボールドは条約に記された〝in common with〟の語源を慎重に調べさえし、この言葉は両者が同等の権利を持ち、共同管理者であることを意味すると結論づけた。このボールドの裁定は、太平洋岸北西部のサーモンをめぐるネイティブアメリカンとヨーロッパ系アメリカ人の関係を完全に変える、大きなターニングポイントとなったのである。

この判決は全米中の大きな話題となり、納得のいかないワシントン州側の抵抗は相当なものだった。ワシントン州は判決の執行を拒否しさえしたのだ。納得できないピュージェット湾の漁師たちは団結して抵抗し、警察官がネイティブアメリカンの漁師を逮捕し、棍棒で殴打するような事態となった。騒動の成り行き上、ワシントン州の漁業管理に関する事案は、ボールドが引き継いで裁量することとなり、結果的に裁判所がネイティブアメリカンの漁業権を支持するようになったのである。１９８０年、アイダホ州がラピッド川での漁を禁止した時、ネズ・パース族は州を無視して漁を続け、その結果、ネズ・パース族と州警察の間で銃撃戦寸前の緊迫した状況が発生し、警察側が威嚇射撃をするところまでいった。それでも先祖代々、勇敢な血の流れる彼らは漁を続け、１９８１年には80人のネズ・パース族の人々が逮捕された。ネズ・パース族は条約に基づく漁業権を主張し、32回にわたって裁判を起こし、最終的にはアイダホ州裁判所のジョージ・ラインハルト判事が、ネズ・パース族に対する州側からの全ての起訴を棄却して決着を見た。１８５５年の条約で保証された文言により、「州は部族と協議することなく、川を閉鎖することはできない」とする採決が下ったのだ。

＊＊＊

歴史家によると、ヨーロッパ人が到着する前のルミ族は、独特のリーフネット漁で、太平洋岸北西部で最も生産性の高いサーモン漁業を行っていたという。毎年作り直さなければならない網とアンカーは、家族や部族で分担し合う仕事だった。リーフネット漁に関する最も古い文献は19世紀後半のもので、１日に１０００匹以上の魚が捕獲された日があったことも記されていて、この世にサーモンとアサリが存在し続けている限り、ルミ族は空腹には無縁だった。

実際、ルミ族が話すセイリッシュ語には、食糧不足や飢饉を表す言葉はない。

　スティーブンスがネイティブアメリカンの部族と結んだかなり初期の条約の中に、１８５５年にルミ族と締結したポイント・エリオット条約がある。当初ルミ族とピュージェット湾の他の部族は、アメリカ人の都合で勝手に割り当てられた居留地に納得することができずに戦いを選んだが、敗れ、結果的に全てがアメリカ側に都合よくできた条約に合意するしかなかったのだ。漁場を失ったルミ族は農地に移され、常駐した白人のもとに農業の指導を受けた。しかしながらルミ族は農業に慣れることができず、川に戻って漁をするようになった。業を煮やしたワシントン州の商業漁師たちは、海底に杭を打ち込み、その間に金網を張り巡らして、川を遡上する前のサーモンを一網打尽に捕獲した。その結果、ルミ族が待ち構える漁場まで遡るサーモンはいなくなった。部族の居住地であるルミ島には巨大な缶詰工場が建設されたが、ルミ族が雇われることはなく、賃金の安い中国人労働者が雇用された。その後もルミ族と白人漁師の小競り合いは続き、１９３５年に河口を塞いだネット漁が禁止されると、商業漁師たちはリーフネット漁に切り替え、ルミ族は刺し網と地引き網でサーモンを捕るようになった。ルミ族は北西部の多くの部族同様、漁業権を取り戻すために絶え間ない法廷活動を続け、「ボールド評定」でようやく自分たちの権利が認められたのだ。ただしルミ族によれば、近年の遡上量は最初の条約を結んだ当時の５％に過ぎないという。

　長い間、刺し網と地引き網で漁を続けてきたルミ族だが、近年、徐々にリーフネット漁に戻りつつある。ルミ族のラリー・キンレイは数百年前からサーモンを捕ってきた一族の子孫で、彼の父親は地引き網漁師、祖父は刺し網漁師だった。彼が知る限り、一族最後のリーフネット漁は彼の祖父からさらに3代前に遡る。ラリー・キンレイも長い間、地引き網でサーモンを捕っていたが、70歳を過ぎてからリーフネット漁を始めた。「刺し網や地引き網のほうがはるかに効率的だ」と、キンレイは率直に言う。では、なぜ彼はリーフネットを始めたのだろうか？「それは、たぶん癒やしです」とキンレイは言う。因果を重く見るネイティブアメリカン的な発想で、ややわかりにくいが、彼の言うところの「癒やし」とは、ワシントン州や連邦政府によって彼らに与えられた、歴史的な過ちに対する慰労のことのようだ。「若い人たちに昔の知識を伝え、社会的な貢献をすることで、部族全体が癒やされます。リーフネット漁は、地域社会が組織的に取り組む、とても社会的な漁法なので、癒やしにふさわしいと思うんです」。

　キンレイはリーフネット漁は「選択的収穫」であるため、より持続可能な漁法であると語ったが、それは環境保護主義者も同意する確かな事実だ。網にかかった魚にダメージを与えずに水揚げすることができるし、同時に不要な魚を海に投げ返すことができる。例えば、ベニザケの遡上の際に、網にかかってしまったキングサーモンを無傷で海に戻したり、ピンクサーモンの遡上の際にベニザケを海に戻すことができる。リーフネットのセットアップには数分あれば十分で、魚を引き揚げても、すぐに網を空にして、次に移ることができる。たとえ5匹しか釣れなくても、クルーはすぐに次の漁に出ることができるため、小規模な遡上に適している。地引き網や刺し網はセットアップに時間がかかり、漁獲量の多少にかかわらず、1回1回の準備に同じだけの労力がかかるのだ。

　キンレイだけでなく、ルミ族の漁師たちの多くも、リーフネット漁は気候変動などによる、遡上の変化にフレキシブルに対応できる、これからの漁法だと考えている。リーフネットの原型は、2隻のカヌーの間に網を水平に仕掛け、サーモンが網の上を通過した時に、双方のカヌーからネットを引き上げるというシンプルな方式だ。ベニザケは海藻が多い場所を好んで回遊するので、網には海藻に似せた緑色のヒモが結ばれている。

　２０１５年に、ルミ族がリーフネット漁を再開した際には、代々、口伝えで受け継がれてきた話を元に、当時行われたままの伝統的な漁法を再現しようとしたが、重要な細部が欠けていたようで、魚を捕ることはできなかった。翌年、カヌーの使用を諦めて、より沖合で漁ができる近代的な、はしけ方式（2隻のカヌーの代わりに、平たい台船を使う）に切り替えた。台船には７、８ｍのやぐらが立っていて、そこに立って海面を見下ろす見張り番の合図（魚が網を通過する瞬間）で網を引き上げる。ルミ族は、今では手で編んだ網ではなく、より大きな機械編みの網を使うようになり、網にはかつて使われていた本物の海藻ではなく、45㎝ほどのビニール製の帯が取り付けられるようになった。また、網も人力ではなく、太陽電池を動力源としたウィンチで引っ張り上げられるようになり、４人の漁師で３００～

４００匹のベニザケを水揚げすることができるようになった。ルミ族は市場に品質の高い魚を供給することで、高い評判を得ようとしている。サーモンを捕まえるやすぐに血抜きをし、いち早く氷の中で保存することにより、彼らの供給する魚の質は著しく向上している。

ルミ族のリーフネット漁を見学する機会があったが、トレーニング中の若者たちが興奮して網を引くと、魚が空高く舞い上がってしまい、一人がアメフトのワイドレシーバーのように肩越しにサーモンをキャッチしていた。微笑ましく、サーモン漁の将来が楽しみになるようなほっとする一刻だったが、実はこんな牧歌的な光景の中にも国際問題が根を下ろしている。

ルミ族の漁場を泳いでいるサーモンは、カナダのフレーザー川で産卵するのだ。こういった場合、法律的にはカナダの魚となる。国際的にはサーモンは産卵した川に属するという原則が定着しているからだ。そうはいってもルミ族はカナダができる何千年も前から、これらのサーモン資源を生活の糧としてきた。これはグリーンランドでフランスがアイルランドの漁師と、イギリスがデンマークの漁師と争った件と全く同一の問題である。カナダはブリティッシュ・コロンビア州で最も価値のあるフレーザー川のベニザケを、アメリカに取られたくないのである。

１９７０年以降、カナダ側はアメリカに対して、フレーザー川の魚の捕獲を厳しく制限してきた。カナダのサーモン委員会は、ソナーを使ってフレーザー川から海へ出るスモルトを数え、さらに遡上もカウントし、想定総数の20%の漁獲をアメリカに許可している。現在、アメリカとカナダを合わせたフレーザー川産のベニザケの年間遡上量は約２５０万匹である。

刺し網で漁をする二つの部族スウィノミッシュ族とアッパースカジット族は、ベーカーリバー・ダムを撤去することができず、魚を救うために別の方法を見いだした。ベーカー湖のベニザケは、濃い赤色の身と白い脂肪で知られ、ベーカーレイク・ソックアイというブランドとして流通し、世界最高のベニザケの一つとされている。この魚はマウントベーカーの氷河を水源とするベーカー湖の深さ６ｍの水底で産卵する。しかしながらベーカーリバー・ダムの設置によって遡上が妨げられ、２０００年には98匹を残すのみとなった。これといった打開策がなく、悩みに悩んだ両部族は、唯一彼らの手でできる行動を起こした。ダムの下で壁にぶち当たっている魚を捕獲して、トラックでベーカー湖に運び、自然産卵させたのだ。そして稚魚が海へ向かうスモルトまで成長すると、再びトラックに乗せてダム湖に運んだ。結局それだけでは十分な数のサーモンを保護できなかったために孵化場を作った。２０１６年のベーカーレイク・ソックアイの数は5万６０００匹。両部族は、この魚が12万匹になれば、重要な収入源として機能するようになると見積もっている。

ベーカー湖で使われたサーモンの陸路搬送という方策は、ダムの上流側へサーモンを運ぶために試されたいくつかのアイデアのうちの一つで、１９６０年代に米陸軍工兵隊がトラックやはしけ、さらには飛行機を使ってダム周辺の魚を運搬したのが始まりだ。当初、この方法は実験的なものとされていたが、テレビや新聞など各メディアの紹介によって広く知れ渡り人気が出たため、陸軍工兵隊の運営予算に恒久的に組み込まれることになった。そんな陸軍に対抗して、海兵隊はダム周辺のスモルトを移送するための船団を充実させ、毎年３０００万匹ものサーモンのスモルトを下流側に運んでいる。しかしながら、残念なことに、その成果は芳しいとはいえない。問題は帰巣率だ。移送されたスモルトは確かにかなりの確率で海に出て行くのだが、その多くが戻って来ない。陸軍のトラックや海兵隊の運搬船で、国家予算を使って運ばれたサーモンの回帰率は、自然遡上よりもはるかに低いのである。人間の乗り物で運ばれたサーモンは成長した後、自分がどこに産卵に向かえばいいのか分からず、かなりの確率で迷子になってしまうのである。アイダホのスネーク川での運搬船はサーモン資源の回復に失敗し、ベーカー湖のサーモンは運搬船と孵化場の両方に不確実性が残されており、長期的な展望は開けていない。人間の創意工夫は、自然の摂理に取って代わるには不十分であることが証明され続けている。

また近年では「フィッシュキャノン」と呼ばれる、大きな水圧ホースで魚をダムの上に射出する装置も使われている。しかしながら、これらの人間の力による新型の移送方法は、何も障害物がない川に匹敵するほどの効果はないのだ。

近年は太平洋岸北西部を始めとして、世界の多くの国で、ダムに魚道を設置することが法律で義務付けられている。遡上する産卵魚に魚道が必要であることは誰でも連想できることだが、実は幼魚にはさらに自然に近い形態の魚道が必要である。30年程前から、科学者たちはどうやったら幼魚が安全にダムを回避して上下流を行き来できるのかを研究してきた。最近は通路の設計が改善され、コンクリートではなく岩で斜面を作ったり、迂回水路を掘ったりして（ペノブスコット川で行われたように）、極力自然に似せて作られるようになってきている。また幼魚が水面近くを泳ぐ習性を持っていることを利用して、ダム上部にある余水路を活用する手段も考案されている。もちろん魚道と同様に、余水路は捕食者である鳥や哺乳類が待ち構える無防備な場所ではあるが、我々がやらなくてはならないのはサーモンを天敵から守ることではなく、最大の天敵である我々の手から引き離すことなのだ。

再生可能エネルギー産業の発展によって、水力発電が火力や原子力に代わる唯一の手段であるという主張は根拠が薄れ始めている。しかしながら、ダムの撤去自体はたとえ所有者の同意を得たとしても、電力料金の上昇や地元産業の衰退を懸念する地元住民には不評なことが多い。１９９４年、オレゴン州水資源委員会は既存のサベージラピッズ・ダムに魚道を追加するよりも、灌漑用ポンプを新設する方が安上がりだと考え、ローグ川のサベージラピッズ・ダムの撤去を決議した。ところが、地元市民の強い要請を受けた議会はその決議を却下し、再度検討し直されたダム撤去決議が、またしても議会によって却下されたのだ。

ただ、アメリカ全体でいえば、ダムの撤去が大きな潮流となっていることは間違いない。河川保全団体アメリカンリバーズによると、１９９９年以降、４５０基以上のダムが撤去されている。２０１７年だけでも86基のダムが撤去された。必ずしもサーモンの遡上に関係してはいないものの、いくつかの川では影響がでている。例えば、オレゴン州ローグ川の支流であるワーグナークリークに設置されていたビーソン・ロビソン分水ダムの撤去により、スチールヘッドとギンザケの遡上と産卵、そしてその後のスモルトの降海が期待されている。

同じローグ川では２０１０年にゴールドレイ・ダムが撤去された。このダムは元々水力発電用に設置された施設で、

１９０4年に建造された木製部分と、１９４1年に増築された高さ約12ｍのコンクリート部分で成り立っている複合構造物だったが、１９７2年に送電網が切り離され、その役目を終えていた。ゴールドレイ・ダムの撤去により、何と約５３７㎞におよぶ長さが、サーモンたちに解放されたのである。

オレゴン州でコロンビア川に流れ込むフード川では、２０１０年にパワーデール・ダムが撤去された。これは旧式の１９２3年製の水力発電ダムで、その撤去によりサーモンの行き来が可能となった。また２０１7年7月、同じくオレゴン州では、１９１5年に建設された４・５ｍのディロンダイバージョン・ダムが撤去された。このプロジェクトは、灌漑を改善する一方で、スチールヘッド、キングサーモン、ギンザケの他、ミツバヤツメを復活させることを目的としている。ミツバヤツメは遡河性の魚で、メキシコから日本にかけての太平洋岸に生息しており、アメリカ北西部のネイティブアメリカンの食と文化に重要な役割を果たしてきたが、ダムの影響もあって激減しているのだ。（訳注：ミツバヤツメはヤツメウナギ科の魚で、日本では北海道に生息している絶滅危惧種）。

カリフォルニア州では、１８５０年代に広まった製材業の影響で、長らく瀕死状態にあったメンドシーノ郡のアルビオン川が、高さ3・5ｍのグレンブルックガルチ・ダムを取り壊し、スチールヘッドとギンザケの行き来を可能にしたことで、新しい希望が見えてきている。

２０１6年4月、カリフォルニア州とオレゴン州の知事、米国内務省長官、ＮＯＡＡ、パシフィック・パワー社は、クラマス川の4つの水力発電ダムを撤去することに合意した。現代のほとんどのダム撤去協定と同様、この協定は複雑かつ玉虫色的な内容である。電力会社はダムの撤去に合意することによって、魚道の建設というコストのかかる義務を回避することができる。一方でこの協定は、農民や牧場主に利益をもたらし、同時にサーモン生息地の復元も行うことも明記している。これが成功すれば、かつて太平洋岸北西部有数のサーモンとスチールヘッドの川であったこの川が復活する可能性がある。

最も知られているダム撤去の一つに、ワシントン州のエルワ・ダムが挙げられるだろう。オリンピック山脈に端を発し、ワシントン州とカナダを隔てるファン・デ・フーカ海峡に注ぐこの川は、本流の全長こそ72㎞という短さではあるが、８つの支流を合わせると５１７㎞もの流域を持っている。ほとんど手つかずの自然が残るエルワ川には、かつて年間８０００匹のキングサーモンが遡上していた。同時にベニザケ、シロザケ、ピンクサーモン、ギンザケの遡上量も相当のもので、中でもピンクサーモンの遡上は当時、年間27万５０００匹と推定されていた。しかし１９１１年に河口付近の狭い峡谷に水力発電ダムが建設されると、エルワ川からほぼ全種類のサーモンが姿を消した。エルワ・ダムは、魚の遡上を妨げるダムに魚道を確保することを義務付けた１８９０年の州法に、明らかに違反していたが、当時のワシントン州では、魚を保護する法律はしばしば無視され、経済発展をうたって地域の活性化を後押しする企業家の投資に対して、行政は見て見ぬふりをしていたのだ。そんないきさつで、１９１２年にエルワ・ダムは魚道のない状態で完成した。消滅してしまうサーモンを補充するために孵化場が建設されたが、それは州政府が魚道の代用として孵化場を認めるように、法律を書き換えた結果だ。しかしながら孵化場の運用は失敗に終わった。さらに１９２５年、魚道のない2番目のダム、グラインズキャニオン・ダムが約13㎞上流に完成した。このダムはスタイリッシュな曲線で、一般的には魅力的なエンジニアリング作品とみなされている。もちろんスタイリッシュなダムに、魚道という付け足しは蛇足で、当然のように省略されたのである。この二つのダムは、平均的な家庭1万５０００軒分の電力の生産が可能ではあったが、現実はどうかといえば、オリンピック半島にあったのは保護された国立公園と小さな観光地ポート・アンジェルスだけだった。１９９２年、米国議会は内務長官に、川の回復のために必要だと判断された場合、二つのダムを買収し、撤去する権限を与えた。

一件落着に思えた議会決定だったが、現実的な方策を巡って議論は延々と続いた。高さ約33ｍのエルワ・ダムや、高さ約64ｍのグラインズキャニオン・ダムのような巨大コンクリート構造物を取り壊すことは、法的にも、政治的にも、経済的にも極めて困難な事業で、歴史的にこれほど大規模なダムが撤去されたことはなかったのだ。最大の反対勢力は、このダムの唯一の利用者であるパルプ工場で、結果的に3億２５００万ドルという巨額予算が投じられた工事が承認されたのは、何とそれから約20年後のオバマ大統領時代になってからのことだ。しかしながら、ダムの撤去は実は最初のステップに過ぎない。肝心なのはサーモンを川に戻すことであり、そのためには砂に埋もれてしまった湖底を、サーモンの産卵に適した川底に再構築する必要があるのだ（現時点で、エルワ川の復旧事業はアメリカ史上最大のダム撤去プロジェクトだが、次に控えているクラマス川のプロジェクトはさらに大規模になる）。２０１１年にエルワ・ダムが撤去されると、川から大量の砂が流出し、それまで澄んでいた下流側の水が茶色く濁った。河口のデルタ地帯は大雨の後の灌漑用水路のような状態になり、２０１１年9月には流れ出した大量の砂で海岸線が延びていき、海水浴におあつらえ向きのビーチが誕生した。しかし最後のコンクリートが撤去されたわずか数ヵ月後、最初のスチールヘッドが川に泳ぎ入り、それ以来、キングサーモン、ギンザケ、シロザケが続々と川を遡っている。

３億２５００万ドルをかけた復興計画には、孵化場の建設予算も組み入れられている。孵化場がこの川の生産機能を高めるのか、逆に損なうのか、それとも全く関係ないのか。歴史的に見ると、孵化場は失敗する確率の方が高い。生息地が復元され、そこに産卵する個体がいなくなった場合、孵化場がサーモンの遡上を復活させたケースはいくつかある。逆に孵化場の力を借りず、マージー川のように生息環境を回復させることによって、迷子サーモンを呼び込んだ川もあり、成功すれば最も自然で、長期的に成功する可能性が高い戦略である。ただしこの戦略は時間がかかり過ぎて、成功する可能性が低いという懸念を持つ人も少なくない。また、他にも問題がある。州は対立する商業漁業とスポーツフィッシングの両方に対して、フェアな漁獲量を与えないとならないし、クララム族は漁業権の回復を要求している。

このように、エルワ川のダム撤去は、サーモン環境を回復するための序章に過ぎないことを実証している。水力発電用ダムは、自然を破壊して人間の活動を発展させるやり方で、実質的にはこの考え方は今なお、最も人気のある戦略だ。多くの人は、危険なクマや厄介な昆虫がウヨウヨしている世界に住みたいとは思っていないのである。

カリフォルニア州、オレゴン州、ワシントン州の昆虫は、絶滅危惧種や減少傾向にある昆虫のリストで上位にランクされている。これらの昆虫の多くは、野生の川岸と共に消えてしまったカワゲラのような、サーモンやトラウトの主要な捕食生物だ。ロシア、カムチャツカ半島の魚類生物学者セルゲイ・コロステフは、最近アメリカを訪れて、ワシントン州がキングサーモンの資源回復を期待しているコロンビア川などを視察し、「緑豊かな美しい場所に案内してもらいましたが、蚊や虫がいないことに気づきました。キングサーモンの子供たちは、食べ物のない川でひもじい思いをしているに違いありません。このままではあの川に戻らなくなるのではないでしょうか」というコメントを残した。

　生息地の回復というアイディアには、生息地の破壊ほどの古い歴史はない。ただ、中には１００年以上も前から進められてきたプロジェクトも存在している。実はその最も古い例がダム建設なのだ。逆でしょ？　と言うかもしれないが逆ではない。川をせき止めるコンクリートの壁ではなく、水門を備えた小さなダムが、予測不可能な洪水や干ばつからサーモンを守るために設置されてきたのだ。スコットランドのハイランド地方では、１９００年にヘルムズデール川にダムが建設され、１９５０年代に設置されたダムには現在も稼働しているものが少なくないし、最も古いのはサーソ川で使われている１９０７年に建設されたダムである。

　ワシントン州のヌークサック川は川幅が広く、流れが強いために、サーモンはログジャム（川の流れをせき止めている倒木）や流れの緩い淵を必要としているが、森林そのものが伐採されることによってログジャムが少なくなってしまった。産卵のために遡上したサーモンたちがどんなにタフであったとしても、休息なしには産卵場所までたどり着くことはできない。したがって、サーモンを川に戻すためには、ログジャムに代わる人工的な障害物を作る必要がある。過去10年間、ヌークサック川では小さなプロジェクトが継続的に続けられてきたが、現在はワシントン州の資金援助を受けたヌークサック族が、大規模な生息地回復プロジェクトを進めている。この川にはベニザケ、シロザケ、ギンザケ、ピンクサーモンが生息しているが、当面はキングサーモンを復活させることに重点を置いている。このプロジェクトでは、かつてログジャムよって形成されていた淵や淀みを作るために、エンジニアド・ログジャム（ＥＬ

J）の建設を行っている。ＥＬＪは水底に深い穴を掘り、太い丸太を川底に打ち込んで、そこに他の丸太を鎖でつなぐ人工的なログジャムだ。ＥＬＪの技術者は皆、場所によって形状の異なるログジャムの設計をしている。速く冷たいヌークサック川の流れをせき止めるために、ある広い湾曲部では３００本もの丸太が使用された。今でもワシントン州は、数百万ドルの予算を使って、丈夫で安定した人工的なログジャムを作っている。

＊＊＊

これまでに紹介してきた多くの長期的プロジェクトと莫大な資金投入（コロンビア川だけでも数十億ドル）にもかかわらず、太平洋岸北西部におけるサーモンの減少は止まっていない。ワシントン州、オレゴン州、アイダホ州、カリフォルニア州のサーモンは、かつての生息域の40％で絶滅してしまっている。１９９１年、米国水産学会の絶滅危惧種委員会は、絶滅の危機に瀕しているサーモンは２１４群、最近絶滅したサーモンが１００群、総個体数は19世紀初頭の10％であると発表した。

最も多くのサーモンを失ったのはアイダホ州である。この州がネズ・パース族やニミプウ族などに支配されていた頃、川にはサーモンがあふれていた。コロンビア川に流れ込むアイダホ州の川は、コロンビア川のサーモンの産卵地だったのだ。アイダホの全ての川はコロンビア川に流れ込んでから太平洋へ注ぐ。もし今日、ルイス＆クラークが再度大陸を横断をしたら、どこにもサーモンが泳いでいないために、いつ大陸分水嶺を越えたかの判断に迷ってしまうだろう。

アイダホの開発計画は、広大な土地で穀物を栽培し、それを大量に荷船で太平洋に輸送することだった。かつてサーモンの川として有名だったスネーク川（訳注：フライフィッシングの聖地として知られるヘンリーズフォークはこの川の支流）とクリアウォーター川の合流点にある町ルイストンは、海から４６５マイルも離れていながら、港となったのである。ルイストンは、１９５８年の住民投票で、町を港にすることを決めたが、実際に港として機能するようになったのは、スネーク川にローワーグラニット・ダムが完成した１９７５年からである。それまでトラックや貨物列車で輸送していた農産品の輸送コストが大幅に削減され、アイダホ州にとっての経済的な恩恵は計りしれないものとなった。アイダホ州ルイストンから、アメリカ有数の小麦港であるオレゴン州ポートランドまで、はしけを使ってわずか50時間しかかからなくなったのである。

ギンザケがアイダホから姿を消したのは１９８６年のことで、過去１００年間のダム建設によって失われたアイダホ州のサーモン生息地は、かつての40％まで減少した。かつて1回の産卵期に10万匹ものベニザケが孵化していたレッドフィッシュ湖では、１９８８年に15匹ほどの生まれたてのベニザケが発見された。2年後、彼らはスネーク川からコロンビア川まで１４５０㎞を泳いで海へと向かった。１９９1年、レッドフィッシュレイクのベニザケが正式に絶滅危惧種に指定されたその翌年、一匹のベニザケがダムを死に物狂いで越えてきて、レッドフィッシュ湖に産卵にやって来た。しかし、この魚には相手がいなかった。最後の1匹になるかもしれないと信じる人たちによって、このサーモンは「孤独なラリー」と呼ばれた。それ以来、戻ってきたのは孵化場産のサーモンだけだ。スネーク川には、今でもいくつかのダムを越えてくる巨大で力強いキングサーモンがいる。しかしながら、彼らが越えなければならないダムは八つあり、全てを超えることは不可能となった。ヘルズ・キャニオン・ダム群がアイダホ州南部からの全てのサーモンを排除してしまったのである。

＊＊＊

ワシントン州はかつてのようなサーモン生産地ではなくなってしまったが、シアトルはサーモンのグルメ都市へと華麗なる変身を遂げた。ニューヨークと同様、サーモンの大半はアラスカから空輸されている。ここではローラ、パレス・キッチン、ダリア・ラウンジなど九つのレストランを経営するオーナーシェフであるトム・ダグラスによる、コパー川産のベニザケを使った人気のレシピを紹介する。

＜ベニザケの酒蒸し＞

ベニザケは身が締まっていて、風味が豊かなので、蒸し焼きに向いている。竹製の蒸し器がよく合うけれども、どんな蒸し器でも大丈夫だ。

レモングラス（縦に割ったもの）　1本、水　2カップ、日本酒　2カップ、ショウガ（３㎜厚のスライス）　10個、スターアニス　2個、オレンジピール　1枚、サーモンの切り身（四つに切ったもの）　４５０g、酒バター（後述のレシピ参照）、ライム（飾り用）。

レモングラスは包丁の背で叩いて、香りを出す。蒸し器を用意する（大きな鍋か中華鍋を使い、その上に竹製の蒸し器をセットする）。蒸し器の底にレモングラス、水、日本酒、ショウガ、スターアニス、オレンジピールを入れる。沸騰させ、蒸し器にサーモンの切り身を並べて蓋をし、5分ほど蒸す。酒バターをかける。ライム1個を添える。

＜酒バター（ブーレブラン）＞

ブーレブランはフランスの伝統的なバターソースだ。デリケートなので、長時間直火にかけるとダメになってしまう。ブーレブランを温めるには、ソースの入った容器を30分湯せんするか、小さな魔法瓶に直接注いでフタをするのが一番だ。魔法瓶を使った方法では、1時間以上ブールブランを温めておくことができる。

皮をむいた、ごく薄い千切りにした新ショウガ　大さじ2、みじん切りエシャロット　大さじ2、無塩バター　大さじ1、日本酒　小さじ1、生クリーム　大さじ1、無塩バター（大きめのサイコロ状に切る）　大さじ8、ライム果汁　小さじ1、塩少々。

小鍋にバター大さじ1を入れ、中火でショウガとエシャロットを２～３分炒める。日本酒を加えて沸騰させ、３分ほどで２／３の量にする。生クリームを加えて沸騰させ、２分ほどで半量にする。中火で絶えず泡立てながら、冷たいバターを少しずつソースに加える。バターが乳化し、濃厚でクリーミーなソースができあがる。バターが全部なじんだら、フライパンを火から下ろす。残りの酒小さじ1とライム果汁を加えて泡立てる。塩で味を調える。

＊＊＊

１９９３年以来、アラスカは世界市場における太平洋産サーモンの約40％を生産している。大小の河川が流れるアラスカは、48州全体の１／３の面積がありながら、人口は70万人を少し超える程度で、その半分以上がアンカレッジ広域圏に住んでいる。作物の生育期間が短く、平地が少ないため、農業はほとんど行われていないが、これもまた本来のサーモン生育環境である。

アラスカが規制の緩い未開拓地だった頃は、さしたる経済効果のない缶詰工場を養うために、深刻な乱獲が行われていた。しかし、州として独立して以降、漁船の数や刺し網の大きさが厳しく制限されるようになった。現在、アラスカの漁業は概してうまく規制されている。１９７７年以降、漁獲量は着実に増え続け、資源量は減少していないのだ。アラスカのネイティブアメリカンはおよそ12万人ほどいて、大半はサーモンと緊密な文化的なつながりがある。彼らはサーモンの物語を語り、サーモンのイメージを彫り、描き、サーモンを釣り、そして食べる。しかしながら、夏の数週間をサーモン漁に費やし、保存したサーモンを年間を通じて食卓の中心に据える伝統的な生活を営んでいるのは、今ではごくわずかな部族で、その一つにデナイナ族がある。

ブリストル湾のベニザケが育つクラーク湖畔にあるノンダルトンは、人口約１６０人の町だ。この町の電力は近くの滝にある発電機でまかなわれている。商店は1軒だけで、空き家も多く、町は衰退しつつあるといっていいだろう。そんな町の近くに、目立たないように互いに距離を置いてキャビンを構えているのがデナイナ族の「フィッシュキャンプ」である。丸太小屋、ベニヤ板の小屋、そしてテントもある。高い屋根の燻製小屋は合板製で、地面にはゆっくりと煙を吐き出す焚き火があり、３ｍ上の天井にはベニザケが吊るされている。燻製小屋は家族ごとに異なり、燻製のスタイルもそれぞれだ。

　バルータ家は少なくとも過去３００年間、夏になるとフィッシュキャンプの同じ場所に小屋を構えてきた。12人兄弟で、毎夏、家族でキャンプに滞在しているジューン・トレーシーは、「フィッシング・キャンプに行くと、釣り竿を作ったり、網を直したり、草を刈ったりと、やらなくてはならない仕事がたくさんありますが、ここは本当に美しくて、夏を過ごすには最高の場所なのです。仕事を苦痛に感じたことはありません」と言う。

　彼女は一家のスモークサーモンのレシピについて語ってくれたが、昔は何もかもが地味だったという。岩塩や砂糖などの材料が手に入るようになるまでは、ただ燻製にして乾燥させるだけだったそうだ。トレーシーはコットンウッドを使うが、シラカバやハンノキを使う家もあるという。燻製は枯れ木ではなく、生木でゆっくりと、熱過ぎないように燻《いぶ》す。切り身にする方法は家ごとに違っていて、その切り口で家系が分かるという。

「燻製小屋にサーモンを入れておくだけではダメなんです。熱過ぎてもダメ、冷た過ぎてもダメ。魚が厚過ぎてもいけないし」と言うトレーシーに、「ここの生活はどうなの?」と聞くと、「これこそ私たちの夢なんです」と答える。「仕事だけではなく、小さな湖で泳いだり、のんびりしたり、フィッシュキャンプには完璧な生活があるんです。地引き網は費用がかかるので、刺し網で捕ります。魚は確かに少し傷つくけど、まあそれが私たちのやり方ね。取った魚は全て家族だけのためだから、傷なんて関係ないし。昨日は30分ほど網を出しただけで、27匹も捕れた。今日はこの魚をさばいてから、また捕りに行きます」。

　男の子たちは川に入って、グレーリングやドリーバーデンを素手で捕まえる。誰が一番大きな魚を捕ったかを競い合っている彼らに、フライフィッシングのことを聞くと、あれで魚が釣れるわけがない、と笑う。実際、彼らは冬に氷上釣りをすることはあっても、釣り針を使った釣りにはほとんど興味がない。手や網で捕った方が手っ取り早いからだ。

トレーシーのキャンプの隣人ジャック・ホブソンを訪ねると、一晩中網を出しっぱなしにして66匹も捕ってきたという。切り身にして塩漬けにし、乾燥用の竿に干していた。銀色に光っているのは、魚が川に入ってきたばかりで、まだ魚の状態がいいことを示しているが、周囲を飛び回るハエが卵を産んで、魚にウジがわく前に燻製小屋に入れなければならないという。この夏はすでに２００匹を燻製にしていて、６００匹を燻製にしたらおしまいということだ。その後はグリズリーに警戒しなくてはならない。今のところ一頭も来ていないが、すでに他のキャンプに現れたということだった。アンカレッジで歯科衛生士をしているホブソンの妻が仕事に戻るため、ボブソンは夏の大半を一人で過ごす。アンカレッジの生活にはなじめず、町にいる時は、常に銃を携帯しているという。

バルータ家の冬の食生活は、サーモン一辺倒ではない。秋には冬用の肉としてムースを1頭、時にはカリブーも仕留める。「でも、肉はすぐに食べ飽きる。だから週に2回はサーモンを食べるんです」とトレイシーは言う。ブラックベアを撃って食べることもあり、特に脚は脂が乗っていておいしいが、グリズリーは食べない。グリズリーはサーモンを飽食するために、肉が魚臭いそうだ。

多くのネイティブアメリカン部族同様に、彼らは魚の頭を特に大切にし、割ってスープに入れるが、バルータ家はサマーキャンプで調理して、いったん保存したものを使用する。「昔はシラカバの木の皮を敷いた穴に、切り落としたサーモンの頭と内臓を一緒に、２週間ほど入れていたんですが、死ぬほど臭かった」と笑って当時を振り返り、そして、現代のレシピを紹介してくれた。

＜カシラ漬け＞

魚の頭を二つに割って、エラ（魚の頭で唯一食べられない部分である）を取り除いて、塩漬けにする。食べる時は頭を水に浸しておく。３回水を換えるのがルールで、一晩浸けておいてもいい。あるいは紐で結んで、浮いてきてフニャフニャになるまで水に浸けておく。秋には（魚が産卵した後）鼻だけを生で食べることもできる。ただし、フィッシュヘッド・チャウダーに使う頭は、伝統的にかごに入れて水に浮かべるか、ひもで吊るすことになっている。

トレーシーは「頭がフニャフニャになるまで水に漬けておく」という言葉を何度か繰り返した。この「フニャフニャ（fuzzy）」という言葉は、キャンプの他の何人かの女性も使っていたが、どうやら、浸けておいたサーモンの頭部に現れてくる、細かい灰色の毛のようなものを指しているらしかった。「ところで、フニャフニャって、実際には何のことを言ってるんだい？」と聞いた私に、トレーシーは含み笑いを漏らしながら、「カビね、ちょっと腐ったくらいがちょうどいいのよ」と呟いた。

第14章　旅立つ黄金の魚

魚は一切、返事をせずに、
ただ尾を水面に叩きつけて、
青い海の深くへ潜っていった。
老人は待ち続けた。
しかし何も起こらなかった。

――『漁師と魚の物語（*A Tale of a Fisherman and a Fish*）』アレクサンドル・プーシキン

19世紀の終わりに、アメリカ人がネイティブアメリカン相手にやったことを、アジアで行ったのが日本人だ。アイヌは土地を追われ、北海道に移住して来た日本人は、都市を建設し、産業を興し、同時に広大な土地を耕して農業を拡大した。１９６０年代、それまでにアイヌの権利を無視することに慣れていた日本人は、アイヌが神聖視する北海道の沙流川に二風谷ダムを建設した。このダムはサーモンの遡上を阻害するだけでなく、アイヌの土地を水没させた。いわば北海道版セリロの滝である。しかし、地権者のうち２人が、自分たちの権利が侵害されているとして、政府を相手に裁判を起こした。裁判所はこれを認め、アイヌを日本固有の文化として認め、サーモン漁を含む文化的伝統を保護するよう政府に命じた。

日本は地形的には山の島と言って良く、内陸部に人口が少なく、海岸線に全てが集中しがちな工業国家だ。言うまでもなく、これはサーモンにとって好ましい状況ではない。第二次世界大戦後の１９４８年、北海道の河川を遡上した６３０万匹という数字は、史上最大の記録として残っているが、やがて始まった急速な高度経済成長期に激減した。20世紀後半に始まった国を挙げての公害浄化の努力は素晴らしく、日本の川は確実にきれいになってきているが、産業公害によりダメージを受けた河川の資源は回復しているとはいえない状況である。問題は他にもある。他の国と同様、日本政府は魚の保護よりも農業の育成を重視している。日本の主要作物である米は、水田という膨大な量の水を必要とする栽培方法で育てられる。田んぼに水を引くための灌漑用のダムは少なくない。札幌は１８６８年にアイヌのサーモン漁場の真っ只中に建設された都市だ。毎年秋になると、シロザケとサクラマスが産卵のために遡上して、人々の目を楽しませているが、都市の人口拡大はサーモンの生息にとっての脅威となり続けている。

日本人は伝統的に沿岸で漁を行い、シロザケ、ピンクサーモン（カラフトマス）、サクラマス、そして極々少数ではあるがベニザケ、ギンザケ、キングサーモンを捕ってきた。１８６８年に明治維新が起こって徳川幕府が倒された後、明治天皇の元に新政権が樹立され、漁業がそれまで以上に盛んに行われるようになった。やがてサーモン漁は北方のロシア海域まで拡大した。１９０４年から１９０５年にかけての日露戦争は、ロシアにとって屈辱的な敗北となり、結果的にロシア革命を早める一因となったが、同時に日本の軍国主義を進める一歩となったのである。アジアの一国がヨーロッパの大国に勝ったのは、13世紀のモンゴルの侵略以来の快挙であり、大国ロシアに対して脅威を感じていたトルコやフィンランド、そして東南アジア諸国からも日本の勝利は歓迎された。

日露戦争でサハリンの南半分をロシアに割譲させた日本は（第二次世界大戦で失った）、さらに北方のサーモン漁に繰り出すようになった。１９２９年、日本はカムチャツカ半島沖の漁業権を獲得し、オホーツク海側と太平洋側の両方で、仕掛け網、定置網、流し網で漁を行って、ギンザケ、ベニザケ、キングサーモンなどを捕った。第二次世界大戦の敗戦によってロシアに漁場を奪われると、ロシア、アメリカなどを始めとした国際的な水域を持つベーリング海で流し網漁を開始した。しかしアメリカとカナダは、不法に日本が漁獲を得ていると考え、１９９３年、国際的な合意によりベーリング海は閉鎖された。現在、日本がサーモンを捕っているのは、国際的に決められている沿岸から２００海里の海域内だけである。そして、日本の魚はほとんどが孵化場で生産されている。シロザケに関して成功している日本の孵化場ではあるが、元々少ないベニザケには良い結果を出せずにいて、現在日本で食されているベニザケの大半は輸入物である。

　現在、日本で商業的に利用されているのは、シロザケ、ピンクサーモン、サクラマスの3種である。サクラマスは最も希少で、最も珍重され、最も高価である。また、日本人はイクラが好きなので、シロザケも重宝されている。ちなみにアメリカ人にイクラがおいしい食物であることを教えたのは日本人である。

　日本が養殖サーモンに依存するようになって久しいが、養殖を問題にしている人は少ないようだ。多くの人は、それが輸入品であることを知っていながら、気にせずにスーパーマーケットのカゴに入れている。東京の神楽坂にある魚料理店「つみき」の料理人、鈴木智にどのサーモンが好きかと問うと、迷わず「銀ザケ」と答えた。現在日本で食されている「銀ザケ」は、国内、もしくはチリ産の養殖ギンザケだが、チリの養殖会社を所有している日本の商社も少なくない。「つみき」のメニューには新潟県村上市の名産「塩引き鮭」があるが、かつて日本ではその簡易バージョンとしての「塩鮭」が家庭料理の定番だった。戦前の日本の作家、岡本かの子の短編小説「食魔」の中には、安い食材が必要な料理人が塩鮭を買ってくる記述があるが、最近では昔を懐かしむ年配の人たちが、高級料理店で食す料理になってしまった。新巻鮭は元々専門の職人がサーモンの内臓を取り出して、開いた部分に塩を塗り、さらにサーモン全体に塩をすり込んだものだ。サーモンの尾の部分ではなく、頭の部分を吊し、５カ月かけてじっくりと熟成させる。村上の塩引き鮭は逆に尾を上にして吊し、北風にさらす「寒風干し」で知られている。村上はかつて三面川産のサーモンの港として知られていたが、現在は地元産の数が多いとはいえない状況で、地物は高級魚として扱われている。ちなみに村上の地酒「〆張鶴」は塩引き鮭にぴったりの日本酒である。

日本海側ではサクラマスの押し寿司が人気で、伝統的に笹の葉で包むことになっている。「日本のサーモン」と呼ばれてきたサクラマスは、釣ってよし、食べてよし、と常に特別な立ち位置を与えられてきたが、寄生虫を持っている可能性があるため、日本では歴史的に生で食されてこなかった。寿司や刺身を食べてきた日本人は、寄生虫や雑菌を非常に気にして、サーモンを生で食べる人は少なかったのだ。寄生虫の代表格はアニサキスで、サバなどに比べるとサーモンに寄生する可能性は低いが、それでも日本人は万全を期す。日本では寿司や刺身でのサーモンは避けられる傾向にあったが、この寄生虫は冷凍すると死滅するため、欧米にある日本食レストランは冷凍して生で提供してきた。日本の回転寿司屋で生のサーモンが皿に乗るようになったのは、ノルウェーやチリの冷凍ものが増えたことがきっかけだ。その昔、アイヌの人たちは冬に生食用のサーモンを捕って、そのまま冷凍保存していた。

＊＊＊

世界の太平洋産サーモンの１／４はカムチャツカ半島の川で産卵する。アラスカのサーモンと合わせると、世界のサーモンの２／３以上を占めることになる。この二つの土地に共通しているのは、①寒冷な気候で農耕に適さない、②手つかずの土地が多い、③人口がまばらで生息圏内に侵入する人間が稀、という3点だ。農耕に適していないために結果的に農薬が使用されることがなく、サケ科の必須食料である水生昆虫が豊富なのだ。さらにサーモンにとって喜ばしいことには、カムチャツカ半島の人口は減り続けている。半島から大陸への移民は、ロシアでは「カムチャダル」と呼ばれているが、つまりニックネームが付くほどに多いということである。

半島には１８５２の川と支流があり、最も重要なサーモン・リバーであるカムチャツカ川とオゼルナヤ川は、人間よりもヒグマに遭遇する確率がはるかに高い原野の真っ只中を流れている。カムチャツカ半島の比較的狭い地域には、推定７６５０頭のヒグマが生息しており、地球上で最も大きなヒグマ個体群を構成している。カムチャツカには、アラスカと同じ6種類にサクラマスを加えた、世界一豊富なサーモン種が生息している。また、ニジマス、ドリーバーデン、イワナ、グレイリングなど、商業的価値よりもスポーツフィッシングとして価値の高いサケ科の魚類もたくさん生息している。アラスカと同様に、石油、ガス、鉱物資源もこの手つかずの大自然を脅かす可能性があるが、今のところこれらの資源は、世界で最も豊かな未開発の油田とガス田を持っている近隣のサハリンで主に開発されているため、当面は安泰だろう。

＊＊＊

　ベーリング海に近いカムチャツカ地方で暮らしている先住民のコリャーク人は、道路もなく、人もほとんど住んでいない極北の地に住んでいる。川には、クマの食べ物となる魚が豊富に生息している。ビストラヤ川の下流は、雪をかぶった2つの山脈の間を流れ、川幅が広い急流の中下流部と、狭い渓流の上流部に分かれている。下流域に生い茂った土手は、野生の赤いバラや野生のクロユリで彩られている。ここにはペトロパブロフスクのロシア人はもちろんのこと、他の地域からも釣り人がやって来る。車で行ける数少ない川でありながら、釣果が期待できる川だからだ。

　カムチャツカ半島の先住民であるイテリメン人の家は高床式で、サーモンを加工するための地面が残されている。彼らのサーモン料理はアラスカのデナイナ族のものと近似している。彼らはサーモンを乾燥させるが、大切なイベントや客人のために燻製にする。コリャーク族はデナイナ族と同じようにサーモンを開きにして乾燥させる。筋子は柳の樹皮の上に置いて、歯ごたえを感じる程度まで乾燥させる。旅に出る時にはこれらを携行する習慣がある。

　家庭で冬に食すためのサーモンはイテルメン・グラヴラクスと呼ばれ、地面に穴を掘って、草の層とサーモンの層を交互に重ねて穴に埋め、数カ月間地中に放置して発酵させたものだ。

　19世紀にカムチャツカを旅行したヨーロッパ人は、先住民が作った手の込んだ発酵槽のことを記録していて、そこには頭部も含まれていたという。また、イテルメンや他の先住民は、ネイティブアメリカンがルイス&クラーク隊に提供したペミカンに似た料理を作っていたが、サーモンを乾燥させ叩いて粉砕するのではなく、切り刻んで使う点が異なっている。野生のベリーと混ぜ合わせ、アザラシ油で保存するところはペミカンと同様だ。また、サーモンの頭をメインにした魚の汁料理も作る。川魚を野菜と一緒に煮込む「ウハー」という料理はロシアの定番家庭料理であるが、これは元々ロシアの漁師が食べていたものだ。マルセイユでブイヤベースをスープと呼ばないように、ウハーをスープと呼ぶのは文化的に間違っているとされる。ウハーは、それ自体で一つの料理カテゴリーなのである。ちなみにカムチャツカのウハーは必ずサーモンで作られていて、大切なゲストには鮭の頭を丸ごと入れたものをだす。

　カムチャツカ水産海洋研究所の魚類学者たちには料理好きが多いようで、冊子にまとめられたレシピ集さえある。その中からいくつか抜粋してみよう。

＜ウハー＞

ベニザケ（またはギンザケ）の頭、腹部1～2匹分、ジャガイモ2～3個、タマネギ1個。魚の生臭さを抑えることがウハーの重要なポイントで（ことに日々魚の匂いに囲まれて生活している我々魚類学者にとっては！）、生臭さが残りがちなキングサーモンはこの料理には不向きだ。

　頭部は下アゴを切り落とし、捨てる（鍋のスペースを確保するため）。腹部は5～6㎝幅に切る。ジャガイモは皮をむいて細切りに、タマネギは半月切りにし、ローリエ、コショウ、塩を水に投入して沸騰させる。沸騰した湯に魚を入れ、弱火で4～5分煮て、塩で味を整える。火を止めて、タマネギとディル（あれば）を加える。これで完成だが、火から下ろして、さらに15分ほど休ませる。熱いうちに食べよう。食べ残しは犬にあげて、生物としての喜びを分かち合えば、お腹の中のサーモンも浮かばれるというものだ。

＜ホームスタイル・サーモンヘッド＞

塩をまぶしたサーモンの頭1kgを、１㎝幅に切って水に漬けて塩抜きし、万能マリネ液（後述）の中に12時間漬け込む。タマネギを半円状に切り、マリネした頭に加える。青野菜を添えて前菜としてだすといい。

＜万能マリネ液（マリナード・ユニバーサル）＞

ローリエ　10枚、シナモン　大さじ1、黒胡椒の実　20個、オールスパイスの実　20個、コリアンダー　大さじ2、クローブ　5個、70％の酢　大さじ2、塩　２００g、砂糖　２５０g、水　2ℓ

チーズクロスに全てのスパイスを入れ、結び目を作っておく。沸騰したお湯に塩と砂糖を加え、5分ほど沸騰させたら火を止め、チーズクロスを浸し、湯が完全に冷めるまでそのままにしておく。その後、チーズクロスを取り出し、酢を加える。完成したマリネ液を瓶に注ぎ、冷蔵庫で保管する（1ヶ月間保存可能）。

必要な時にマリネ液を取り出し、好みの量を皿に注ぎ、冷水で好みの濃さにして、塩、砂糖、酢を加えて魚をマリネする。このマリネ液は、肉、タマネギ、海藻など、何にでも使える。

＜白子のパテ＞

サーモンの白子　３００g、サーモンのレバー　５００g、サーモンの身　２００g、球根タマネギ　2個、ニンジン　2本、バター　１５０g、植物油　１５０g、ローリエ　2枚、塩、砂糖、黒コショウ　適量

白子、レバー、サーモンを入れた鍋に水を入れ、食材の上から深さ２㎝の水があるようにする。沸騰してきたら、塩、コショウ、ローリエ、砂糖を入れる。弱火で15～20分ほど煮る。ローリエを取り出す。鍋を冷まし、湯切りする。タ

マネギ、ニンジンを細切りにする。植物油を熱し、タマネギとニンジンを黄金色になるまで炒め、塩、コショウを加える。炒めた野菜と魚、レバー、白子を混ぜ合わせ、バターを加えて、肉挽きグラインダーでミンチして食す。前菜にいい。

＊＊＊

18世紀初頭、ゲオルク・ステラーがカムチャツカ半島を発見して以来、いまだにこの地でのサーモンの遡上数は伝説であり続けている。１８２４年、サーモンに関する法律と実態に関するイギリスの論文に引用された「ダニエルズ・ルーラル・スポーツ」というパンフレットには、「カムチャツカには、遡上期になると川を埋め尽くして、川の水があふれ出すほどのサーモンが生息している」という記述がある。この文章が書かれた１８２４年のイギリスの状況はといえば、産業革命後の汚染の嵐が吹き荒れていた時代だ。ここで作者のJ・コーニッシュは、ツイードのようなイギリスの川も、今行われている有害なことを全てやめれば、カムチャツカのような遡上が可能になるかもしれない、と警鐘を鳴らしてはいる。しかしイギリスに始まった汚染の結果は今見るようなありさまで、およそ２００年の無反省の年月を超えて、今やその波はアラスカに到達している。この先、この地上に残された最後のサーモンの楽園であるカムチャツカ半島が、アラスカのような石油、ガス、鉱物に毒されずに生き残ることができるのだろうか。

サハリン周辺ではかつてサーモンの大量の漁獲があり、１９８９年には10万匹を超えた。しかしながらその後、多くの川が伐採と石油産業の深刻な被害を受け、１３０の産卵河川が失われている。解決策は、毎度おなじみの孵化場である。ロシアでは１９０９年に皇帝ニコライ2世が孵化場を始め、ロシア革命後、ソビエト連邦はカムチャツカにシロザケ、ベニザケ、ギンザケなどを中心に30の孵化場を建設した。日露戦争でサハリンの南部を得た日本は、大小19カ所近くの孵化場を建設し、第二次世界大戦後にはソビエトによって操業が引き継がれた。それでもなお、ロシアは太平洋産サーモンにおける大孵化場国ではない。ロシアの漁獲量のうち、孵化場の遺伝子を持つものはわずか14%で、そのほとんどがベニザケとシロザケだ。カムチャツカには五つの孵化場があるだけで、いずれも人口集中によってダメージを受けた河川に、資源を回復させるために設立したものである。五つのうちの三つが成功しているという。２０１０年以降、ロシア政府はカムチャツカ半島に30カ所の孵化場の増設を計画している。国営ではなく民間企業による運営を目指しているが、今のところカムチャツカでの孵化場経営を、採算の合うビジネスと考える民間企業が現れてはいない。

***

ソ連時代、カムチャツカ半島の大半は軍用地であり、一般人の立ち入りは禁じられていた。今でも重要な潜水艦の基地がある。１９５０年代、ソ連は中型のトロール船に冷凍庫を搭載して、長期間海で漁ができるようにした悪魔的な船団を作り上げた。この船団はカムチャツカ海域で大量の漁獲を得ると、次にベーリング海峡を越えてパーチやヒラメを捕りまくり、さらにハワイ、そして最後には南極にまで移動してオキアミを捕った。こういったソ連の乱獲や、機動的な日本のトロール船が与えるインパクトに対して、アメリカが待ったの声をかけ、１９７０年代に２００海里排他的経済水域を設定することでこの問題は解決された。この決定によって、外国籍漁船の侵入を防ぐことができた魚たちは胸をなで下ろしたが、あろうことに今度は自国漁船から猛攻を受けることになってしまう。泣く泣く自国海域に戻ったロシア船団は、それまでロシア人が食べていなかったスケトウダラ、日本人に人気のタラバガニ、そしてサーモンに注目し、結果的にこのリバウンド乱獲により、相当数のカムチャツカの漁村が消滅した。

この商業漁業の乱獲は、19世紀初頭のロシアの作家アレクサンドル・プーシキンが書いた『漁師と魚の物語』を思い起こさせる。貧しい漁師が1匹の黄金の魚を捕らえ、その魚は漁師に逃して欲しいと懇願し、願いを聞いてくれたお礼に、漁師の妻の望みを次から次へと叶える。「新しい洗濯桶が欲しい」に始まった漁師の妻の欲望は「家が欲しい」、「貴族になりたい」と際限なくエスカレートし、ついには漁師が「海の王様になりたい」と望んだところで、それまでもらった物すべてが消え失せて、元の貧しい漁師に戻ってしまう、という寓話だ。

ソ連が崩壊して以来、漁船団は民営化されたが、小規模ながらも海域に壊滅的な打撃を与える漁業会社が存在しており、その中にはサーモンを対象とする漁船も少なくない。最近になってようやく、魚類資源を保護するための国内規制が設けられたが、ロシア東部は歴史的に「ワイルド・イースト」と呼ばれ、規制は無視される運命にあった。

漁獲量はシロザケとピンクサーモンが最も多いが、貴重なのはベニザケで、アジア市場で希少価値の高い特産品となっているため、ロシア政府もベニザケに関しては、実効的な規制で手厚く保護している。ベニザケは川とつながっている冷たい湖でしか産卵しないが、全長７００㎞を誇るカムチャツカ川流域にはいくつもの湖があり、ベニザケの重要な産卵地となっている。元々、ロシアでは、海でのベニザケ漁に関する規制はなかったが、隣接する海域を閉鎖する必要性が理解されて以降は、自由に漁を行うことはできなくなった。一方、川には2㎞間隔での10個の定置網が認められているが、産卵魚の遡上が少なければ、その川は禁漁となる。現在では、カムチャツカ川で50万匹、さらに北のオゼルナヤ川では１５０万匹の産卵魚が遡上を開始しないと漁業はできない。これほど多くの魚が川を上って初めて、海上のエリアが漁場として開放されるのである。

21世紀のカムチャツカでは、孵化場からの魚の供給がほとんどないにもかかわらず、過去１００年で最大のサーモンの遡上が見られるのだから、この規制方式はうまく機能しているといえるだろう。ただ問題がないわけでもなく、魚種間の競合がどうしても避けられない。カムチャツカのベニザケ専門家であるビクター・ブガエフによると、ベニザケはギンザケやキングサーモンと競合し、ベニザケが増えれば増えるほど、他の魚種が減るという。

カムチャツカのサーモンを救う長い戦いは、２０１６年に政府が刺し網漁を禁止することに同意したことで終結した。これはアラスカがかつて歩んだ道と酷似している。アラスカは州として独立してから、サーモン漁を小型船による刺し網漁に限定することで持続可能なサーモン漁業を行うことが可能となった。それ以前の刺し網漁船はアラスカ域外の漁業会社が所有する巨大な漁船で、もしあのまま乱獲が続いていたら今のアラスカはないはずだ。

＊＊＊

現時点でのカムチャツカにおける最大の問題は、規制を無視する無免許の漁師たち、つまり密漁者だ。漁業を規制するという発想は、カムチャツカでは新しい概念ですらある。１９０５年の日露戦争終結条約で、ロシアと日本の間で漁業権を分割することが義務付けられるまでは一切規制がなかった。ソビエトが先住民を、「もはや別民族ではなくロシア人である」と宣言して、それまで認めてきた権利を否定するまでは、カムチャツカの住民は自由に漁ができたのだ。先住民を強制的に自国民としてしまうやり方は、征服者が先住者に対して使う常套手段である。そこには必然的に反発が生まれ、かつてのスコットランドのように、規制を無視するという手段が生まれる。カムチャツカの密漁者の中には、１シーズンに繰り返し捕まっては罰金を取られる者もいる。しかし、彼らは罰金を気にしない。なぜなら、密漁で得る利益が罰金をはるかに上回るからだ。

近年、カムチャツカの密漁問題は、現地に専門家を派遣させるほど、ロシア国内漁業の大きな問題になっている。ビストラヤ川からペトロパブロスクに向かう一本道では、規制当局が車を止めて検査をすることも少なくない。私が取材した日、道路際での検査に立ち会っていたのは、黒海沿岸から派遣された気のいい検査官で、1日に3回くらいは違反者を捕まえるという。スピード違反の検挙者数に比べれば少ないだろうが、それでも1日に3件だとして、一体どれだけの密漁者が存在しているのだろうか？　密漁者はサーモンエッグ（筋子）だけを持ち帰り、大きな荷物になって採算の合わない魚そのものは、捨ててしまうという。

いずこも同じで、しばしば政府の役人は密漁者の手先になる。商業漁業の行われていなかったパラトゥンカ川に孵化場が建設された時、孵化場出身の魚たちは、ただただ密漁者たちの供給源として機能した。ベニザケの刺し網が禁止されると、密漁者たちはピンクサーモンに鞍替えした。ピンクサーモンは一年おきにしか遡上しないため、密漁者はピンクサーモンが来ない年には、別な魚を捕った。

密漁者を発見するためには、カムチャツカ半島のひと気がなく、クマが多い地域まで足を伸ばす必要はない。むしろ、密漁者が魚を卸す、都会のマーケットに近い漁場の方が手っ取り早いだろう。一般的に密漁は3人の男が漁をして、もう一人が見張るという4人体制で行われる。見張り役は「カッコー」と呼ばれている。カッコーはカムチャツカ半島に多く生息している鳥で、見張り番が高い位置から周囲を見回していることから、こんなニックネームになったのかもしれない。密漁者はオスを捕ると海に戻し、メスが捕れると腹を割いて卵塊を切り取り、魚は岸際に捨てられる。

密漁者は、必ずしも個人や小規模な事業者とは限らない。カムチャツカ半島の海域には、地元の集団もいれば、本土からの密漁者も少なくなく、組織的な犯罪組織も存在している。違法な漁獲を市場に運ぶだけで、子供でも1シーズンに4万5000ドル稼げるほどの規模だという。密漁という薄暗い言葉が似合わないくらい、堂々と行われているのだ。主に売買されているのはサーモンエッグである。ロシア人はこれをキャビアと呼び、大きなバケツに入れて売る。シロザケの卵だけでなく、暗赤色をしたベニザケの卵や他のサーモンエッグもある。通常、1つの市場で4、5種類のサーモンエッグを扱っている。

カムチャツカの密漁はサーモンエッグだけを目的とした、サーモン資源を盛大に無駄にする違法漁業であり、その規模も大きい。密漁に反対する団体「レッツ・セーブ・サーモン・トゥゲザー」の創設者セルゲイ・ヴァフリンによると、カムチャツカでは合法的に捕獲される魚よりも、違法に捕獲される魚の方が多いか、仮に控えめに見積もったとしても、ほぼ同数だという。

しかし、このような悪しき慣行を見直す人がいないわけでもない。ペトロパブロフスクでは、40歳代のフライフィッシング・ガイド、ナザール・ガルチェンコが、「私は、これまで密漁を繰り返してきました。つまり魚の腹を切り裂いて、卵を取り出し、死骸を捨てていたんです」と告白した。現在、彼はキャッチ＆リリースのフライフィッシャーである。魚体に余計な損傷を与えないためにバーブレスフックだけを使う。「かけた魚に逃げられる確率は高くなってしまうけれども、魚にチャンスを与えなければ、スポーツとは呼べない」と彼は言う。

エピローグ　私たちの責任

海辺に住んでいようと、湖や川のほとりに住んでいようと、草原に住んでいようと、私たちが魚に注意を向けるのは、魚に自然界の重要な一局面が現れるからである。

——ヘンリー・デイヴィッド・ソロー

ある時から、人類は自然を恐れず、逆に支配して利用するようになった。自然はいつの間にか経済と同義になり、人間は自然を経済のように発展させようとさえし始めた。自然を元手に、快適で豊かな生活を築き上げようというように。

物理学には「熱力学第二法則」という法則がある。それは宇宙がいかに秩序を作ろうとしても、無秩序の総量は逆に増えてしまうという法則で、人類発展の歴史はこの宇宙の矮小化バージョンのように思える。経済発展は、無秩序に見える自然から、ある一定の秩序を生み出すはずが、逆により多くの無秩序を生み出しているのだ。

１９８７年、国連は「共にある未来」という報告書を発表し、「持続性のある発展（Sustainable Development）」という言葉を定義した。報告書には「地球上ではかつて目撃されたことのない速度で、種が消滅している」と記され、現在の経済発展をこのまま続けていくと、地球の生態系を維持することはできないと宣言している。

地球上では毎年約1万８０００の新種が発見されており、このことが生物学者E・O・ウィルソンの言う楽観的な「魔法の井戸信仰」につながっている。既知の種が絶滅したとしても、毎年新たに発見される新種によって、その埋め合わせができるという発想だ。問題は、人間があまりに自然破壊的であるため、未知の種を知らないまま絶滅させてしまっていることがほぼ確実で、既存の種を失うスピードが、新種を発見するスピードを上回っていることである。

ウィルソンは「人間は、地球という舞台の上で、自作自演の終末戦争を上演中だ。それが未来を正確に想像できる科学者たちの共通認識となって久しい。人類の地球に対する支配力は強まるどころか、むしろ弱まっていて、地球が許容できる人口はすでに満員御礼をはるかに超えている。淡水は不足し、大気と海は陸上で起こったことを反映して、ますます汚染されている。気候は地球上の生物にとって好ましくない方向に変化しているのだ」と言う。

このように、科学者の間では、状況は絶望的であるというコンセンサスが広まりつつある。この悲観論の根幹には、私たちが必要な行動を取るための、政治的意志を欠いているという認識がある。２０１８年、物理学者のスティーヴン・ホーキング博士は死ぬ直前に、「地球が滅亡する前に、人類が宇宙を植民地化する方法を発見できることを願っている」と表明した。終末はそれほど先ではないのだ。仮に宇宙を植民地化したところで、もし今の人類が反省もなく、これまで通りの発想で開発するとなると、移住していく惑星の環境を次々と破壊していくだけの話だ。かつて、イギリスの、ニューイングランドの、太平洋岸北西部の自然を崩壊させてきたように。

一つの種が失われる度に、その種に関わっていた多くの種が、同時に失われる。人間が作り出した負の連鎖に巻き込まれたサーモンが失われるとすれば、それは何を意味するのだろうか？　水生昆虫のような小さな虫、ヒグマやアシカのような大型哺乳類、そしてワシやサギやカワウといった多種多様な鳥類の生存に大きく関わってきた魚種が失われることによって、その先どれだけ別の種が失われるのだろうか？　実際、サーモンの亜種はすでにいろいろな場所で絶滅している。

今後50年から１００年の間に、地球の人口は爆発的に増加すると予想されているが、このことがサーモンにとってのグッドニュースであるはずがない。最後の氷河期の終わりに、地球上の総人口は約１０００万人だったと推定されており、サーモンにとっては悪くない状況だったが、２０１６年3月時点では、その数は74億人までにふくれ上がった。

国連は、２１００年には１１２億人に達し、全ての人に空間と食料を分配することは不可能になると警告している。

幸い、人々は徐々にではあるが、自分たちがのっぴきならない状況にあることを理解し始めている。政治家や政策立案者が環境問題と真剣に向き合い、行動を起こすことが、次の重要なステップになる。１９９２年にワシントン州で行われた世論調査では、有権者の77%がサーモンの生存が環境の健全性を示す重要な指標だと考えていることがわかった。ポートランドの日刊紙『ザ・オレゴニアン』が１９９７年に行った世論調査では、オレゴン州民の85%がコロンビア川とスネーク川のサーモンの保護が重要であると考え、60%がコロンビア川水系については、商業よりもサーモンの保護が重要であると回答した。

サーモンの回復プログラムの課題の一つに、いつを基準にするのか、という重要なポイントがある。もし川を１９５０年、あるいは１８５０年の水準に戻すことを目標としたならば、サーモンが復活することはないだろう。目標設定の際の問題は、産業革命以前のサーモンの豊富さを覚えている人が一人もいないということである。テムズ川やセーヌ川にサーモンが大挙して遡上するという壮大な、しかしかつては現実だったはずのイメージが湧いてこないのだ。したがって、書籍や文献の中から想像して目標の設定をするしかないだろうが、重要なのは中途半端な時代に戻すことではなく、過去の歴史的な水準に戻すことである。歴史的な水準というのは、言葉を換えれば、他の生物たちとのバランスが取れている状態、すなわち人間が干渉しない状態に戻すということだ。

かつてヘンリー・ソローは、「魚は泣いているというのに、あなたは知らないふりをするつもりなのか？」と書いた。今、人間に求められているのは、川岸に下りて、魚の苦情に耳を傾け、私たち自身が行動を起こすことだ。

訳者あとがき

マーク・カーランスキーはアメリカのコネチカット州ハートフォードで生まれ育ち、マイアミ、フィラデルフィア、パリ、メキシコなどを拠点にジャーナリストとして活動した後、１９９２年に『ア・コンティネント・オブ・アイランズ（*A Continent of Islands*）』で作家デビューした。その後、１９９８年に『鱈―世界を変えた魚の歴史』がジェームス・ピアード賞を受賞し、15カ国語以上に翻訳され、（日本では飛鳥新社から刊行されている）世界的なベストセラーになった。料理界のアカデミー賞と呼ばれているジェームス・ピアード賞を受賞したのは、タラという魚を単なる食材としてではなく、世界の歴史の中で、この魚が果たしてきた役割を検証した世界初の本だったからである。その後もカーランスキーは『塩の世界史』扶桑社刊、『牡蠣《かき》と紐育《ニューヨーク》』扶桑社刊、『紙の世界史』徳間書店刊、『ミルク』パンローリング刊、といったベストセラーを生みだしている。タイトルを見て分かるように、私たちが日常的に使ったり食べたりしている物や食材にあえて着目し、その歴史と人との関わりを物語的に描き出すのがカーランスキーの十八番ではあるが、著作の領域は絵本、料理本、小説にまで及んでいる。中でも料理に関する造詣は深く、『鱈―世界を変えた魚の歴史』で成功した世界各地での歴史的な調理方法の紹介は、その後の著作にも頻繁に現れてくる。

本書はそんな著者が２０１９年に著した、サーモンに関する本である。

冒頭のパートⅠで紹介されるサーモンの意外な生態を知って読者は驚くかもしれない。サーモンが「生まれた川へ戻る」回帰性について知らない人は少ないと思われるが、「生まれた川へ戻らない」サーモンが種を持続させるために重要な役割を担っていることを知っているだろうか？　あるいは同じサーモンでもベニザケとピンクサーモン（カラフトマス）では回帰率が違い、それぞれの種ごとに独自に仕組まれた生存戦略があるといったこと、サーモンの中で最も古いと考えられているのが日本のサクラマスで、新しい種がピンクサーモンであること、世界で初めてサーモンを釣ったのは日本人と推測されていることなど、著者は科学的な事実や歴史をわかりやすい言葉で明らかにしてくれる。

次のパートⅡで、著者はサーモンと人間の関わりについて筆を進める。ここで私たちが知ることになるのは、人の手によるサーモン殺戮の歴史である。乱暴に言ってしまうと、産業革命以降の人類の発展の歴史は、そっくりそのままサーモンが絶滅へ向かう歴史でもあるのだ。産業革命と聞くと何やら古めかしいページを開いたような気分になるかもしれないが、４万年以上前に始まったサーモンと人間のかかわりを思えば、つい昨日のことなのだ。工業と農業によって荒廃してしまった母なる川を、それでもサーモンは遡ろうと必死になるが、一体地球上のどんな生物が高さ１００ｍのダムをジャンプ一番乗り越えられるというのだろう。そうして自分たちで殺しておきながら、殺し過ぎて食べる分がなくなると、今度は無理にでも増やそうとして、孵化場を発明し、ほぼ同時期に養殖を始めたわけだが、このあたりがパートⅢで語られ、最後のパートⅣでサーモンの、あまり明るいとは思えない将来が語られる。

著者は地球上に生きる、数ある生物の中でサーモンがことさら重要だと言っているわけではなく、「この本は乱獲についての本ではない」という注意書きすら記されているとおり、肝心なのは地球の生態系の維持であり、そのためには、海と山を行き来する極めて稀な生物であるところのサーモンが重要な指標だと語るのだ。

阪東幸成

日本語翻訳版の刊行にあたっては、北海道大学名誉教授の帰山雅秀氏、弟子屈のネイチャーロッジ「鱒や」の橘利器氏、パタゴニアの奥谷陽子氏、玉井秀樹氏、編集および校正に関しては、東知憲氏、清水千草氏にひとかたならぬご支援をいただきました。心より感謝しています。

SALMON
by Mark Kurlansky

First published in English by Patagonia

Japanese translation published by arrangement with
Patagonia books c/o Taryn Fagerness Agency through
The English Agency (Japan) Ltd.

サーモン ——人と鮭の物語——

著者 マーク・カーランスキー
翻訳 阪東幸成
カバーデザイン・イラスト 神谷利男
発行日 ２０２３年1月27日 第1版
発行者 ふらい人書房
印刷所 株式会社 藤プリント
発行所 ふらい人書房
東京都町田市三輪緑山２-25-21
HP www.flybito.net
e-mail flybito@me.com

ISBN978-4-909174-12-3